山地城镇体系规划方法及应用

赵筱青 李智国 瞿国寻 等 编著

科学出版社

北京

内 容 简 介

本书在编写上结合国土空间规划理念及其对传统城镇体系规划内容的延续和要求，考虑山区特殊条件，采用"理论+方法+案例"模式，以保持山地城镇体系规划内容的完整性、时代性、科学性和可操作性的特点。本书共 10 章，主要包括：绪论，包括山地城镇体系规划背景、概念、研究进展、规划内容及意义；山地城镇体系发展条件综合分析与评价；山地城镇化水平预测；山地城镇体系产业发展规划；山地城镇体系结构现状分析及规划；山地城镇体系空间管制；山地城镇体系城乡居民点建设发展规划；山地城镇体系设施发展规划；山地城镇体系环境保护与防灾减灾规划；山地城镇体系规划编制程序及成果要求。

本书可作为高校地理、规划、经济、管理等学科的科研与教学参考用书，也可供区域规划、城镇体系规划、国土空间规划等规划设计、管理部门参考。

审图号：云 S（2024）7 号

图书在版编目（CIP）数据

山地城镇体系规划方法及应用 / 赵筱青等编著. --北京：科学出版社，2024.11. --ISBN 978-7-03-080269-9

Ⅰ. TU984.2

中国国家版本馆 CIP 数据核字第 2024UC3118 号

责任编辑：石　珺　赵　晶／责任校对：郝甜甜
责任印制：徐晓晨／封面设计：无极书装

科 学 出 版 社 出版
北京东黄城根北街 16 号
邮政编码：100717
http://www.sciencep.com

北京建宏印刷有限公司印刷
科学出版社发行　各地新华书店经销
*

2024 年 11 月第 一 版　　开本：787×1092 1/16
2024 年 11 月第一次印刷　　印张：16 1/4
字数：360 000

定价：178.00 元
（如有印装质量问题，我社负责调换）

序

当前，我国已全面进入国土空间规划时代，而城镇体系规划仍是国土空间规划系列的一个重要组成部分。它作为一种区域型规划，是对区域空间资源环境可持续性调控的重要手段，其理论体系和技术方法仍延续至国土空间规划的重要内容之中，具有衔接、传导和落实国土空间规划的重要作用。城镇体系规划的发展变化，反映了我国空间规划体系建立的演进历程，为国土空间管制和空间资源开发利用与保护提供了重要的理论和实践依据，也在很大程度上表征和延续了城乡规划体系发展变化的价值取向。

《山地城镇体系规划方法及应用》一书所体现的理论、方法和案例，广泛吸收和充分运用了国内外相关领域科研成果及实际规划方案，根据我国各级城镇体系规划编制的强制性内容，以云南山地城镇地区为对象，结合当前国土空间规划的相关内容和要求，全面、系统地梳理了山地城镇体系规划的基本内容、方法和框架，并与国土空间规划做了较好的衔接。

概括来看，该书有如下特点：①从山地城镇体系规划的实际案例着手，结合国内外城镇体系规划的相关理论进行了具体应用的地方化表述，并提供了相应的山地城镇体系规划的具体内容、方法和程序，较好地体现了科学研究如何服务于社会实践，这对于读者理解山地城镇体系规划的核心内容及形成科学性、实用性、可操作性规划实施方案提供了一个较易接受的范本。②并非单纯研究城镇体系规划相关理论，而是依据当前国土空间规划对城镇体系建设、发展和管控的需求，总结、提炼出城镇体系规划的核心内容、框架体系和方法，并应用于云南山地城镇体系规划中，体现了城镇体系规划发展变化的时代特征和时代需求。这也从另一层面说明，尽管当前城乡规划体系进入了国土空间规划新时期，各地区已不再要求编制城镇体系规划，但对城镇体系规划的研究仍具有重要的科学和实践意义，并能在国土空间规划中得以体现、延续和应用。③兼具专著和教材特征，每章均有针对山地城镇体系规划相关内容的理论与方法分析，并自然引出案例加以说明规划程序和方法，可读性强，图文并茂，便于读者理解和掌握各部分内容，适合从事各类区域发展与规划、城乡规划、国土空间的规划人员阅读，也适合作为高校相关专业的教学用书。

该书结构严谨、层次清晰、内容翔实、论据充分、观点明确，兼具科学性和教学性，是目前国内为数不多的较为全面、系统地研究山地城镇体系规划理论、方法及应用的教材，是一项有价值的城乡规划研究成果。相信该书的出版对云南及类似区域山地城镇体系规划、国土空间规划中城镇体系发展战略拟定、空间格局及其宏观调控，以及国土空间资源可持续利用、生产力布局等，均具有一定的参考应用价值。

云南省城乡规划协会专家委员会主任委员

2024 年 3 月于云南昆明

前　言

　　城镇体系规划是我国城乡规划体系中的一个重要内容，它是以城镇体系规模结构、职能分工和空间布局为基础和依据，科学合理地确定不同人口规模等级和职能分工的各级各类城镇的空间分布、基础设施和公共服务设施配置、空间资源环境开发利用与保护方式，以及以城镇体系为支撑的区域生产力布局和统筹城乡的发展规划，也是国家和区域政府引导区域可持续发展，协调区域人口、资源、环境与发展的重要手段。2019年，《中共中央　国务院关于建立国土空间规划体系并监督实施的若干意见》（中发〔2019〕18号）的发布与实施，标志着全国进入了新的国土空间规划时代。尽管国土空间规划实现了"多规合一"，但其核心仍然是国家或地区政府对所辖国土空间资源开发利用和布局进行的长远谋划和统筹安排，围绕如何处理好人与自然之间的相互关系而展开，以促进人地关系协调为逻辑起点，以实现国土空间的高质量生产、高品质生活和持续性演进为目标，最终实现对国土空间的有效管控及科学治理，促进发展与保护的平衡。这也意味着城镇体系作为支撑国土空间资源优化配置的一个重要载体，其原有的强制性规划内容，如城镇体系规划中的空间管制规划（生态空间）、产业发展规划（生产空间）、空间格局（生活空间）、城乡基础设施和社会服务设施优化布局与城乡居民点格局等内容，在国土空间规划中将得以延续，并成为国土空间规划中的重要内容。

　　近20年来，随着西部大开发和加强山区综合开发等战略的实施，以及在经济全球化和区域经济一体化等外部环境的驱动下，我国山地国土空间资源开发利用与保护的广度和深度日益增强。山地城镇体系依托不断扩大的城镇规模和基础设施网络，快速向网络化高级方向演进，城市群不断涌现，城镇体系对山地区域社会经济发展的基础性作用日渐凸显，对脆弱生态环境的冲击和影响也越加明显。因此，在山地城镇体系空间资源环境开发利用、空间格局、统筹城乡、设施配置与区域可持续发展等方面，亟需建立一套山地城镇体系规划理论和方法体系，以充分发挥城镇体系在山地综合开发进程中的支撑作用，适应山地新型城镇化发展和国土空间开发战略，协调山地脆弱生态环境与社会经济发展的矛盾。

　　本书试图为省域、县（市）域山地城镇体系规划和国土空间规划的编制提供理论、方法和案例，按规划内容进行编排。全书共分10章，主要包括：①绪论，重点介绍山地城镇体系规划背景、相关概念、研究进展、规划内容及意义；②山地城镇体系发展条件综合分析与评价，主要阐述山地城镇体系历史演变与现状特征、影响因素、发展机制、发展条件综合分析与评价，并提供相关案例；③山地城镇化水平预测，包括城镇化的内涵、城镇化数量水平预测、城镇化质量水平衡量和城镇化发展阶段及机制；④山地城镇体系产业发展规划，包括城镇体系产业结构规划、城镇体系主要产业部门规划、产业发展经济区划分；⑤山地城镇体系结构现状分析及规划，集中于城镇体系规划的三大核心内容，包括城镇体系规模等级结构、职能结构和空间结构等的现状分析、规划的理论与方法，并提供案例分析；⑥山地城镇体系空间管制，在深入分析空间管制的概念、内涵、作用、依据和内容的基础上，提供城镇体系空间管制规划的思路和方法，并借助典型案例介绍详细的规划和分析过程；⑦山地城镇体系城乡居民点建设发展规划，主要分析城乡居民点体系的构成和规划内容，并以具体案例全面分析规划过程和方法；⑧山地城镇体系设施发展规划，依据各级各类山地城镇的发展规划要求，提出各类基础设施和社会服务设施规划的基本程序、内容和方法；⑨山地城镇体系环境保护与防灾减灾规划，重点分析环境保护规划的具体内容和防灾减灾规划的技术要点，并借助规划案例详细说明其技术方法、原则和程序；⑩山地城镇体系规划编制程序及成果要求，详细介绍了山地城镇体系规划的编制程序和规划成果，并提出山地城镇体系规划与国土空间规划的衔接。本书通过梳理现有城镇体系规划内容和研究方法组成理论部分，然后借助案例进行详细分析，案例主要选择典型山地区域，如云南省临沧市、楚雄彝族自治州（简称楚雄州）永仁县和昆明市东川区。

本书的完成和出版得到了云南大学本科教材建设项目（编号：C176230100）及国家级一流本科专业建设——地理科学专业项目（编号：CZ21622102）的资助。

赵筱青负责本书总体构思、组织、定稿，与李智国共同编写完成本书。全书共分为10章，第2~5章由赵筱青编写；第1章、第8章和第9章由赵筱青、李智国编写；第6章和第10章由赵筱青、李智国和瞿国寻编写；第7章由李智国编写。

王茜、周世杰、施馨雨、冯严、徐逸飞、陶俊逸、向爱盟、唐媛媛、董雯雯、吴倍昊、王越男等在本书编写过程中给予了大力支持，他们利用休息时间查找并整理文献资料、修正图形等，不辞辛苦，在此向他们表示衷心的感谢。同时，感谢云南大学地球科学学院对本书编写的大力支持。另外，本书编写引用了众多学者和有关部门的资料与成果，第6章案例由云南财经大学第十五届本科生科研训练计划（SRTP）城市与环境学院的林妍璐课题组提供，同时，云南省国土资源规划设计研究院为本书提供了道路交通、旅游资源、基础设施等专题资料，在此一并致谢。本书在编写过程中参阅了大量教材、论著、网站等相关资料，虽尽可能在参考文献中加以注明，但仍可能存在遗漏，在此特别说明并致谢！

由于山地城镇体系规划还处于探索阶段，研究存在一定的挑战性，作者水平、资料和时间有限，书中疏漏之处在所难免，诚望读者批评指正。

赵筱青

2024年3月于云南昆明

目 录

第1章 绪论 ·· 1
  1.1 山地城镇体系规划背景 ·· 1
  1.2 山地城镇体系的相关概念 ·· 3
  1.3 城镇体系的研究进展 ·· 7
  1.4 山地城镇体系规划内容及意义 ·· 12
  参考文献 ·· 15

第2章 山地城镇体系发展条件综合分析与评价 ··· 19
  2.1 山地城镇体系历史演变与现状特征分析 ·· 19
  2.2 山地城镇体系影响因素 ·· 29
  2.3 山地城镇体系发展机制 ·· 34
  2.4 山地城镇体系发展条件综合分析与评价方法 ······································ 38
  参考文献 ·· 44

第3章 山地城镇化水平预测 ··· 45
  3.1 城镇化的内涵 ·· 45
  3.2 城镇化数量水平预测 ·· 48
  3.3 城镇化质量水平衡量 ·· 54
  3.4 城镇化发展阶段及机制 ·· 60
  参考文献 ·· 61

第4章 山地城镇体系产业发展规划 ·· 63
  4.1 城镇体系产业结构规划 ·· 63
  4.2 城镇体系主要产业部门规划 ·· 88
  4.3 产业发展经济区划分 ·· 103
  参考文献 ·· 108

第5章 山地城镇体系结构现状分析及规划 ··· 109
  5.1 城镇体系规模等级结构现状分析及规划 ·· 109
  5.2 城镇体系职能结构现状分析及规划 ·· 120

5.3 城镇体系空间结构现状分析及规划 ··· 133
　　参考文献 ··· 146

第6章　山地城镇体系空间管制 ··· 147
6.1 空间管制的概念、内涵及作用 ··· 147
6.2 空间管制的依据与内容 ·· 147
6.3 空间管制规划的思路和方法 ·· 149
6.4 空间管制的分区类型和管制策略 ·· 150
6.5 山地城镇体系规划中的空间管制案例 ·· 151
　　参考文献 ··· 165

第7章　山地城镇体系城乡居民点建设发展规划 ······························· 167
7.1 城乡居民点体系构成 ·· 167
7.2 城镇体系城乡居民点规划内容 ··· 170
7.3 城镇体系城乡居民点规划的案例 ·· 171
　　参考文献 ··· 185

第8章　山地城镇体系设施发展规划 ··· 186
8.1 基础设施发展规划 ·· 186
8.2 社会服务设施发展规划 ·· 213
　　参考文献 ··· 220

第9章　山地城镇体系环境保护与防灾减灾规划 ······························ 222
9.1 山地城镇体系环境保护规划 ·· 222
9.2 山地城镇体系防灾减灾规划 ·· 230
　　参考文献 ··· 238

第10章　山地城镇体系规划编制程序及成果要求 ····························· 239
10.1 山地城镇体系规划的编制程序 ·· 239
10.2 规划成果 ··· 242
10.3 城镇体系规划与国土空间规划的衔接 ··· 245
　　参考文献 ··· 249

第1章 绪　　论

1.1　山地城镇体系规划背景

1.1.1　全球背景

自 20 世纪 90 年代以来，以资源、投资、劳动力、技术、贸易和消费的大规模国际流动为特征的经济全球化和区域一体化发展进程不断加快，各国经济相互依赖、相互渗透的程度日益加深，世界经济逐渐成为一个密不可分的整体，主要表现为要素的全球流动、资源的全球配置、利益的全球分享、规则的全球共守。这一趋势也迅速传导至各国资源环境与社会经济发展的各个层面。城镇（市）是区域经济的载体，在经济全球化和区域经济一体化的推动下，生产要素快速向城镇（市）集聚，城镇（市）区域化、集群化、网络化发展的趋势越加明显，不同级别的城镇（市）体系及其所支撑形成的城镇群、大都市区、都市连绵带，在经济全球化进程中承担着不可替代的作用，支撑和决定着地方和全球经济的发展。与此同时，为适应经济全球化和区域经济一体化发展，各国各地区资源开发利用的广度和深度不断加强，资源过度消耗、生态破坏、环境污染以及国土空间无序开发等影响区域可持续发展的不利因素应运而生。优化支撑区域经济发展的核心要素——城镇体系的结构、职能和空间布局，合理开发国土空间资源，维护区域社会、经济、生态和资源安全，成为协调全球性与区域性人口、资源、环境与发展问题的一个重要手段，也是城镇体系发展和演进过程中优化调控资源合理利用方式的一个重要内容。山地城镇体系，因其特殊的自然地理环境特征，承受着经济全球化和区域一体化发展进程中更加强烈的冲击，并支撑着生态环境脆弱的山地区域社会经济发展，资源环境脆弱性将成为山地区域开发进程中最突出的问题，正快速渗透至社会经济各个方面，成为影响山地区域可持续发展的一个主要问题。山地区域安全将更加取决于山区综合开发与城镇体系优化的成功耦合，在山地城镇体系空间资源环境开发利用、空间格局、统筹城乡、设施配置与区域可持续发展等方面，亟需构建和形成一套完整的规划体系，以适应经济全球化和区域经济一体化的趋势。

1.1.2 国家和地方政策背景

20世纪70年代末至2000年，中国城镇（市）发展一直遵循"严格控制大城市规模，合理发展中等城市，积极发展小城市"的基本方针，"十五"时期调整为"大中小城市和小城镇协调发展"，"十一五"时期调整为"以城市群为主体，大中小城市和小城镇协调发展"，"十二五"时期则调整为"城市群与大中小城市和小城镇协调发展"（方创琳，2014）。这些方针政策一直是指导中国城镇体系优化布局及其与区域经济协调发展的纲领。"十三五"时期，为了顺应国家新型城镇化发展战略，促使都市圈发展成为拉动区域经济增长、促进区域协调发展、参与国际竞争合作的重要平台，《国家发展改革委关于培育发展现代化都市圈的指导意见》（发改规划〔2019〕328号）中首次明确了都市圈的概念，并开创性地提出了培育发展现代化都市圈的一整套解决方案。城镇体系形成和发展是城镇化发展的阶段性产物，也是城镇（市）发展区域化空间的主体形态。无论国家城镇（市）发展政策方针和城镇化发展战略如何调整，作为支撑区域经济发展、快速城镇化和新型城镇化进程的骨架，城镇体系规模、职能和空间格局的发展和演变始终伴随着人口、空间布局、就业通勤、产业联系、设施配置、区域协同发展、地域分工协作、国土空间生态修复和环境保护等层面的调整和优化，进而形成一套与之相适应的全国、省域（自治区）、市域（直辖市、市和有中心城市依托的地区、自治州、盟）和县域（包括县、自治县、旗）城镇体系规划体系，以协调区域人口、资源、环境与发展之间的矛盾。2008年《中华人民共和国城乡规划法》明确了城镇体系是城乡规划体系中的一个重要组成部分，在全国城镇体系规划的指导下，省（自治区、直辖市）、市（州）、县均需编制城镇体系规划，并出台相应级别的城镇体系规划编制办法。

近年来，随着城镇（市）规模的扩大，城镇（市）之间依托发达的交通通信等基础设施网络，不断推动城镇体系向网络化高级方向演进，依托网络化城镇体系形成空间组织紧凑、经济联系紧密的城市群。国家"十三五"规划已明确提出要加快城市群建设发展，并确定了长江三角洲、珠江三角洲、京津冀等19个国家级城市群，与之相配套的跨区域城市群规划不断涌现，城镇体系规划系统不断完善，形成了与国家相关政策和发展战略相匹配的科学性、实用性、问题和目标导向性为主的高级别城镇体系规划理论与方法。中西部广大山地区域，在国家西部大开发、中部崛起等战略实施的影响下，不同级别和规模的城镇群逐渐发育，城镇（市）区域化、网络化发展趋势越加明显，城镇体系对区域经济的基础性作用越发凸显。实施山地城镇体系规划，建立山地城镇体系规划理论和方法，充分发挥城镇体系在山地综合开发进程中的支撑作用，是适应山地新型城镇化发展战略，协调山地脆弱生态环境与社会经济发展矛盾的一项重大需求。

1.2 山地城镇体系的相关概念

1.2.1 山地城镇体系

城镇体系建设是城市地理学的重要研究内容，是城市地理学为建设国家现代化服务的重要任务（许学强，1982），同时也是进行区域发展、区域规划、国土空间开发与规划等工作的重要内容（董蓬勃等，2003）。城镇体系的形成和完善，与工业化、信息化以及社会经济的发展息息相关。

20 世纪 60 年代初期，城镇体系的研究就已经展开。城镇体系是不同职能分工、不同等级规模且联系密切、互相依存的城镇集合。城镇是重要的生产系统，城镇经济的增长自然会导致等级城镇体系的形成（Fujita et al.，1999）。同时，城镇体系是依赖能源和外部物质资源的开放系统，通过交换物质、能源、信息彼此紧密相关（Fan et al.，2017）。Farrell 和 Nijkamp（2019）将城镇体系定义为达到人口功能需求阈值的人类居住区。由于城镇体系研究的核心是国民经济与社会政治系统的空间关系，所以空间位置成为重要因素，影响城镇之间以及城镇与周围环境之间的联系。

国内学者对城镇体系有着不同的理解。许学强（1982）将城镇体系定义为在一个国家或一定地域内，不同类型、不同等级的城镇所构成的一个既分工又协作、既相互独立又紧密联系的有机整体。周一星（1986）认为，城镇体系是在一个相对完整的地域内，有不同的等级规模、不同的职能分工，且联系密切、分布有序的城镇群体。周军（1995）认为，城镇体系是在一定地域范围内，由若干规模不等、性质不同的城镇及其职能区域相互联系、相互依赖和相互制约所形成的一个有机的地域城镇系统。崔功豪等（2007）则认为，城镇体系是在一定地域范围内，以中心城市为核心，由一系列不同等级规模、不同职能分工、相互密切联系的城镇组成的有机整体。本书比较认可崔功豪对城镇体系的定义，即在特定区域中，城镇不是一个个孤立的点，而是具有广泛而深刻的相互作用关系的集合。城镇体系具有一定的区域范围，城镇在区域内部密切联系，具有空间性、群体性、开放性、相互联系性和整体性等特征。

按照地形条件的差异，可以将城镇体系分为平原城镇体系和山地城镇体系。其中，山地的定义有广义和狭义之分，狭义的山地分为低山、中山、高山和极高山；广义的山地即山区，包括山地、丘陵和高原，这里采用广义的山地概念。黄光宇（2006）认为，山地城市在特定的自然、经济和社会条件的综合作用下，兼具山地区域与城镇化的特点，形成了山地城市独特的发展与演变的规律，因此山地城市的规划、建设和管理需要因地制宜的方法与技术。在自然与社会经济相互作用下，山地城镇化得到发展，并形成城镇体系。我国中西部地区地形复杂多变、山地面积广大，山地城镇成为城镇发展的特殊类型。由于山地城镇大多处于欠发达地区，而山地城镇又是西部山区经济发展的中心。因此，将山地城镇与城镇体系概念相结合，认为山地城镇体系是在山地、丘陵和高原山区,由大小规模不等、职能分工不同、空间上相互密切联系的城镇组成的统一、开放系统,且在系统内部进行着各种物质能量流的交换。

山地城镇体系同样具有整体性、等级层次性和动态性的特征。

整体性:山地城镇体系是由城镇、道路、交通、人口基础设施、网络等组成的有机整体。当其中某一个组成要素发生变化,如一条新交通线建成、某一个城镇发展迅速或日趋衰退,都可能通过交互作用和反馈影响城镇体系。因此,当一个要素发生改变,就要考虑它对其他要素以及城镇体系整体的影响。

等级层次性:系统由不同等级层次的子系统构成。例如,山地城镇体系的上级层次由大区级、省区级城镇体系组成,其下级层次则包含地区级和县级。这几个等级层次可以是行政区划,也可以是跨行政区划的特定地域类型城镇体系。制定某一等级层次的城镇体系规划方案时要考虑到上下级体系之间的有效衔接。

动态性:系统的特征之一就是动态性。山地城镇体系是兼有自然、经济、社会等多个层面的复合系统,自然、经济、文化、技术等要素是会发生变化的,因此城镇体系规划要阶段性修订。

1.2.2 山地城镇体系规划

规划是政府的行为。规划的制定将引领城镇未来的发展,为政策的制定与交流提供基础,并减少不确定性(Tian and Shen,2011)。城镇体系规划是区域经济社会及城镇化发展到一定历史阶段的客观要求(谢涤湘和江海燕,2009),工业化推动城市化[①]发展,并导致了一系列生态环境问题,同时城镇经济集聚使得城乡二元化日趋明显,在此过程中,无序扩张与混乱发展导致环境与空间发展的不可持续。因此,需要合理的城镇体系规划加以规范,确保空间资源的有效配置(解永庆,2015),引导和控制城镇体系向着健康方向发展(Wang et al.,2017)。仇保兴(2004)认为,城镇体系规划的本质是区域规划,是对区域中经济发展强度和人口密度比较大的点进行空间分布的表达、描述和分析。顾朝林(2005)认为,在一个地域范围内,应合理组织城镇体系内各城镇之间、城镇与体系之间以及体系与其外部环境之间的各种经济、社会等方面的相互联系,运用现代系统理论与方法探究体系的整体利益,即寻找整体(体系)效益大于局部(单个城镇)效益之和的部分,以此进行城镇体系规划。城镇体系规划围绕城镇体系结构进行,并对地域空间上规模等级、职能以及空间布局进行探讨。本书认为,山地城镇体系规划是整合山地城镇体系系统内部的关联机制,通过加强与外部城镇体系的社会经济联系,合理利用土地资源,以确保城镇可持续发展,从而实现整体效益最大化。

山地是一个复杂多样的生态系统,集资源、民族、文化、生物等多样性于一体,山地城镇经济发展与建设的问题更多、更复杂(解永庆,2015),传统的规划建设理论

---

① 本书中,如果强调的是大城市的发展和扩张,与国际接轨、提升国家竞争力等方面,以及阐述城市发展的一般趋势,单个城市或城市区域,使用"城市化"。

与方法已不适应山地城镇建设发展的需要,照搬其规划模式无法解决山地城镇的问题(李和平,2016),因此对山地城镇体系规划研究具有重要意义。

1.2.3 山地与平原城镇体系规划的异同

1. 研究思路

平原城镇为营造特色鲜明的区域,依据区域经济发展状况及人们的社会生活来规划功能,利用用地功能的特点形成不同的区域形态(周一星,1996)。对平原城镇进行规划需要合理安排绿地等空间元素来作为区域的连接体,使区域之间可以和谐过渡,而非僵硬地拼接。

对于山地城镇而言,规划需要综合考虑建设的可行性、难易程度、灾害风险、空间分布、用途的匹配度和投入的资金等因素,研究山地城镇建设的适宜程度及限制性,判别适用于山地城镇建设的土地资源数量、质量和位置(黄光宇,2005)。通过综合考量资源环境、区位交通、经济社会、历史人文等方面的约束条件和有利条件(曾卫和陈雪梅,2014),妥善处理生态约束与产业发展、人口规模、城镇建设之间的关系,统筹兼顾地制定发展目标与策略。

山地城镇体系规划必须统筹考虑生产、生活和生态空间需求,考虑特定的用地条件、生态环境和建设基础,以用地适宜性评价和生态适宜性评价为基础,制定适应性空间利用策略(赵万民和束方勇,2016),形成对生态环境最有利的城镇发展框架,使城镇建设和自然生态各得其所、相得益彰。

从所处的位置来看,山地有山顶、山脊、山麓之分,不同的位置其坡度、海拔也各不相同。因此,需要根据不同城市功能对地形、坡度以及建筑密度等的不同要求,充分利用地形和土地资源,合理安排用地的功能,将地形特征进一步强化,形成具有区域特色的山地城镇体系(肖礼军,2017)。

2. 评价指标体系

城镇体系规划评价指标体系应该是科学、适用的,以衡量规划的合理性。评价指标体系应从职能结构、等级规模、空间结构、网络组织、社会发展、环境优化6个方面来衡量城镇体系规划的合理性(安蕾,2010),但是这些指标在山地与平原地区各有不同或有所侧重,山地城镇由于地形因素的影响,在确定指标和权重时要将地形和生态环境因素作为主要的因素来考虑(荣西武,2005)。

3. 规划理论

山地城镇体系规划的理论基础与平原地区一致,主要借鉴生态学、地理学、经济学等学科的理论,包括中心地理论、增长极理论、中心-边缘理论、可持续发展理论、生态城市理论、空间集聚与扩散理论、生产综合体理论等。

4. 规划方法技术

山地城镇体系规划的方法技术与平原城镇体系一致，借鉴生态学、地理学、规划学和经济学等学科的技术方法，掌握地区生态环境状况与问题，科学分析约束因子与强度，形成对规划方案与决策的有力支撑（宋元超，2014）。然而，山地城镇体系规划在用地条件和生态环境状况评价方面，应根据生态约束特点，运用多因子叠加分析、"压力-状态-响应"模型和生态足迹模型等方法，注重工程建设条件评价、建设用地适宜性评价、生态安全风险评估、生态敏感性评价、生态环境容量分析和综合承载力分析等内容；在发展目标协同方面，应借鉴复合生态系统理论，采用优劣势比较分析、情景模拟和数学模型等方法，研究发展条件与趋势，制定发展目标和指标（卢峰和钱江林，2007）；在空间管制与规划布局方面，应采用景观生态学、空间分析和多方案比较等方法，进行生态功能区划、生态安全格局构建、生态环境修复、环境污染控制和城镇规划布局。

5. 空间组织结构

平原城镇体系空间组织结构分析包括：城镇现状空间网络的主要特点以及城市分布的控制性因素分析，设计区域不同等级的城镇发展轴（或称发展走廊）（欧阳慧，2015）；综合评价区域城镇的发展条件，明确各城镇在职能和规模的网络结构中的分工和地位，对其今后的发展对策实行归类，为未来生产力布局提供参考；根据城镇间和城乡间交互作用的特点，划分区域内的城市经济区，为充分发挥城市的中心作用、促进城乡经济的结合、带动全区经济的发展提供地域组织框架。

基于我国山地城镇化发展战略思路和山地特征，分析山地城镇体系空间组织结构，不同于平原城镇体系，山地城镇空间组织模式的基本框架主要由空间关系、产业区位、文化特色等组成。山地城镇在空间上多采用分片集中、有机疏散的布局结构（查晓鸣和杨剑，2015），但城镇的空间关联程度不够紧密，空间相互作用强度较小（尚正永和白永平，2007）。在空间模式上，黄光宇（2005）总结出山地大城市或特大城市的形态模式主要有集中紧凑型、放射型、树枝型、带型、环型、网络带状综合型、组团型等类型。

6. 交通规划

山地城镇之间的道路网络结构与平原城镇有着显著的差异，平原城镇地形平坦、开阔，路网通常比较规则，道路简便、通畅，方向性明显，大大降低了建设成本，城镇之间的交通网络联系更强，所以规划过程相对较容易（周秦，2017），交通规划中需克服的问题比山地城镇少。另外，由于平原城镇与外界联系紧密，人口、城镇密集，经济发达，其交通线路密度大；而山地城镇与外界联系受地形阻碍，人口、城镇稀疏，经济欠发达，交通线路密度小。除此之外，受海拔的影响，山地城镇体系交通规划不仅要考虑与丘陵区域之间水平位移方向上的交通联系，还要考虑垂直方向上的位移，使得交通呈现立体化特点，这种立体化特点造就了独特的山地景观风貌，这是平原城镇体系交通所无法比拟的。此外，山地城镇由于生态的脆弱性，在交通建设时，更注重结合地势及生态上的保护，而平原城镇体系交通布局更多的是关注与周边城镇的联系及处理好与耕地资源的关系。

山地城镇受经济条件、地形地貌等因素制约，交通建设滞后，表现为区域交通廊道不足、连通度低，城镇交通与区域交通网络缺乏有效联系，以及城镇内部道路比例低、设施老化等。另外，山地具有丰富的自然资源，矿产资源、水资源和水能资源富集，同时山地气候的复杂性和生境的多样性使得山地动植物资源十分丰富，丰富的资源形成了以农产品加工与资源型加工为主的产业类型，对交通依赖程度高。而山地城镇的道路具有多上坡、下坡、转弯等特征（尹忠东等，2006），滞后的交通体系阻碍了山地城镇对外的客货运输，导致资源及其加工产品不能及时外运，限制了山地城镇的经济发展。所以在规划过程中要克服地形所带来的影响，城镇之间的道路网络应顺应地势起伏，合理布局道路网，加强城镇间的联系。

7. 发展战略

山地城镇和平原城镇发展水平和速度不同，平原城镇发展相对较快，已经形成了具有特色的产业类型和合理成熟的产业布局（周祥胜等，2015），而山地城镇由于发展落后、经济投入少、基础设施不健全等，山地城镇体系规划不能盲目照搬平原城镇体系规划，须将规划重点放在完善交通网络体系规划、山区公共服务、生态安全、城镇合理布局规划上，并加强规划管理，方能取得更好的建设效果。要充分结合自身的资源优势和自然条件，顺应自然，保护生态。在建设过程中，要考虑地形、技术条件和经济基础等的制约，避免走弯路（任洁，2009）。同时，山地城镇体系规划中还需要注意最大限度地合理利用当地资源，将资源优势转变为产业优势，发展具有区域特色的山地城镇体系。

1.3 城镇体系的研究进展

1.3.1 国外城镇体系研究进展

1. 城镇体系的确立与发展

城镇体系的研究可以追溯到英国学者霍华德在 1898 年出版的《明日的田园城市》，书中提出建立新的城郊关系布局模式，可以在城市周围建立田园城市来缓解城市发展的矛盾（顾朝林，2005）；英国城市规划师恩温在其基础上提出了卫星城理论，该理论对全球城市规划建设产生巨大影响。1915 年英国生物学家盖迪斯发表了《进化中的城市》，首创了区域规划研究方法。1918 年随着沙里宁提出有机疏散理论，并编制了《大赫尔辛基规划方案》，城镇体系扩展到区域城镇群体层面。1933 年，著名德国地理学家克里斯塔勒在农业区位论以及工业区位论的影响下提出了中心地理论，开创了区域城镇系统化研究（邹军等，2002）。

第二次世界大战后，工业化的全面开展，促进了城镇化的发展与完善，这一时期对城镇体系进行了系统研究。20 世纪 40~60 年代，美国经济学家舍维宁从经济学角度研究了城镇体系对城市发展的意义，成为城镇体系研究的先驱。50 年代，系统论原理首先被引入地理学研究领域。1960 年城镇体系研究跨入了新的篇章，美国经济学家邓肯在《大都市与区域》中提出了城镇体系的概念。1964 年美国学者贝里以系统论的观点阐述了城市人口分布与服务中心等级系统之间的关系，把城市地理学与一般的系统论结合，开创了城镇体系研究的新纪元。同时，随着计量地理革命与计算机技术的发展，学者们对城镇体系规模分布模型以及动态模拟进行了研究。60 年代中期，有研究人员提出了一些新概念，如"城市场"与"功能分布区"等（邹军等，2002）。

20 世纪 70 年代，城镇体系研究进入了高潮，此时数学方法与动态模拟得到了广泛运用。1977 年，哈格特从交互、网络、节点、层次、表面、扩散这六个角度研究了城镇体系的形成过程。这一时期，大量学者开始著书立说，城镇体系研究不断完善，充分反映了当时城镇体系研究的趋势与水平（邹军等，2002）。80 年代，由于对西方发达国家的研究已进入瓶颈，研究区域逐步转向发展中国家。90 年代，城镇体系的研究更多基于全球化背景而展开，研究尺度扩大到全球领域，跨区域研究推动城镇体系研究向前发展（顾朝林，2005）。

2. 城镇体系研究的新成果

进入 21 世纪以来，随着全球气候变化、生态危机日益严重、城镇化快速发展，以及公众可持续发展意识的增强，城镇体系成为全球变化关注的热点问题。为应对全球环境的变化，特别是在全球变暖条件下城镇灾害的防治问题，城镇环境评估与规划手段逐渐被应用。同时，随着城镇变革步伐的加快和规模的不断扩大，探讨在快速城镇化条件下城镇体系如何演变以及发展具有现实意义（Puliafito，2007；García et al.，2011；Farrell et al.，2019）。采用的模型主要有元胞自动机模型、支持向量机模型、自组织结构模型、神经网络模型、城镇边界增长模型等。通过分析城镇体系的空间规模可以了解城镇的动态演变、内部结构以及不同城镇体系之间的空间差距（Myint，2008；Jain and Korzhenevych，2019）。随着遥感信息技术的发展，夜间灯光数据可以对城镇体系空间规模研究提供有效补充（Yücer and Erener，2018）。

为充分了解城镇体系的复杂性以及生态环境所面临的挑战，需要探索城镇新陈代谢、生态系统服务及其与生态环境的关系。由于城镇依赖且需要消耗大量能源和外部资源，所以如今主要通过能值的方法来核算城镇体系的新陈代谢（Agoatinho et al.，2018；Viglia et al.，2018）。从应对气候变化和环境变化的角度，城镇绿色空间会带来许多益处，城镇体系内部绿色空间的可用性和规划成为研究重点。山地占世界约 1/4 的土地面积，涵盖了全球生物多样性与文化多样性的很大一部分。山地以其独特的地形地貌条件以及区位优势，成为全世界约 50%的两栖动物、鸟类和哺乳动物物种的栖息地，生产了世界 80%的食物以及为全球一半以上的人口提供淡水资源。供水、气候调节和文化是山区提供的主要生态系统服务（Foggin，2016）。通过研究城镇的生态系统服务可以评估绿色空间的环境，将生态系统服务纳入决策评估中，为未来城镇体系绿色空间规划提供参考依据，有利于实现城镇体系的可持续发展（Mcphearson et al.，2016；Lafortezza and Giannico，2019）。

对城镇体系进行规划时，城市规划者往往采取孤立的、自上而下的方式（Haller，2017），规划方案往往与区域实际有差异，而社区居民才是最核心的参与者。为提高城市适应力以及解决城市地区复杂性问题，采取的方法和工具（行政规划、国家干预、智囊团愿景）的重要性日益增强。为了使自下而上的决策和治理更具有重要意义，需要加强公众参与力度（López-Goyburu and García-Montero，2018），以最小的冲突实现最大的利益。基于此，Brown 和 Kyttä（2014）将"公众参与 GIS"定义为"通过合作与参与的方法运用 GIS 进行规划"。在多样化的社会和复杂的环境背景下，构建"公众参与 GIS"平台，与社区参与者相结合，利用社区居民对周围环境的熟悉度，应用地理信息技术加强空间规划，把地图与地理信息的传统表达方式发展为现代"公众参与 GIS"技术与方法，以用于空间评估规划（Atzmanstorfer et al.，2014），为规划者提供重要的规划平台，更好地为城镇体系规划服务。

1.3.2 国内城镇体系研究进展

1. 城市发育较早，城镇体系研究开展较迟

我国城镇化起步晚，但发展快。最早关于城镇体系的研究是梁思成先生 1945 年 8 月在重庆《大公报》上发表的《市镇的体系秩序》，他应用有机疏散理论来进行城市规划，并对我国城市发展进行了展望（刘小石，2001；邹军等，2002）。20 世纪 60 年代，中国学者严重敏首次译著了克里斯塔勒的《城市的系统》一文，之后一段时间，我国城镇体系研究进展搁置。

2. 改革开放后城镇体系研究快速发展

20 世纪 70 年代末、80 年代初，改革开放为城市的发展提供了良好的环境，城市的发展促进了区际之间的交流，基础设施建设使城市进一步发展。这一时期我国的城镇体系研究也慢慢步入正轨，城市的发展进入了新时期，城镇体系的研究亦进入新阶段。围绕城镇体系概念，这一阶段的研究重点是城镇体系结构和规划。周一星和杨齐（1986）研究了 1964~1980 年我国城镇体系等级规模（人口规模）的变动情况，发现中小城市地位升高，而特大城市地位下降，认为我国城镇体系等级规模变动符合从低级到

高级不断发展的趋势。丁金宏和刘虹（1988）建立了城镇体系预测模型。许学强（1982）运用幂函数模型对我国城镇体系规模结构进行预测，得出2000年人口和小城镇规模逐渐扩大。以上研究主要围绕京津唐、长江三角洲等区域展开，这些区域由于自身优势条件再加上改革开放的大趋势、经济与基础设施的发展，使城市发展较快，各城市之间联系紧密，并逐渐发展为城镇体系，但初期研究多采用定性描述，定量研究较少且方法单一。1982年，随着国外"国土规划理论"的引入，城镇体系规划在不同层次行政区开展起来。1984年颁布的《城市规划条例》中，明确规定把布置城镇体系作为城市规划工作的一部分，城镇体系规划的重要性得以重视。1989年颁布的《城市规划法》中提及"国务院城市规划行政主管部门和省、自治区、直辖市人民政府应当分别组织编制全国和省、自治区、直辖市的城镇体系规划，用以指导城市规划的编制"（第十一条），"设市城市和县级人民政府所在地城镇的总体规划，应当包括市或者县的行政区域的城镇体系规划"（第十九条部分）。1998年，建设部（2008年更名为住房和城乡建设部）又对完善省域城镇体系规划内容提出了具体要求。城镇体系规划已经纳入我国城市规划的编制体系中，具有了法定的效力。

20世纪90年代，信息革命促使全球联系日益密切，经济全球化对城镇体系的发展产生重大影响。首先经济全球化对沿海城市造成冲击，外资的注入为城市的发展带来资金支持，并推动产业规模的扩大，促使沿海出现新的城镇群。许学强等（1995）从经济全球化背景出发，研究了城镇体系新的发展点，并提出城镇发展的新问题。当然，这一时期的研究重点依然是对区域城镇体系结构的研究，且多以定性描述为主。之后，在方法上逐渐创新，顾朝林（1990）建立等级规模分布模型并对其结构进行预测。由于城镇体系具有自相似性，所以引用异速生长与分形理论对城镇体系进行研究，刘继生和陈彦光（2000）开创了分形结构因子研究，并从异速生长角度验证了城镇系统的适应性假设和地理分形结构的优化猜想。陈涛等（1997）从科赫模式出发研究城镇空间体系，并提出科赫模式可以作为中心地理论的修正。同时，研究区域逐渐扩大，向西部地区迈进，并且研究数量与方法逐渐增多。

进入21世纪，计算机的广泛使用使城镇体系研究方法逐步多样化，利用信息技术对空间信息的处理与管理成为主要趋势，3S技术的应用为城镇体系研究注入新鲜血液。例如，胡小猛等（2009）以遥感技术为支撑，利用遥感技术与图像处理手段对影像进行监督分类，从而得出空间结构分型维度；王心源等（2001）利用雷达卫星影像并结合中心地理论对黄淮海平原空间结构进行分析；赵萍和冯学智（2003）利用GIS与遥感技术，采用分形理论对绍兴市城镇结构和空间结构进行了分析，并讨论了演变规律。地理信息科学已成为城镇体系研究的趋势，但同时也需要其他相关研究与之结合。为更好地描述城市系统空间特征，张锦和王培茗（2011）主要通过建立模型来表达城市系统的空间关系，通过检查系统内部各城市节点的相互联系，判断这个城市是否在城市系统之中；陈伟等（2015）从多元的交通流视角入手，分析了中国城市网络的层级特征，并进行规律挖掘。周孝明等（2017）以高分卫星影像为主要数据源，对甘肃省城镇扩展进行监测及分析。各位学者对区域城镇体系的研究已经打破行政界限,开始研究都市圈、经济带和交通轴线对城镇体系结构的影响。

在城镇体系规模结构分析方面,一般采用城镇首位率、城镇金字塔、位序-规模法则、城镇规模体系不平衡指数等方法来衡量城镇规模结构特点,并通过建立齐夫(Zipf)模型、帕累托(Pareto)分布模型、贝克曼(Beckmann)模型等对城镇体系进行研究(张锦和王培茗,2011)。但是,城镇体系职能量化分析相对较少,一般用多样化指数法、区位熵法和标准差法对城镇职能进行界定(丁志伟等,2013)。城镇体系空间结构研究多采用城镇分布密度、城镇扩展强度等分析方法,并运用遥感技术、地理信息技术与中心地理论和分形理论相结合,建立空间分布模型,以分析规模和城市距离之间的关系、时空距离可达性、可达性重心,利用神经网络分析以及元胞自动机模型分析城镇发展规律,探究城镇空间布局与演变。总体而言,研究的方法与模型呈现多元化趋势。

1.3.3 山地城镇体系规划研究进展

城镇的形成与发展、空间分布与形态受自然环境的制约。平原城镇体系由于交通系统完备、城镇化发展快、规模层次明显,以特大城市和大城市居多,城镇均衡度高,城市职能联系密切,专门化城镇较多。城市空间布局呈向心型,并沿交通线发育新的经济中心。区域与区域之间、区域内部各城市之间联系更加密切,较易形成网络化高级发展模式;而山地城镇体系由于自然条件因素的限制,城镇主要分布在地势比较低平的河谷区域,主要向河流、交通线和资源丰富的区域发展,其空间形态和环境特征与平原城镇体系有着较大差异(罗书山,1993)。

山地城镇空间形态具有不同于一般平原城市的扩展模式(汪昭兵和杨永春,2008;张力等,2009),与平原城市最大的区别在于山地城镇的多维性(左进和周铁军,2010;李云燕和赵万民,2017)。一般平原城市的空间扩展模式主要为蔓延式,在空间扩展过程中,会采取退二进三的空间拓展模式,即首先把处于市区的工业和传统产业搬迁,让位于市区第三产业的发展。而山地城镇主要采取跳跃式的扩展模式(汪昭兵和杨永春,2008),其空间结构通常包括单中心外围组团式布局结构、(双)多中心组团式结构、"大分散、小集中"式布局结构和带状组团式结构等几种模式。从分布类型上看,山地区域不同地貌条件下,较易形成带状、团状、串珠与自由格网四种城镇空间布局类型(表1-1)(曹珂和肖竞,2013)。

表 1-1 山地城镇空间分布类型

典型地貌	山地城镇类型/典型区域	空间特征	平面结构
槽谷地貌	带状组团城镇 攀枝花、通江、南江	空间顺应水道呈狭长形,跨河跨江发展	

续表

典型地貌	山地城镇类型/典型区域	空间特征	平面结构
脊岭地貌	"团状"城镇 重庆渝中半岛、 云南移民新城	空间半岛呈"凸"状，城镇由内向外跌落发展	
沟梁地貌	串珠状城镇 万州老城、 云阳小江片区	呈非线性的椅背或箩筐状空间结构	
丘状地貌	自由网格状城镇 贵阳、安顺、垫江	空间基面平整，大小山错落分布，城镇整体纵横规则	

由于山地城镇的特殊环境特征，其生态环境保护应成为规划的重点，从我国的"道法自然"到欧洲的"田园城市""大伦敦规划"等理念，均体现出生态对于城镇体系的发展具有重要作用。而山地生态环境具有脆弱性等特征，因此将生态导向引入山地城镇体系规划，以此构造舒适宜人、优美的城镇空间环境，有利于山地城镇体系的建设与发展（左进和周铁军，2010；郑圣峰和侯伟龙，2013）。但由于地形、地质等条件的限制，山地城镇灾害发生频率较高，同时多维集约的发展方式导致山地城镇建设密度和人口密度较大，因此城镇体系应急规划研究理应成为山地城镇规划的重点（左进和周铁军，2010）。李云燕和赵万民（2017）针对全球气候变暖、山地复杂的水文条件，对城镇进行雨洪防灾基础设施统筹布局，以减少城镇积水压力，他们认为建设海绵城市有利于构建山地城市水安全格局。其他学者亦从水土流失防治（张惠远和王仰麟，2000）、地震灾害应急（王卫国等，2015）等方面考虑山地城镇体系规划的重点，这对避灾空间规划具有重要意义（曾德强等，2018）。

总之，在进行山地城镇体系规划时，需要充分考虑城乡居民点发展规划、基础及社会服务设施规划、生态环境规划、合理的空间规模与结构以及防灾减灾规划，从而实现山地城镇体系的可持续发展。

1.4 山地城镇体系规划内容及意义

1.4.1 规划内容

1. 山地城镇发展条件综合分析与评价

山地城镇发展条件主要包括区位条件、自然条件、自然资源条件、社会经济条件和城镇发展条件，其目的在于明确山地城镇体系中各个城镇发展的条件，以此作为山地城镇产业选择、性质职能确定、空间布局的科学依据。

2. 山地城镇化水平预测

城镇化水平包括数量和质量水平，数量的城镇化水平一般被理解为城镇人口占总人口的比重。人口系统是非常复杂的非线性系统，人口的规模以及增长速度对城镇体系规模等级结构规划、基础设施和社会服务设施布局等具有重要影响，掌握城镇人口发展的动态有利于制定出合理的城镇发展规划方案。城镇化质量水平体现在空间、人口、经济、社会城镇化等维度，一般从城镇现代化和城乡一体化两方面来衡量。

3. 山地城镇体系产业发展规划

山地城镇体系产业决定区域经济与城镇的发展。区域城镇集聚的一个重要原因就是产业集聚，有序的产业集聚布局有利于最大限度地利用区域资源，实现区域经济发展及合理的产业结构调整。产业发展规划包括产业结构规划和产业布局规划。产业结构规划的内容主要包括产业结构分类、产业结构的现状与合理性评价、影响因素分析、主导产业的确定与选择、主要产业规模的确定、产业结构高度与效益分析、产业结构变动导向的确定等方面。产业布局规划主要是三次产业布局规划，并通过整合区域资源对区域产业发展经济区进行规划。

4. 山地城镇体系结构现状分析及规划

城镇体系结构是指区域城镇之间规模等级、职能以及空间分布的构成和相互联系、影响、制约的关系。城镇体系结构规划的内容主要包括规模等级结构、职能结构以及空间结构，其是城镇体系规划的基本内容与核心问题（曹艺民，1989）。城镇体系规模结构的主要测度目标是城镇人口规模，等级结构是城镇的地位与作用的级别序列，城镇体系内部不同规模等级的城镇相互联系，较为理想的城镇等级呈金字塔形；城镇体系职能结构反映区域城镇体系发展特点，城镇的职能不是单一的，具有多样性。山地城镇职能结构应根据历史经济发展规律，依靠地方特色，合理安排城镇职能，着力打造特色职能城镇；城镇体系空间结构充分反映在自然、社会经济条件下的规模等级结构与职能结构，由于区域经济发展条件、制约因素等具有差异性，其呈现不同的城镇空间格局，基本可以分为集聚型、均匀型、随机型，发展模式有组团式、串联式和网络式等，山地城镇体系空间结构规划的重点在于解决生态与生产矛盾所决定的集聚与分散的问题，协调好城镇空间布局。

5. 山地城镇体系空间管制

空间管制是区域管制的重要内容和手段，通过划定区域内不同功能、不同建设发展特性的类型区，制定各类型区的开发标准和控制引导要求，以实现合理配置资源、协调各方利益、实施区域的统一规划（张波，2019）。山地城镇体系空间管制主要包括划分土地利用功能分区，确定分区的具体范围、比例结构、开发强度等，通过协调区域内建设项目与城镇发展，促进山地城镇体系的发展（邻艳丽和刘继生，2004）。城镇总体规划中的具体空间管制主要针对城乡开发建设活动，重点在于城乡建设用地适宜性评价以及空间管制的分区类型和管制策略。因此，需要对城镇体系空间进行管控，以实现区域的可持续发展。

6. 山地城镇体系城乡居民点建设发展规划

城乡接合部是城乡争夺土地资源的核心区域，城市与乡村的形成从一开始就存在差异，特别是随着城市的快速发展与扩张，城乡差距逐渐拉大，打破原有农村居民点的连接程度，加剧农村居民点的破碎化程度，导致"城中村"的出现，呈现出明显的城乡二元结构（匡垚瑶等，2017）。为了缩小城乡差距，国家提出城乡一体化战略，实现城乡统筹与乡村振兴。山地城镇体系城乡居民点建设发展规划主要包括确定城乡居民点的层次结构及其在地域空间中的职能类型和等级，进而划分城乡居民点建设发展类型，并制定分类引导策略，这对指导城乡居民点建设用地空间布局的合理化、实现城乡的协调发展与统一具有重要意义。

7. 山地城镇体系基础设施和社会服务设施发展规划

基础设施规划包括交通运输体系、电力电信设施、排水工程、给水设施、燃气工程系统等。基础设施是支撑城镇运转的血液，其中城镇与城镇之间的联系依靠交通网络构建，交通运输体系是基础设施的框架。完善的交通网络是物流、人流、信息流传递的渠道，有序合理地布局各种交通运输方式，有利于推动城镇体系交通网络的形成。另外，城镇基础设施是城镇扩张的保障，合理的基础设施规划一定程度上决定城镇扩张方向、规模以及城镇体系网络的形成。

社会服务设施规划影响城镇化质量与水平，是衡量城市发展的重要指标。《国家新型城镇化规划（2014—2020年）》提出，稳步推进义务教育、就业服务、基本养老、基本医疗卫生、保障性住房等城镇基本公共服务覆盖全部常住人口。完整的城镇体系规划需要考虑人的需求与发展。因此，应当在考虑山地城镇发展条件的背景下，关注城镇体系教育事业、文化事业、体育事业、卫生事业等社会公共服务规划，保障民生和实现基本公共服务设施的城镇体系一体化与均等化。

8. 山地城镇体系环境保护与防灾减灾规划

山地特殊的地理条件决定了环境保护对城镇体系建设和发展的重要作用。当前，城镇的发展彻底改变了地表地貌形态，尤其是技术的发展使自然条件的限制性逐渐减小，人类活动加剧了对自然环境的影响。山地的生态环境较脆弱，容易诱发滑坡、泥石流、水灾等自然灾害，易对城镇发展造成破坏性的影响。因此，山地城镇体系环境保护与防灾减灾规划有利于山地生态环境保护与城镇体系稳定健康发展。

1.4.2 规划意义

1. 理论意义

由于理论和技术的限制，大多规划方案未与山地环境相结合，山地城镇体系规划没有完整的理论系统。本书借鉴平原城镇体系规划理论和方法，结合山地特殊的环境条件，形成山地城镇体系规划理论。山地城镇体系规划对城镇体系规划的理论系统、研究内容和方法、研究框架和体系具有重要的补充。

2. 实际意义

山地占我国国土面积的 2/3，大多数城镇在山地形成并发展，形成独特的山地城镇景观。人口激增使人地矛盾尖锐，这一问题在山地更加突出。山地生态系统的特殊性，使山地城镇体系在开发过程中对其脆弱的生态环境产生巨大的影响。在工业化前期，生态环境自净能力较强，环境承载力也未饱和，这期间以生态环境的破坏为主。后期工业化推动城镇化，山地城镇体系逐渐形成，同时也加快了城镇的无序扩张、生态环境的破坏等。而我国学者对规划的研究主要集中于经济较为发达的平原城镇体系，对山地城镇体系规划较少涉及。山地城镇体系规划对生态环境的保护以及城市健康发展具有重要意义。因此，为形成健康可持续的山地城镇体系，需要对山地城镇体系进行规划。

总之，在山地城镇的聚集作用和城镇化进程不断加快的背景下，城镇数量和规模不断扩大。与平原地区相比，虽然山地城镇体系发展要克服地形地质条件，对建设技术也有着较高要求。但是，山地特殊的资源环境条件，具有发展城镇体系的潜在优势。在规划中，需要结合山地地理环境，因地制宜规划建设山地城镇，做好山地城镇体系的空间组合，有效引导山地城镇体系的建设和管控。

参 考 文 献

安蕾. 2010. 城镇体系规划评价指标体系的构建及应用. 安徽农业科学, 38(18): 9868-9871.
曹珂, 肖竞. 2013. 契合地貌特征的山地城镇道路规划——以西南山地典型城镇为例. 山地学报, 31(4): 473-481.
曹艺民. 1989. 试论区域城镇体系结构规划的主要内容. 城市规划, (1): 54-57.
陈涛, 陈彦光, 王永洁. 1997. 城镇体系相关作用的分形研究. 科技通报, 13(4): 30-34.
陈伟, 修春亮, 柯文前, 等. 2015. 多元交通流视角下的中国城市网络层级特征. 地理研究, 34(11): 2073-2083.
崔功豪, 魏清泉, 刘科伟. 2007. 区域分析与区域规划. 北京: 高等教育出版社.

丁金宏, 刘虹. 1988. 我国城镇体系规模结构模型分析. 经济地理, 8(4): 253-256.
丁志伟, 张改素, 王发曾. 2013. 中原经济区现代城镇体系的规模与等级结构研究. 中国人口·资源与环境, 23(S1): 15-18.
董蓬勃, 姜安源, 孔令彦. 2003. 我国20世纪90年代城镇体系研究评述. 地域研究与开发, 22(4): 20-23.
方创琳. 2014. 中国城市发展方针的演变调整与城市规模新格局. 地理研究, 33(4): 674-686.
顾朝林. 1990. 中国城镇体系等级规模分布模型及其结构预测. 经济地理, 10(3): 54-56.
顾朝林. 2005. 城镇体系规划: 理论·方法·实例. 北京: 中国建筑工业出版社.
郐艳丽, 刘继生. 2004. 吉林省域城镇体系规划综合调控作用研究. 地理科学, 24(4): 399-405.
胡小猛, 陈敏, 王杜涛. 2009. RS技术支持下的城镇体系空间结构分形探析. 经济地理, 29(4): 556-559.
黄光宇. 2005. 山地城市空间结构的生态学思考. 城市规划, 29(1): 57-63.
黄光宇. 2006. 山地城市学原理. 北京: 中国建筑工业出版社.
匡垚瑶, 杨庆媛, 王兆林, 等. 2017. 低山丘陵区城乡接合部农村居民点布局优化——以重庆市渝北区古路镇为例. 山地学报, 35(3): 399-411.
李和平. 2016. 针对山地城镇特殊性构建规划建设工作体系. 城市规划, 40(2): 97-98.
李开猛, 蔡云楠, 王鹰翅, 等. 2009. 山地小城镇规划初探. 小城镇建设, (7): 53-56.
李云燕, 赵万民. 2017. 西南山地城市雨洪灾害防治多尺度空间规划研究——基于水文视角. 山地学报, 35(2): 212-220.
刘继生, 陈彦光. 2000. 长春地区城镇体系时空关联的异速生长分析: 1949~1988. 人文地理, 15(3): 6-12.
刘小石. 2001. 城市规划杰出的先驱——纪念梁思成先生诞辰100周年. 城市规划, 25(5): 45-49.
卢峰, 钱江林. 2007. 西部山城镇的生态化发展思考. 规划师, 23(12): 92-94.
罗书山. 1993. 山地小城镇开发战略初探. 重庆建筑工程学院学报, 15(3): 76-81.
欧阳慧. 2015. 不同尺度区域空间组织研究. 中国人口·资源与环境, 25(S1): 538-541.
仇保兴. 2004. 论五个统筹与城镇体系规划. 城市规划, 28(1): 8-16.
任洁. 2009. 云南小城镇发展战略构想. 小城镇建设, (2): 95-99.
荣西武. 2005. 小城镇规划编制与实施评价体系研究. 保定: 河北农业大学.
尚正永, 白永平. 2007. 丘陵山区城镇体系的分形特征——以江西省赣州市为例. 山地学报, 25(2): 142-147.
宋元超. 2014. 浅谈陕南生态化城镇的建设. 知识经济, (4): 53-54.
汪昭兵, 杨永春. 2008. 探析城市规划引导下山地城市空间拓展的主导模式. 山地学报, 26(6): 652-664.
王卫国, 洪再生, 苏幼坡, 等. 2015. 山地地震灾害应急救援规划的原则与要点. 世界地震工程, 31(4): 108-112.
王心源, 范湘涛, 邵芸, 等. 2001. 基于雷达卫星图像的黄淮海平原城镇体系空间结构研究. 地理科学, 21(1): 57-63.
肖礼军. 2017. 生态约束下的西南山地城镇规划策略与实践探索. 西部人居环境学刊, 32(3): 80-85.
解永庆. 2015. 城市规划引导下的深圳城市空间结构演变. 规划师, 31(S2): 50-55.
谢涤湘, 江海燕. 2009. 1990年以来我国城镇体系规划研究述评. 热带地理, 29(5): 460-465.
许学强. 1982. 我国城镇规模体系的演变和预测. 中山大学学报(哲学社会科学版), (3): 40-49.
许学强, 叶嘉安, 张蓉. 1995. 我国经济的全球化及其对城镇体系的影响. 地理研究, 14(3): 13.
尹忠东, 李一为, 辜再元, 等. 2006. 论道路建设的生态环境影响与生态道路建设. 水土保持研究, 13(4): 161-164.
曾德强, 王培茗, 陈宣先, 等. 2018. 山地小城市抗震避灾空间结构评价体系研究——以昆明市东川区为例. 世界地震工程, 34(1): 152-165.
曾卫, 陈雪梅. 2014. 地质生态学与山地城乡规划的研究思考. 西部人居环境学刊, 29(4): 29-36.
查晓鸣, 杨剑. 2015. 中国近现代山地城市空间形态演进探析. 中国名城, (3): 64-68, 63.
张波. 2019. "多规合一"背景下中小城市空间管制层次的探讨. 上海城市规划, (3): 102-106.
张惠远, 王仰麟. 2000. 山地景观生态规划——以西南喀斯特地区为例. 山地学报, 18(5): 445-452.

张锦, 王培茗. 2011. 山地城镇体系规模结构的计量分析及分形特征研究——以滇西南临沧市为例. 云南地理环境研究, 23(6): 64-69.

张力, 周廷刚, 李成范, 等. 2009. 特大型山地城市动态扩展的遥感研究. 遥感技术与应用, 24(1): 77-81, 136-137.

赵萍, 冯学智. 2003. 基于遥感与GIS技术的城镇体系空间特征的分形分析——以绍兴市为例. 地理科学, 23(6): 721-727.

赵万民, 束方勇. 2016. 基于生态安全约束条件的西南山地城镇适应性规划策略研究. 西部人居环境学刊, 31(3): 1-7.

郑圣峰, 侯伟龙. 2013. 基于生态导向的山地城市空间结构控制——以重庆涪陵区城市规划为例. 山地学报, 31(4): 482-488.

周孝明, 刘军, 胡燕凌. 2017. 高分卫星在甘肃省城镇扩展研究中的应用. 遥感技术与应用, 32(3): 531-538.

周军. 1995. 中国城镇体系研究"综述与展望". 城市问题, (4): 2-6.

周秦. 2017. 山地城镇交通发展与生态环境协调性研究——以拉萨为例. 海口: 2017(第十二届)城市发展与规划大会.

周祥胜, 陈伟劲, 杨嘉. 2015. 西部山地城市小城镇发展战略研究——以贵州省毕节市为例. 小城镇建设, (9): 41-47.

周一星, 杨齐. 1986. 我国城镇等级体系变动的回顾及其省区地域类型. 地理学报, 41(2): 97-111.

周一星. 1986. 市域城镇体系规划的内容、方法及问题. 城市问题, (1): 5-10.

周一星. 1996. 区域城镇体系规划应避免"就区域论区域". 城市规划, (2): 14.

邹军, 张京祥, 胡丽娅, 等. 2002. 城镇体系规划新理念、新范式、新实践. 南京: 东南大学出版社.

左进, 周铁军. 2010. 西南山地防灾城市设计多因子关联与分级控制. 自然灾害学报, 19(4): 102-108.

Agostinho F, Sevegnani F, Almeida C M V B, et al. 2018. Exploring the potentialities of emergy accounting in studying the limits to growth of urban systems. Ecological Indicators, 94(3): 4-12.

Atzmanstorfer K, Resl R, Eitzinger A, et al. 2014. The GeoCitizen-approach: Community-based spatial planning - an Ecuadorian case study. Geographic Information Science, 41(3): 248-259.

Brown G, Kyttä M. 2014. Key issues and research priorities for public participation GIS (PPGIS): A synthesis based on empirical research. Applied Geography, 46: 122-136.

Fan Y, Yu G, He Z. 2017. Origin, spatial pattern, and evolution of urban system: Testing a hypothesis of "urban tree". Habitat International, 59: 60-70.

Farrell K, Nijkamp P. 2019. The evolution of national urban systems in China, Nigeria and India. Journal of Urban Management, 8(3): 408-419.

Foggin J M. 2016. Conservation Issues: Mountain Ecosystems. Reference Module in Earth Systems and Environmental Sciences, 8: DOI10.1026.

Fujita M, Krugman P, Mori T. 1999. On the evolution of hierarchical urban systems. European Economic Review, 43(2): 209-251.

García J H, Garmestani A S, Karunanithi A T. 2011. Threshold transitions in a regional urban system. Journal of Economic Behavior & Organization, 78(1-2): 152-159.

Haller A. 2017. Urbanites, smallholders, and the quest for empathy: Prospects for collaborative planning in the periurban Shullcas Valley, Peru. Landscape and Urban Planning, 165: 220-230.

Jain M, Korzhenevych A. 2019. Detection of urban system in India: Urban hierarchy revisited. Landscape and Urban Planning, 190: 103588.

Lafortezza R, Giannico V. 2019. Combining high-resolution images and LiDAR data to model ecosystem services perception in compact urban systems. Ecological Indicators, 96(2): 87-98.

López-Goyburu P, García-Montero L G. 2018. The urban-rural interface as an area with characteristics of its own in urban planning: A review. Sustainable Cities and Society, 43: 157-165.

Mcphearson T, Haase D, Kabisch N, et al. 2016. Advancing understanding of the complex nature of urban systems. Ecological Indicators, 70: 566-573.

Myint S W. 2008. An exploration of spatial dispersion, pattern, and association of socio-economic functional units in an urban system. Applied Geography, 28(3): 168-188.

Puliafito J L. 2007. A transport model for the evolution of urban systems. Applied Mathematical Modelling, 31(11): 2391-2411.

Tian L, Shen T. 2011. Evaluation of plan implementation in the transitional China: A case of Guangzhou city master plan. Cities, 28(1): 11-27.

Viglia S, Civitillo D F, Cacciapuoti G, et al. 2018. Indicators of environmental loading and sustainability of urban systems: An emergy-based environmental footprint. Ecological Indicators, 94(3): 82-99.

Wang M, Krstikj A, Koura H. 2017. Effects of urban planning on urban expansion control in Yinchuan City, Western China. Habitat International, 64: 85-97.

Yücer E, Erener A. 2018. GIS based urban area spatiotemporal change evaluation using landsat and night time temporal satellite data. Journal of the Indian Society of Remote Sensing, 46(2): 263-273.

第 2 章　山地城镇体系发展条件综合分析与评价

2.1　山地城镇体系历史演变与现状特征分析

2.1.1　城镇体系的历史演变

城镇体系是区域城镇群发展到一定阶段的产物，经历了"形成—发展—成熟"的阶段，每一发展阶段都在规模结构、职能结构、空间分布、相互联系等方面表现出不同特征。明确划分城镇体系发展演变阶段，可为了解其未来发展趋势、确定合理的规划方案提供良好的理论基础。

划分城镇体系发展阶段的目的是通过研究其形成发展条件和因素、内外联系及空间格局，识别其现状特征，进而综合分析城镇体系历史演变过程和未来发展趋势及其基本动力因素，为不同阶段的城镇体系规划提供科学、合理的方案。

1. 按城镇体系规模演变划分

城镇体系的发展可划分为低水平的均衡阶段、极核式集聚发展阶段、极核式扩散发展阶段和高水平的均衡阶段四个阶段（姜永波，1994；彭震伟，1998）（图2-1）。

1）低水平的均衡阶段

城镇是区域经济发展的产物，发展初期经济水平比较低，产业结构以农业为主。此时城镇发展速度缓慢，个体规模较小，由于交通条件的限制，城镇的区际区内联系都比较薄弱。其总体特点是职能结构雷同，规模结构集中于某一较低的档次，空间分布多呈变形中心地结构，城镇之间相互联系弱、制约关系差。从整个区域看，城镇体系表现出一种松散的、封闭性的均衡发展倾向。我国山地城镇由于社会、经济、自然等多方面的原因，尚有部分地区处于这一发展阶段。

2）极核式集聚发展阶段

随着区域经济的进一步发展，城镇发展速度逐渐加快，规模不断扩大，并且由于专业化分工协作的要求，极化效应开始发挥作用，具体表现为大量人才、资金、原材料、能源等资源向一些区位条件较好的城镇集中或倾斜，城镇体系由原来简单、低级的

图 2-1 中各子图标注：
(a) 低水平的均衡阶段
(b) 极核式集聚发展阶段
(c) 极核式扩散发展阶段
(b) 高水平的均衡阶段

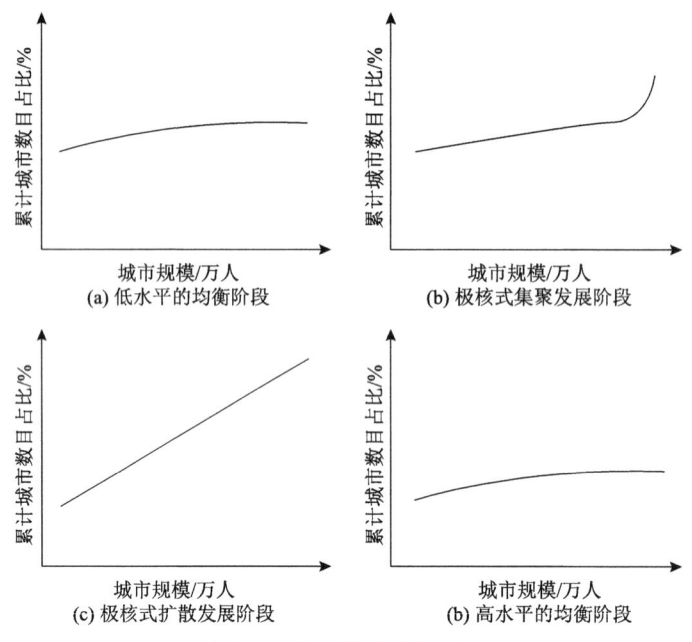

图 2-1 城镇体系发展阶段

均衡逐渐过渡到较复杂、高级的不均衡。其总体特点是职能结构表现出一定的分工协作关系，规模结构出现明显的层次分异，大城市、特大城市迅速发展，并成为统领全区经济发展的中心，空间结构往往以"点—轴"模式为主，城镇之间的相互联系开始加强。

3）极核式扩散发展阶段

经过第二阶段的倾斜发展，城镇体系的等级规模出现明显差异，城市首位度大大加强，但这种结构并不理想，主要表现为缺乏中间档次的城镇，即中等城市。在第三阶段的发展中，城镇体系开始趋于完善，此时由于城市病的出现，大城市发展速度减缓，中小城镇发展迅速，尤其是中等城市数量增多、规模扩大。城镇体系总的特点是职能分工进一步明确，规模结构呈现标准的"位序—规模"分布，即自大而小呈宝塔形的稳定结构，空间结构仍以"点—轴"模式为主，个别发达地区出现带状或片状模式，城镇之间互相联系更加紧密。从整个区域看，表现出一种以大带小、以小促大、有机有序、逐步完善的发展趋势。这种规模结构作为一种稳定的形态将维持较长的时间。

4）高水平的均衡阶段

大城市规模持续扩大，引起诸多难以解决的社会、经济问题，此时"逆城市化"现象开始出现。大城市规模不再扩大，甚至有所缩小；而中小城市一方面接受大城市扩散，本身也继续发展。因此，大城市与中小城市之间的差距必然缩小，城镇体系进入高水平的均衡阶段。体系内各城镇无论是地理距离还是职能结构均相差不大，规模结构集中于较高档次而无明显差异，城镇之间的联系极为密切，空间分布呈现出面状或片状集中发展倾向（许学强，1982）。

临沧市是我国滇西南典型的山地城镇。山地面积占 97.5%，市内 70% 以上的城镇完全分布在山地，而另外 30%位于坝子边缘的城镇也有部分建设用地为山地，广义地说，几乎所有的城镇都属于山地城镇（张锦和王培茗，2011）。本书第 2~第 5 章以临沧市为例加以详细分析。

临沧市域城镇体系的历史演变过程具有典型的阶段性特征，同样经历了低水平的均衡阶段、极核式集聚发展阶段和极核式扩散发展阶段三个阶段。

低水平的均衡阶段。临沧市改革开放前处于低水平的均衡阶段。历史上，位于云南西南边陲的临沧市因地处边疆、地形复杂、交通不便、少数民族聚居等因素，外来文化难以渗入，经济发展水平低下。加之，历史上边境地区邻国和民族纷争不断，民国政府管理失控，使得该区域在封闭落后的背景下又增加了不安定因素，工业水平落后、处于低水平生产率的农业社会，城镇发展演化过程非常缓慢。中华人民共和国成立后，中央人民政府加强了对该区域的控制，并投入资金进行建设，但城镇职能依旧分工不明显、职能单一，城镇发展缓慢（王培茗，2010）。

极核式集聚发展阶段。改革开放以后，政策和经济助力推动城镇的发展，城镇的发展速度突飞猛进，规模结构出现明显的层次分异，城镇职能结构表现出一定的分工协作关系。通过几十年的发展，临沧市已经发展到极核式集聚发展阶段（王培茗，2010）。

极核式扩散发展阶段。进入 21 世纪，临沧市进入快速发展阶段，尤其是近 10 年以来，随着"一带一路"倡议的推进，临沧市作为中心城镇，与周边城镇的联系进一步加强，向着以大带小、以小促大、有机有序、逐步完善的极核式扩散发展阶段发展。

2. 按社会经济发展阶段划分

按社会经济发展阶段划分（崔功豪等，2006；吴志强和李德华，2010），城镇体系发展阶段可划分为前工业化阶段（农业社会）、工业化阶段、工业化后期至后工业化阶段（陈佳贵等，2006）（表 2-1）。由于城镇体系是社会经济发展的核心，是区域经济发展的集中体现，其发展阶段与社会经济发展阶段具有对应关系，不同的社会经济发展阶段体现着不同的城镇体系发展特征。

表 2-1　城镇体系阶段划分

基本指标	前工业化阶段	工业化阶段		工业化后期至后工业化阶段	
		工业化初期	工业化中期	工业化后期	后工业化阶段
三次产业产值增加值占比（产业结构）	A>10%	A>10%，且 A<I	A<10%且 I>S	A<5%且 I≈S	A<5%且 I<S，S>70%
制造业增加值占总商品增加值占比（工业结构）/%	<20	20~40	40~50	50~60	>60
人口城市化率（空间结构）/%	<30	30~50	50~60	60~75	>75
第一产业就业人员占比（就业结构）/%	<60	45~60	30~45	10~30	<10

注：A、I、S 分别表示第一、第二、第三产业。

1）前工业化阶段

以规模小、职能单一、较为分散的居民点低水平均衡分布为特征，第一产业占比>10%，属于农业社会阶段。

2）工业化阶段

以中心城市发展、集聚为表征的高水平不均衡分布为特征。在工业化初期，第一产业占比>10%且第一产业产值增加值低于第二产业。在工业化中期，第一产业占比<10%且第二产业产值增加值高于第三产业。

3）工业化后期至后工业化阶段

该阶段的特点为中心城市向外扩散，各种类型城市区域（包括城市连绵区、城市群、城市带、城市综合体等）逐步形成，各类城镇快速发展，区域趋向于整体性城镇化的高水平均衡分布。其中，在工业化后期，第一产业占比<5%且第二、第三产业占比相当。当第一产业占比进一步下降，而第三产业占比超过第二产业并且达到70%以上时，进入后工业化阶段。

2.1.2 城镇体系的现状特点

1. 城镇体系现状分析

城镇体系现状分析的内容主要包括城镇的数量（一般包括乡镇政府驻地集镇）和分布、城镇常住人口（包括城镇建成区范围的在册非农业人口和农业人口、外来常住人口）、城镇化数量和质量、城镇的产业结构和就业结构、城镇的基础设施和公共服务设施建设、中心城市在区域内外的地位作用以及城镇之间的相互联系等（崔功豪等，1999）。

2020年末，临沧市辖1区7县，即临翔区、云县、凤庆县、永德县、镇康县、耿马傣族佤族自治县（简称耿马县）、沧源佤族自治县（简称沧源县）、双江拉祜族佤族布朗族傣族自治县（简称双江县），共有77个乡（镇、街道），876个行政村，71个社区，市政府驻地为临翔区。临沧市市域总面积达23847km^2，其中山区占总面积的98%，坝区仅占总面积的2%（表2-2、图2-2）。全市常住人口达225.81万人，其中城镇人口79.21万人、乡村人口146.6万人，人口主要集中在云县、凤庆县、永德县、临翔区（表2-3）。

表2-2 临沧市域城镇体系现状表（2020年）

市	县区	面积/km^2	乡镇
临沧市	临翔区	2557	博尚镇、蚂蚁堆乡、章驮乡、南美拉祜族乡（简称南美乡）、圈内乡、马台乡、邦东乡、平村彝族傣族乡（简称平村乡）、凤翔街道、忙畔街道
	凤庆县	3451	凤山镇、鲁史镇、营盘镇、小湾镇、洛党镇、勐佑镇、三岔河镇、雪山镇、诗礼乡、新华彝族苗族乡（简称新华乡）、大寺乡、腰街彝族乡（简称腰街乡）、郭大寨彝族白族乡（简称郭大寨乡）

续表

市	县区	面积/km²	乡镇
临沧市	云县	3760	爱华镇、漫湾镇、大朝山西镇、茂兰镇、幸福镇、大寨镇、涌宝镇、忙怀彝族布朗族乡（忙怀乡）、晓街乡、茶房乡、栗树彝族傣族乡（简称栗树乡）、后箐彝族乡（简称后箐乡）
	永德县	3220	德党镇、永康镇、小勐统镇、崇岗乡、大山乡、班卡乡、亚练乡、乌木龙彝族乡（简称乌木龙乡）、大雪山彝族拉祜族傣族乡（简称大雪山乡）、勐板乡
	镇康县	2529	南伞镇、凤尾镇、勐捧镇、忙丙乡、木场乡、勐堆乡、军赛佤族拉祜族傈僳族德昂族乡（简称军赛乡）
	双江县	2157	勐勐镇、勐库镇、沙河乡、大文乡、忙糯乡、邦丙乡
	耿马县	3728	耿马镇、孟定镇、勐撒镇、勐永镇、大兴乡、芒洪拉祜族布朗族乡（简称芒洪乡）、四排山乡、贺派乡、勐简乡
	沧源县	2445	勐董镇、岩帅镇、勐省镇、芒卡镇、单甲乡、糯良乡、勐来乡、班洪乡、班老乡、勐角傣族彝族拉祜族乡（简称勐角乡）

表 2-3　2020 年临沧市域城镇体系常住人口数和城镇化水平

地区	常住人口数/万人	城镇常住人口数/万人	城镇化水平/%
临翔区	37.09	21.19	57.13
凤庆县	38.54	10.69	27.74
云县	38.92	12.93	33.22
永德县	32.89	8.02	24.38
镇康县	17.29	5.49	31.75
双江县	16.48	5.70	34.59
耿马县	28.57	9.91	34.69
沧源县	16.03	5.28	32.94
全市总计	225.81	79.21	35.08

注：常住人口包括居住在本乡镇街道、户口在本乡镇街道或户口待定的人；居住在本乡镇街道、离开户口所在的乡镇街道半年以上的人；户口在本乡镇街道、外出不满半年或在境外工作学习的人。

资料来源：《全国第七次人口普查数据》。

临沧市各县区城镇化水平差异明显，临翔区城镇化水平最高，超过了 50%，达到了注重发展城镇化质量的阶段；城镇化水平最低的为永德县，比临翔区少约 33%，刚脱离初期阶段，向中期阶段迈进（表 2-3）。

城镇产业结构方面，2020 年全市地区生产总值 821.32 亿元，同比增长 3.7%。其中，第一产业增加 242.34 亿元，增长 5.7%；第二产业增加 208.34 亿元，增长 1.4%；第三产业增加 375.14 亿元，增长 3.9%。近些年，临沧市的产业结构在不断地发生变化，第二产业占比不断下降，第三产业占比整体不断上升。在 2020 年，三次产业结构占比为 24.6∶24.8∶45.7（图 2-3）。

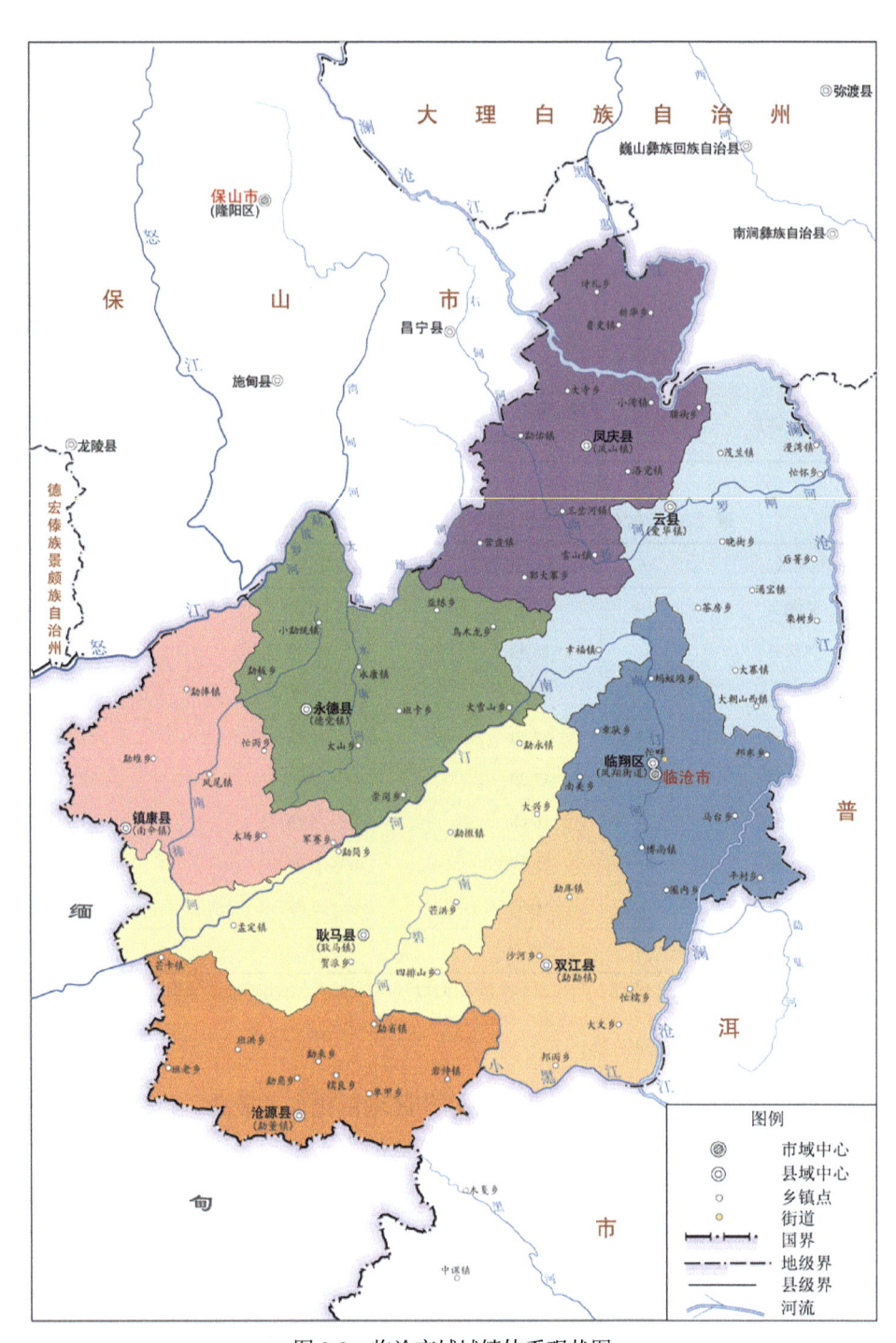

图 2-2 临沧市域城镇体系现状图

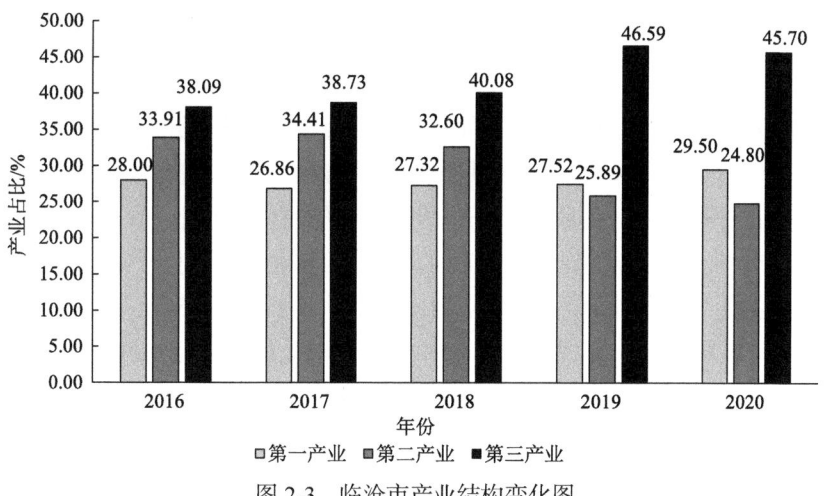

图 2-3 临沧市产业结构变化图

从 2020 年分行业年末城镇单位就业人员数来看（图 2-4），临沧市公共管理、社会保障和社会组织就业人数最多，其次为教育、卫生和社会工作，这三者就业人数遥遥领先于其他行业。此外，制造业、建筑业在就业结构中占据较大比例。而采矿业，农、林、牧、渔业等其他行业就业人数较少，在就业结构中占比不大。

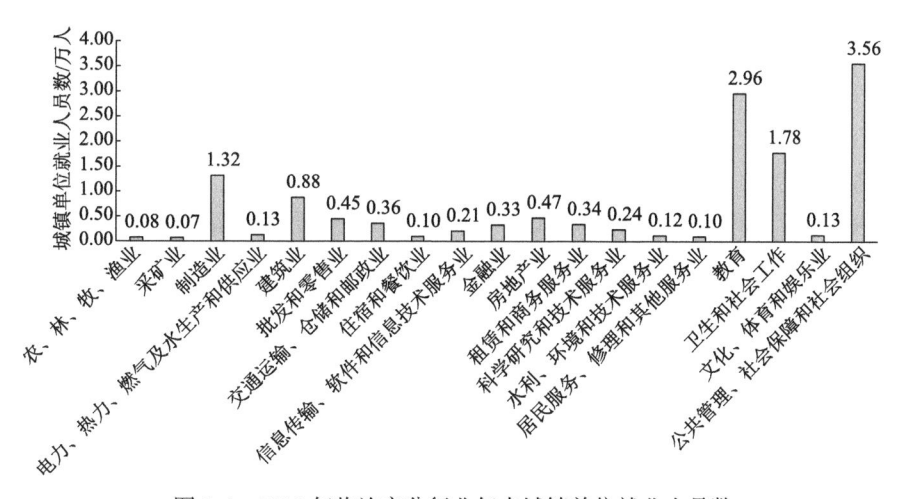

图 2-4 2020 年临沧市分行业年末城镇单位就业人员数

铁路公路建设方面。"十三五"规划将 11 条（段）768km（规划里程）高速公路纳入省和国家路网规划，规划建设"218"高速公路网（2 条高速公路进临沧、1 条高速公路达边境、8 个县区通高速公路）。在"十三五"时期，临沧市综合交通实现历史性跨越，大临铁路提前建成通车；机场高速、临清高速勐简至国门段、云凤高速相继建成通车，墨临高速建成，实现了高速公路从零到建设 667km、建成通车 200km 的重大跨越，道路运输总周转量增速居全省前列；"飞燕型"综合交通网的"四梁八柱"基本搭建成型，长期制约临沧市经济社会发展的交通"瓶颈"得到根本突破。"十四五"规划，预计高速公路通车里程达 700km 以上，铁路营运里程达 300km 以上，建成全省首个航空运输"一市三场"州市，现代综合交通运输体系和便捷高效的物流网体系初步形成。

机场建设方面。截至 2020 年有临沧机场和沧源佤山机场两个机场。临沧机场于 2001 年建成通航，通航以来，临沧机场航班运输量逐年增加，航班追求实现全面覆盖，并开通临沧经停昆明至北京、上海、西安等地的省外内代航班；"十三五"规划期间，沧源佤山机场于 2016 年建成通航，完成临沧机场改扩建，凤庆通用机场全面开工，开通省外航线 3 条，旅客吞吐量从 32.4 万人次增长到 76.5 万人次；"十四五"规划要求加快推进机场建设，完成临沧机场和沧源佤山机场改扩建，建成凤庆通用机场，推动永德通用机场建设，争取孟定民用支线机场纳入全国民用运输机场布局规划。预计到 2025 年，全市旅客吞吐量达 160 万人次。

通信网络方面。规模逐步扩大，质量稳步提升。2020 年底，建制村光纤宽带、4G 网络全覆盖，累计建成 5G 基站 522 个。农村互联网网络速率低、覆盖范围窄的瓶颈得以快速突破，信息化应用服务条件大幅改善。"十四五"规划要求加速推进新型基础设施建设，实现 4G 网络深度覆盖和扩容提速，8 县（区）实现 5G 网络全覆盖，"数字临沧"基础设施建设将取得新进展。

教育方面。2020 年，全市有学校 2152 所，在校学生 484913 人。其中，幼儿园 991 所，在园幼儿 82540 人；小学 832 所，在校生 203966 人；普通初中 91 所，在校生 89523 人；完全中学 23 所，在校生 43838 人；特殊教育学校 4 所，在校生 1073 人；中专学校 3 所，在校生 7208 人；职业高中 9 所，在校生 5963 人；高级技工学校 1 所，在校生 5367 人；高等学校 1 所（滇西科技师范学院），在校生 11794 人。此外，还包括云南省红茶工程技术研究中心、临沧市林业科学研究所、临沧市茶叶科学研究所等教育科研机构。

文化体育方面。2020 年，临沧市拥有综合档案馆 9 个、文化馆 10 个、图书馆 9 个。拥有调频、电视转播发射台 85 座（数字转播），其中，大座电视转播发射台 9 座；广播综合覆盖率 99.79%，比上年提高 0.2 个百分点；电视综合覆盖率 99.79%，比上年提高 0.2 个百分点。全市运动员参加国家及省级各类竞技体育比赛，获奖牌 95 枚，其中，国家级比赛金牌 1 枚，省级比赛金牌 36 枚、银牌 17 枚、铜牌 41 枚。

医疗卫生方面。2020 年，临沧市拥有卫生机构 1361 个，其中，医院 51 个，卫生院 83 个，农村卫生室 923 个，诊所、卫生室、医务室 214 个；比上年增加 2 个；有卫生技术人员 1.58 万人，比上年增长 6.7%；实有床位 1.41 万张，比上年增长 0.5%；有执业医师和执业助理医师 0.45 万人，增长 11.3%，其中，医院床位 9740 张、乡（镇）卫生院床位 3587 张（临沧市统计局，2021）。

2. 城镇体系的特色分析

1）区位条件优越，利于对外贸易

临沧市作为边境城市，边境线长约 290.8km，境内有 3 个国家级开放口岸（清水河、南伞、永和）、19 条边贸通道、13 个边民互市点和 5 条通缅公路。它是"南方丝绸之路""西南丝茶古道"的重要节点，云南五大出境通道之一，中国进入印度洋最近、最平坦的陆上通道，是南北连接渝新欧国际大通道、长江经济带和海上丝绸之路的"十字构架"的中心节点，"一带一路"倡议的重要节点，是辐射南亚东南亚的前沿窗口，区位优势无可替代。依托边境优势，2019年以前，进出口总额呈上升趋势。但是疫情影响，2019年临沧市共完成进出口总额54.89亿元，比上年下降9.6%。其中，进口总额35.51亿元，比上年下降14.5%，出口总额19.38亿元，比上年增长0.9%（临沧市统计局，2021）（图2-5）。

图2-5 临沧市历年外贸进出口总额图

2）利用当地独具特色的民族文化和自然景观发展旅游业

临沧市民族文化资源丰富、多姿多彩，是云南乃至中国最具吸引力的民族风情体验区。各民族都有自己独特的语言、文化底蕴、风俗习惯、建筑风格，有其极为丰富的表现形式和深层内涵。受气候、地理等因素的影响，临沧拥有特殊的地形、地貌和人文景观，以及得天独厚的文化资源，具体表现在生活习俗、生产生活方式、自然资源、历史文化资源、民族风情、宗教仪式、山水风物、民居建筑和历史遗址等方面。特别是佤族自治县沧源县，是佤族文化发祥地之一。作为南方的古老民族，佤族创造了独具特色的文化。据文献记载和考古、历史学家考证，距今数千年的云县忙怀、耿马石佛洞和南碧桥等新石器文化，以及距今3000多年的沧源崖画等，都是以佤族先民为主体创造和建立的。"巴饶"、"佤"和"阿佤"三大佤族支系在临沧都有分布，佤族文化形态齐全、特点鲜明，歌、舞成为佤族文化表现形式的载体之一。"黑皮肤""黑头发""木鼓舞""甩发舞""剽牛""牛头图腾""祭祀活动""摸你黑"等都是人们脑海里关于佤族的印记，这种不可复制性使佤族文化更具有原生态性、民族性。因此，临沧的核心文化定位是"世界佤乡"，是佤族文化的荟萃之地，"世界佤乡——中国临沧"会更清晰地呈现在世人面前，这些优秀民族文化有效地促进了当地旅游业的发展。2019年之前，旅游人数和旅游业收入逐年上升。由于疫情影响，2020年全年国内外旅游者人数1882.15万人次，比上年下降40.8%，其中，海外旅游者人数12.35万人次，比上年下降82.2%；实现旅游业总收入185.31亿元，比上年下降45.5%，其中，外汇收入

3049万美元，下降82.2%（临沧市统计局，2021）。

3）经济发展依赖丰富的自然资源

临沧市依托其独特的气候条件和旅游资源，是目前我国具有代表性的避暑避寒、宜居宜游城市之一。与此同时，经济作物种植面积大、产量高，坚果种植面积居全国第一、世界第一，甘蔗种植面积居全省第一，咖啡、核桃种植面积居全省第二，橡胶种植面积居全省第三。境内有漫湾、大朝山、小湾三座百万千瓦级水电站，是国家"西电东送"和"云电外送"的重要基地。

特别是临沧地处横断山系怒山山脉南延部分，属亚热带低纬高原山地季风气候，水资源丰富；临沧居于世界茶树和茶文化起源中心，茶文化历史悠久，是世界著名的"滇红之乡"和"红茶之都"，也是世界茶树的原产地和云南大叶种茶的原生地。凤庆"滇红"历史悠久、享誉中外；双江县拥有3000多年历史的万亩野生茶树园林，堪称世界之最；神秘久远的茶马古道贯通临沧。悠久的种茶、制茶历史孕育了风格独特的茶道、茶艺、茶技、茶礼、茶俗、茶医、茶歌、茶舞等丰富的茶文化。

4）基础设施建设逐渐完善

交通运输平稳增长。2020年末通公路里程19874km，比上年增加1485km。2020年末机动车保有量99.51万辆（不含拖拉机），比上年增长4.3%，其中，汽车保有量25.00万辆，增长12.6%。完成公路客运量744万人，比上年减少17.43%；旅客周转量96266万人公里，增长5.3%；货运量5204万t，比上年增长5.45%；货物周转量392301万吨公里，增长9.24%；航空客运量78.61万人次，比上年下降2.6%。

2020全年完成邮电业务收入21.40亿元，比上年增长9.2%；有固定电话9.7万部，比上年下降2.3%；移动电话用户260.96万户，比上年增长2.2%；移动互联网用户226.47万户，比上年增长14.2%（临沧市统计局，2021）。快递业务量累计完成673.13万件，比上年增长51.7%；业务收入累计完成1.27亿元，比上年增长31.0%。

5）国家政策支持作用显著

临沧市享受新一轮西部大开发、沿边开发开放、兴边富民、广西云南沿边金融综合改革试验区、国家级边境经济合作区、沿边重点地区开发开放等国家层面政策，以及面向南亚东南亚辐射中心（"一带一路"）、孟中印缅经济走廊、中国-东盟自贸区、大湄公河次区域经济合作等国际区域合作政策。

另外，自云南省出台乡村振兴战略规划后，临沧市将一批乡镇列入全省实施乡村振兴战略试点示范区，大力推进茶叶、蔗糖、核桃、果蔬、畜牧、咖啡、坚果、中药材等高原特色农产品精深加工，提高农产品加工转化率；加快培育"一县一业"，支持一个县重点扶持一个拳头产品、培育一户龙头企业、做强一个特色产业。2020年，全市高原特色农业产业化基地累计面积2200万亩[①]。推进国家糖料蔗核心基地建设，完成核心基地建设88万亩，甘蔗种植面积达679km²。2019~2020年榨季，甘蔗入榨517.5

---

① 1亩≈666.7m²。

万 t，生产食糖 64.85 万 t，占全省总产量的 34% 左右，连续十年居全省首位。茶叶总面积 1101km²，毛茶总产量 14.65 万 t，增长 4.6%。咖啡挂果面积 250km²，下降 1.8%，咖啡豆产量 1.7 万 t，下降 4.2%。蔬菜种植面积 395km²，增长 7.0%，总产量 86.39 万 t，增长 9.0%。水果种植面积 315km²，增长 0.7%，产量 20.55 万 t，增长 3.5%。烤烟种植面积 199km²，烤烟产量 3.80 万 t，增长 0.9%。油料、生物药材等其他产业均实现增收（临沧市统计局，2021）。

3. 城镇体系存在的问题

1）城镇化水平不高，地方差异明显

2020 年临沧市仅临翔区城镇化水平高于 50%，其余县乡镇的城镇化水平均处于 35% 以下；全市除临翔区外的县城城镇化均表现为数量水平的上升，而质量水平的提升滞后，城镇体系处于城镇化发展中期阶段。整个体系平均城镇化水平为 35.08%，相较于 2020 年全国城镇化水平的 63.89% 低了 28.81 个百分点。城镇化水平最高的临翔区与最低的永德县相差了 32.75 个百分点。全市以临翔区为中心，以县城为支撑，以小城镇为基础，基本形成了新型的城镇化空间格局。

2）基础设施建设压力大

临沧市基础设施在不断完善，但地形、资金、配套设施等方面依旧存在限制，基础设施建设压力较大。"十四五"规划对综合交通体系作出部署，要求加快建设综合交通基础设施网，确保高速公路"能通全通""互联互通"工程应开尽开、早开。加快临翔至清水河、临翔至双江、镇康至清水河、云县至凤庆、云县至临沧、永德（链子桥）至耿马（勐简）高速公路及沿边高速公路建设，力争高速公路通车里程达 400km。推进楚雄至景东至临沧（清水河）高速公路前期工作。主动融入西部陆海新通道规划，争取临清铁路进入国家铁路"十四五"发展规划和国家铁路集团有限公司勘察设计计划。推动临沧清水河至缅甸腊戍高速公路、铁路前期工作。加快凤庆通用机场建设，推动永德通用机场前期工作，力争沧源佤山机场改扩建工程开工。推进澜沧江 244 界碑至临沧港四级航道建设。这一交通建设涉及地域多、里程长，所带来的建设压力也较大。

3）经济基础薄弱，经济发展水平低

2020 年，临沧市人均 GDP 仅为 36373 元，仅为全国平均水平的 50.28%，且经济总量较低。三次产业结构比为 24.6：24.8：45.7，第一产业占比大于 10%，产业发展还处于工业化初始阶段。

2.2 山地城镇体系影响因素

2.2.1 自然因素

自然因素是影响山地城镇体系形成的客观因素，包括自然资源、地形地貌以及地

理区位等因素，也是影响城镇体系形成的主要因素。

1. 山地自然资源的地理差异

山地自然资源的地理差异是城镇体系布局的自然基础。农业生产的基本特点是经济再生产过程与自然再生产过程的一致性，影响动植物生长的光、热、水、土、地貌等自然因素综合而成的自然资源，是影响农业生产与发展的重要资源条件，其时空分布及组合直接影响农业生产布局和区域间的农业生产分工。以此为基础形成的城镇又以各自的优势产品与其他城镇交换，加强了城镇之间的联系，使单一城镇逐渐发展成为不同等级、互为分工的城镇体系。随着技术的不断进步，自然资源对区域农产品比较优势的形成进而发展为竞争优势的约束作用已大大减弱，但是对于工业化发展初期的山地城镇体系建设而言，自然资源对其发展仍具有决定性意义（韩新辉，2005）。

就临沧市而言，云县具有丰富的动植物资源，却缺乏主要的动力资源；凤庆县有国家西部大开发重点工程——总装机容量420万kW的小湾水电站，能够提供充沛的动力资源。云县为凤庆县提供生物资源，凤庆县为云县提供必要动力，从而加强了两县生产间的联系。临沧市其他城镇也存在着各种各样的生产分工与联系，这成为城镇体系职能分工的重要部分。

2. 山地地形地貌类型

山地地形地貌类型复杂多样，是山地城镇体系布局的直接影响因素和约束条件。山地城镇在不同的地貌基础之上形成自己独特的城镇体系形态，地形地貌对城镇体系布局和形态起着聚合、分隔、限制、引导的作用，其与农业资源要素相互组合形成特定的环境容量，共同作用于城镇体系发展的规模。山地地形地貌对城镇体系空间的约束，主要体现在地形海拔对聚居地生存环境的影响，以及地貌形态对城镇体系空间形态的约束。山地自然环境承载容量对城镇体系发展的限制主要体现在两个方面：一是在某种生产能力水平条件下，自然环境可提供的城镇人口生活资源的容量对聚落发展的规模限制；二是自然环境提供可建设的城镇用地容量决定了当时建设水平下的城镇体系规模。例如，临沧市域城镇体系地处横断山系怒山山脉南延部分，属滇西纵谷区，地形地势复杂，全境重峦叠嶂、群峰纵横，并由东北向西南逐渐倾斜，地势中间高、四周低，各城镇规模扩大较为困难，不利的交通因素更是限制了各城镇人口容量的扩大（图2-6）。

3. 宏观地理区位条件

宏观地理区位条件是山地城镇体系形成的重要因素。大气、地形地貌、水文条件、河流特征等宏观地理区位条件直接影响区位的航运、水源供应、交通线路选择与建设成本等，进而影响城镇体系的政治、经济、军事地位和互相之间的联系程度。区位条件较好的山地城镇体系具有极大的优势，它必然深刻影响区域内城镇的布局与发展。地理区位对山地城镇体系形成与发展的促进作用，主要体现在现有河流航运条件和固有的

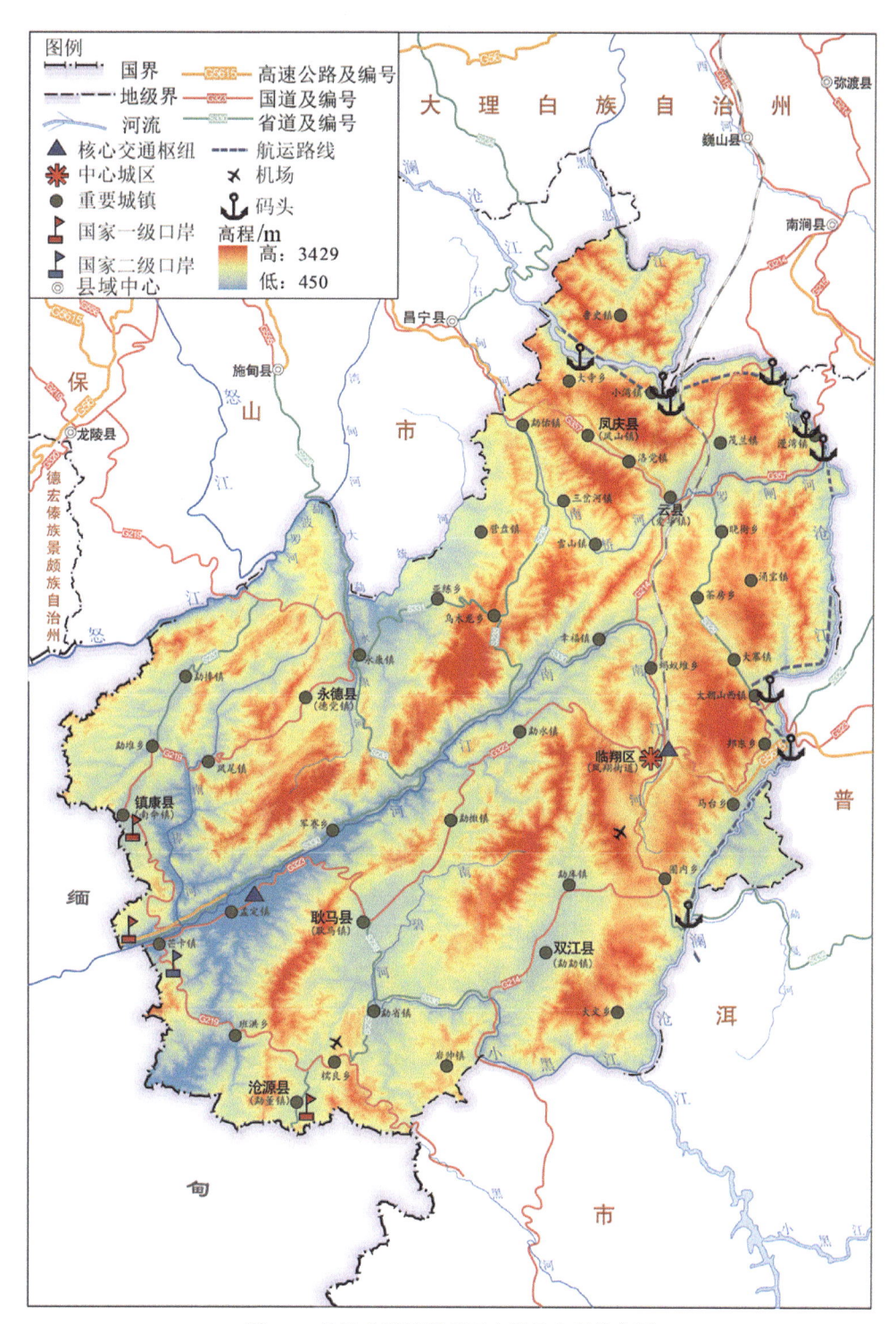

第 2 章　山地城镇体系发展条件综合分析与评价　　31

图 2-6　临沧市沿地形重要乡镇及交通分布图

地理位置所产生的交通中转节点效用。山地自然资源的空间分异会形成产品多样化和空间差异化的格局，因此对于不同产品的天然需求将使不同空间范围的产品交换成为可能。交换行为会使某个区位偏好的地区形成固定的交换场所（场、市），交换行为的不断发展促使该交换场所具有商贸的功能，也使得体系区域内多个商贸性质城镇诞生（余翰武，2006）。根据早期交易行为的交通路径和节点，可将地理区位促生的城镇分为水路航运中转节点（码头）城镇、陆路交通中转节点（场）城镇和水陆交通转换节点城镇，多个交通节点城镇在同一区域水路和陆路上的联系，构成了以交通转运为优势的山地城镇体系。例如，临沧市依托澜沧江天然优势和澜沧江-湄公河区域经济合作区的有利区位条件，开通中国临沧—中国普洱—中国西双版纳—缅甸、中国临沧—老挝的航运线路，构建了临沧区域内航运通道和临沧至南亚、东南亚国家的航运通道。其中，临沧中心城区和孟定新城为核心交通枢纽，其余各县城依托各长途客运站设置地方性综合客运枢纽，主要承担县域范围内的客货运输集散功能（图2-6）。

2.2.2 人文因素

人文因素是促进山地城镇体系发展演变的主要因素，包括产业发展、社会经济、资金技术、信息、高速交通、全球化发展、政策引导、社会文化心理、知识组织和历史沿袭等因素，是城镇体系发展的动力因素。

1. 产业发展、社会经济和资金技术

在产业发展过程中，技术创新推动产业的转换升级，即从第一产业向第二、第三产业过渡。集聚经济使周围各种生产要素流入区域，开始了这个区域的基础设施建设，逐渐形成规模经济。不同部门区域分工协作不同，通过级差地租的作用将各个功能不同的产业布局在适宜的区域，从而对城镇发展产生影响。在城镇发展过程中，产业结构变化起着巨大的推动作用，通过产业结构调整，使农村剩余劳动力进入第二、第三产业，改变从业人员的结构比例，同时增加城市人口，城镇化水平发生改变；另外，社会经济状况决定了城镇体系发展的阶段，以及优先发展的方向（陈凤桂等，2010），随着工业发展逐步进入资金、技术密集型发展时期，技术进步和技术生产力转化将是推进城镇体系经济发展的关键和动力支撑。同时，资金、技术密集型产业的发展在客观条件下需要扩大规模，形成集聚效应，转化并提升技术，从而增强竞争能力。由此而来的产业空间集聚是导致市（县）域城镇体系空间重构的内在动力（李英豪，2001）。近年来，临沧市不断从外部引入资金、建立实验基地、提升农业种植技术水平等工作就是出于对该因素的考虑。

2. 信息、高速交通以及全球化发展

随着全球化的到来，信息的流通加快，城镇应该集中还是分散成为全球化背景下的重要议题。对于山地城镇而言，通过加快信息流通，人们可以通过互联网平台对自己的产品进行销售，极大地改变重"渠道"的商业模式，各种小众需求被有效开发，这是一个重大的发展机遇。同时，从以前的规模化产品到现在各种个性化的产品需求，增加了人们的创业创新机会，以及注重各种"平台"的搭建，可以让人们对各种商业中心的区域需求减少，进而流向电商平台。虽然信息流通加快，让城市趋于分散，但高速的交通可以将各个区域联系起来。此外，随着物流生产线的建立，商品流通速度加快，从而节约了仓储用地面积。例如，临沧市利用电商、互联网平台，增强其产业的知名度，扩大生产、增加各个产业之间的关联度，促进关联产业的发展；乡村亦可以通过电商来销售农产品，改变落后的发展局面，同时缩小城乡差距。

3. 政策引导

中国东西部城市的非均衡发展，既是历史过程的积淀和延续，又是政策战略导向作用的结果。改革开放后，国家对东部地区实施优先发展政策，东部地区得到快速发展，东西部地区发展差距不断扩大。针对东西部地区发展差距的历史存在和过分扩大，以及长期困扰中国经济和社会健康发展的全局性问题，2000年10月，中共十五届五中全会通过了《中共中央关于制定国民经济和社会发展第十个五年计划的建议》，把实施西部大开发、促进地区协调发展作为一项战略任务，强调："实施西部大开发战略、加快中西部地区发展，关系经济发展、民族团结、社会稳定，关系地区协调发展和最终实现共同富裕"。

另外，随着国家经济的发展，农村与城市的差距逐渐拉大，为实现社会公平，急需改变城乡二元结构并实现统筹发展。与此同时，国家的工业产品供过于求，造成资源浪费，需要通过拉动内需、投资来解决这个问题。其中，投资基础设施，如公路的建设极大地改变了山区的交通条件，为山地城镇体系的点—轴、网络发展提供了必要条件（傅鸿源等，2005）。当前，云南省作为"一带一路"面向南亚、东南亚开放的门户，有着重要的战略地位，对西部山地城镇体系的发展是机遇也是挑战。

4. 社会文化心理和知识组织

城镇化过程有社会文化的城镇化，以及随着城镇文化、生活方式的改变而进行的就地城镇化，在规划中应注重这类城镇与城镇中心的连接（方波，2005）。例如，属于同宗同族的佤族人民，在不同的城市，通过相同的佤族文化，对两个城市的建设产生影响，如沧源、耿马和双江的佤族。同时，从整个临沧市来看，具有相同的民族信仰会具有相似的价值观与社会心态，这有益于整个城镇体系的建设，在进行投资时，会更加倾向于与自己具有相同文化的区域。此外，文化心理影响着区域的对外开放，而区域的对外开放程度是影响城市发展的重要因素。一般而言，区域的开放程度越高，生产要素的区际流动越迅速，对劳动力的吸纳能力越强，越有助于城镇的发展。

文化景观是自然遗产与人文遗产的总称，在保护文化景观的同时如何合理地规划城镇体系、使城市也能得到更好的发展是一个重要的议题。因此，基于边缘区域将文化景观区与城市主体功能区结合，有利于城市整体机理的一致性。如何将临沧特色民族——佤族形成的文化景观与城市的发展建设融合在一起，推动城市的发展，而不是简单地将其保护起来，是临沧市域城镇体系规划的重点与难点。

知识组织因素主要指劳动者的文化素质和组织政策等。在新经济增长理论中，经济学家把"组织""制度"作为要素，与资本、劳动、技术共同运用到对经济增长的影响和决定作用的分析中。1993年诺贝尔经济学奖得主道格拉斯·诺斯（Douglass C.North）认为，一个社会的经济增长或不增长的决定因素是"制度"和"组织"（邓翔和胡图松，1994）。可见，社会的进步、文化素质的提高以及有效的"组织政策"所带来的创新优势，将对区域经济发展起到关键性的作用，将成为推动区域城镇体系协调发展的主要驱动力。

5. 历史沿袭

我国不乏历史古镇，有的古镇拥有悠久的港口贸易，其浓厚的文化与政治底蕴在当代仍然扮演着重要的角色。例如，从明清时代就是政治文化中心的北京、在宋代就是全国经济中心的苏浙，在当代整个改革开放过程中担任着中国窗口的职责，积极带动经济的发展。临沧市耿马县一直以来都是历史上的商品交易与中转口岸，在西部大开发的过程中，充分发挥了职能优势。耿马的城市定位是口岸型城市，从历史上耿马的人口规模与城市发展来看，其是一个连接各个城市口岸的贸易集散地。至今为止，耿马县成为市级城市中心连接各个城市的中转站，体现了历史沿袭对城镇体系发展的重要影响。

2.3 山地城镇体系发展机制

2.3.1 山地城镇体系的形成发展机制

1. 城镇体系形成的共性机制

在城镇体系形成、发展过程中，集聚与辐射（扩散）作用成为城镇体系变化的机制所在。集聚与辐射作用是动态发展的，向心与离心、集聚与辐射是城市-区域在一定条件下不断向前推进发展的主要形式与过程（图2-7）。在一定的区域经济条件下，城镇与区域这种集聚与辐射的动态发展将逐步形成带有层次性的城镇群体（宋家泰和顾朝林，1988）。城镇群体中的核心城市，一方面拥有很大的吸引力；另一方面，也因为它本身资源环境容量的局限性以及区域经济均衡发展的要求，势必应对其发展规模进行合理控制，即有序地实行城市内部的向外疏散及整个城镇体系的扩展。在技术进步、交通运输条件完备及运输工具现代化的条件下,这种扩散过程是完全必要和可能的。由此可见,城镇体系内城镇之间的集聚和辐射是一个对立统一体,为了使城镇体系健康可持续发展,有必要对其未来发展作出合理科学的调控,这就是城镇体系规划(彭震伟,1998)。

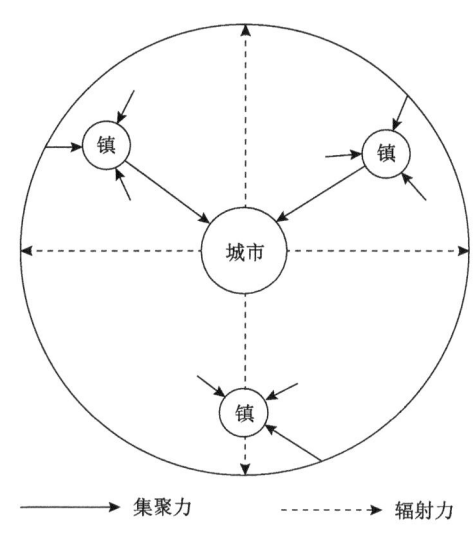

图 2-7　城镇体系的发展机制集聚与辐射

1)集聚

集聚是城市空间存在的基本特征与形式,表现为向心聚合的倾向和人口增加的趋势。工业发展与居民生活水平的提高使服务行业兴起与增加,劳动力与工作地点的重心也就自然而然地由周围农村移往城镇,从而加大城市的吸引力,工业人口进一步向其集聚,导致集聚效应的产生。

一般有四种基本的社会经济活动导致城市集中:一是强迫性集中,如战争防御的需要,城墙不仅提供了安全的保障,还是城市集中的动因。同时,前工业化社会落后的交通工具也限制了人们的出行和经济的扩散。二是投机性集中,如工业化初期出于对经济效益的竞争,对土地的极度开发形成的集中格局。三是垂直性集中,如由于地价上涨,商业中心的出现和形成,造成城市用地过度集聚,使城市生态环境恶化和交通拥挤,城市开始向垂直方向扩展。四是文化的集中,人类交往活动与目标信仰的一致性使社区产生凝聚力。总之,促使城市空间集中的因素有交往活动的需要、经济收入的限制、较高的可达性、产生经济规模效益的要求、城市中心传统的象征性和吸引力等(顾朝林,2005)。

2)辐射(扩散)

辐射(扩散)表现为一种离心的运动趋势,随着商品销售与城乡交换的日益频繁,交通网络及其他网络也必然从中心城市向周围地区不断伸展。为减少商品的运价,获得最低生产成本,城市企业一般趋向外围扩散,形成新的工业中心、经济中心,导致人口在新中心逐步集聚，相对原来的中心呈现出扩散现象。主要包括以下形式：一是分化，由于新的功能因素产生，城市空间结构的重新分配和组合。二是扩散，表示城市空间向外扩张、蔓生和创新的行为在地域空间的传播过程。三是隔离，由于文化价值取向和经济地位的不同而形成的社会组织现象。总之，影响城市空间分离的主要因素有城市缺少足够的发展空间；区域经济的发展促使城市间相互依赖关系的形成，从而对城市内部空间要素产生向外的拉动；信息手段的进步使产业空间的选择性程度提高；居民追求更好的生活环境质量；政府政策的诱导等（顾朝林，2005）。

2. 山地城镇体系形成的特殊机制

山地因地形地质条件复杂、气候条件多变，是生态环境脆弱、灾害频发的区域，并具有人口稠密、经济发展缓慢等特点。山地城镇体系形成机制主要包括区域邻近性、产业支撑性、政策引导性、基础设施布局等。

1）区域邻近性

城镇的形成与发展倾向于自然条件优越的区域。地形条件是山地城镇发展的限制性因素，使得山地成为城镇扩展的天然屏障。在空间上城镇的形成与发展首选在河谷、坝子等较为低平与开阔的区域，城镇在这些区域不断积聚与发展，成为城镇热点，逐渐形成城市群，发展成为山地城镇体系。山地城镇的发展在自然条件下具有封闭性，在一个特定山区，邻近的城镇之间更容易相互联系与密切交流，但与相隔较远的城市群交流较为不便。因此，山地城镇体系在空间上较为分散，与平原地区具有显著差异。

2）产业支撑性

产业支撑是城市发展的动力。山区往往资源丰富，许多城市都是依托丰富的自然资源发展起来的，如矿产资源、森林资源等。我国典型的资源型城市包括山西大同、黑龙江鸡西与鹤岗、安徽马鞍山以及四川攀枝花等。资源的开采吸引人口的集聚，逐渐发展成为矿业城市。资源型城市的典型特点是产业结构不合理，依托的矿产资源往往成为当地的支柱产业，职能专一化程度较强。

3）政策引导性

政策支持是山地城镇发展的重要动因。从改革开放到中部崛起、西部大开发，以及"一带一路"倡议，都在不断推动着山地城镇建设。开放的策略将山区城市的发展推向国际，城镇体系作为一个开放的系统，不断与外界进行联系与交流，为城镇化发展带来机会。因此，需要科学的政策倾斜与引导，并根据地区城镇体系发展趋势与规律提出城镇发展政策，促进地区城镇体系的形成与发展。

4）基础设施布局

基础设施是城镇体系运转的纽带，城市之间、城市与区域之间的联系主要依赖于基础设施。基础设施包括综合交通、电力工程、燃气工程、电信工程与环境卫生设施等，而交通设施的建设为城镇的形成和发展带来活力。城镇的对外联系与扩张主要依赖于基础设施布局，其为城市之间的交流提供了保障，也为网络城市的形成提供了可能性，并以此形成城镇体系空间结构的基本框架。山区产业类型多以农产品加工与资源型加工产业为主，对交通依赖程度高。由于特殊的地形地貌条件与经济条件，交通网络成为山地城镇体系最为重要的联系渠道，为山地城镇体系的形成提供了基础；电力工程以及燃气工程是城镇体系的动力系统，为现代化建设提供保障；通信系统是信息化的结果，信息时代的到来为产业布局带来巨大变化，高附加值产业的核心技术部门只需依靠网络通信与外界交流；环境卫生设施为打造宜居的城镇环境提供良好的条件。总而言之，基础设施布局推动城镇体系格局的形成与完善。

2.3.2 临沧市域城镇体系发展机制分析

临沧市处于以集聚发展机制为主、辐射（扩散）发展机制为辅的阶段。同时，伴随着组织创新机制的建设，集聚和扩散共同作用，促进临沧市城镇体系的发展。

1. 临沧市的集聚机制

临沧市的集聚以投机性集中为主，同时兼有其他三种社会经济活动导致的集中：

投机性集中。临沧市产业在空间上聚集，使企业之间彼此相互联系与作用加强，效益和竞争能力增强，集聚使得相关生产要素在一定空间范围内形成互补，并进行类似于自组织的规模化组合。随着核桃产业的发展及国内外市场需求的增长，许多核桃企业在空间上集聚，共同分担成本、降低成本费用；同时与农户合作，积极拓宽销售渠道，延长产业链，共同打造临沧市的核桃品牌，形成了一批有市场竞争优势、带动能力强、辐射面广、产业关联度大、科技水平高的龙头企业，促进了"公司+基地+农户"等模式的集约化发展。类似核桃产业，临沧市的甘蔗、油菜、茶叶、澳洲坚果等产业都在积极建设产业园区，即结合土地资源、水资源、环境容量等条件，优化园区基础设施条件，引导重点项目、骨干企业向园区集中，发展龙头企业，做大产业品牌。

除产业、生产要素的集聚之外，还有资金、技术、人才等要素的集聚。临沧市在进行招商引资时，将耿马、镇康和沧源三县联动和一体发展，同时与边境国家紧密联系，实现劳动力、资源和政策等多重要素叠加，通过园区建设，全力吸引特大项目、好项目落地临沧。劳动力、资源、科技、政策等优势条件在三县的集聚，加速了临沧市域城镇体系的快速发展。

强迫性集中。强迫性集中主要是指战争、自然灾害等原因导致人口向其他地区集中。2015年3月，沧源县发生5.5级地震，震源深度11km，地震震中位于沧源县芒卡镇，造成了严重的破坏，当地居民向周围安全地区转移。

垂直性集中。在临沧市大多数地区经济相对落后，垂直性集中并不明显。但是，在部分发展较好的地区（如临翔区），因其北部相对平坦的区域已被大量使用，南部和西部的城市建成区也已扩展到山脚下，无法继续延伸，只有东部跨过南汀河还有一些土地可以利用（李啸等，2011）。由于土地资源的限制，继续建设将会导致土地价格的持续上涨，城市出现垂直性发展的现象。

文化集中。临沧市少数民族文化丰富多样，不同民族之间交流、不同文化之间融合，开展了各种各样的民族文化活动，如沧源县佤族"摸你黑"狂欢节、耿马县水文化旅游节、永德县芒果节、云县啤酒狂欢节等，丰富了城乡文化生活，提升了临沧市的文化影响力（李如英和李正稳，2012），使城镇发展更具集聚的趋势。

2. 临沧市的辐射（扩散）机制

扩散表现为一种离心运动趋势，是城市化进程中复杂性和多样性增加的必然体现，其中社会分工和专业化发展构成其存在与持续运动的基础。临沧市的辐射（扩散）机制表现不太明显，仅表现为创新行为在地域空间上的传播过程和经济效益的辐射过程。在集聚机制形成过程中，沧源、耿马、镇康沿边3县实施了"耿马县魔芋良种繁育及产业化种植与加工开发""镇康县甘蔗产业技术提升示范""沧源县生猪规模化健康养殖产业化开发"三个科技项目，其科技成果逐渐向周围区域扩散。

2.4 山地城镇体系发展条件综合分析与评价方法

2.4.1 城镇发展条件因子选择

进行城镇体系规划时，首先要了解体系内各城镇适宜发展什么、前景如何，这是城镇产业选择、城镇性质确立等要解决的问题。城镇产业选择、城镇性质和城镇体系布局必须以城镇发展的区域条件为基础，主要指以下几个方面：

第一，区位条件分析与区位图制作。区位条件主要包括自然地理位置和经济地理位置。自然地理位置是指地球上某一事物与周围陆地、海洋、山脉、河流等地理事物之间的空间关系，如上海位于长江的入海口。经济地理位置是指某一事物与具有经济意义的其他事物的空间关系，如武汉位于我国重要河运干线长江的中游。但是，有时经济地理位置也可能是指与其他人为的经济事物之间的空间关系，如郑州位于京广、陇海铁路的交叉点上；区位图的绘制要素包括县、市、省界，中心城市的吸引范围，主要河流、交通干线，重要港站，县城以上的所有城市和一些重要乡镇，经济技术开发区，重要的风景旅游区等。

地级市市域城镇体系区位图主要表示这个市域在全省及周边地区的位置及联系，并附上市域在全国的位置示意图，如图2-2所示。

县或县级市域城镇体系的区位图主要表示这个县域在所在地区及相邻地区的位置及联系，即县域在全省及至更大范围的位置示意图。

第二，自然条件。自然条件指一个地域经历上千万年的天然非人为因素改造形成的基本情况。包括地质地貌、气候、土壤、水文、地质、动植物资源、矿产等条件。

第三，自然资源条件。主要包括矿产、水、动植物、城镇地区的用地条件，资源的性质、储量、分布范围、开发条件等。

第四，社会经济条件。主要包括人口、交通运输、能源供应、城镇基础设施、建设条件、产业结构、科技实力、工业农业生产、行政配置等。

2.4.2 城镇发展条件综合评价

城镇发展受地理区位、交通条件、资源条件、城镇现状规模、经济发展水平、基础设施状况等因素的影响，这些因素对城镇的影响程度各不相同，它们综合叠加共同决定了不同城镇发展条件的优劣差异。在城镇体系规划中，常常需要对城镇发展条件进行综合评价，分析城镇发展条件的优劣等级，为未来产业布局、人口规模的预测、城镇发展速度、职能类型、规模等级及其城镇体系空间布局提供重要依据。

综合评价模型的具体方法如下。

1. 确定评价指标体系

影响城镇发展的因素很多，在综合评价前，首先对各种因素做全面调查分析，进行分解和综合，理清脉络，明确主要的影响因素，剔除次要的重复因素；然后再将各个因素分为若干层次，建立评价指标体系。指标体系的选择还必须考虑数据的可获取性，以便于定量分析计算，如表2-4。

表 2-4 城镇发展条件综合评价指标体系

第一层次指标	参考权重	第二层次指标	参考权重
A1 城镇建成区规模	20	B1 常住总人口	8
		B2 户籍非农业人口（总量、占比）	6
		B3 其他常住人口（总量、占比）	3
		B4 建成区面积（总量、人均）	3
A2 经济发展水平	18	B5 生产总值（总量、人均）	7
		B6 工业总产值（总量、人均）	7
		B7 财政收入（总量、人均）	4
A3 商贸发展水平	9	B8 社会商品零售额（总量、人均）	5
		B9 集市贸易市场成交额（总量、人均）	4
A4 生活水平	6	B10 城镇居民人均生活费收入（或农民人均纯收入）	4
		B11 城乡居民储蓄余额（总量、人均）	2

续表

第一层次指标	参考权重	第二层次指标	参考权重
A5 建成区基础设施水平	9	B12 建筑总面积（总量、人均）	3
		B13 道路铺装面积（总量、人均）	2
		B14 自来水普及率	2
		B15 电话普及率	2
A6 区域交通条件	12	B16 交通通达性	8
		B17 交通密度	4
A7 地理区位	6	B18 距市中心距离	4
		B19 距县中心距离	2
A8 科教文卫事业发展水平	6	B20 千人床位数量	2
		B21 万人公共图书馆藏书	2
		B22 财政支出中教育、科技支出占比	2
A9 水土资源条件	7	B23 水资源量（总量、人均）	7
A10 矿产旅游资源条件	7	B24 景点可达性	3.5
		B25 矿产资源种类	3.5

2. 选择综合评价模型

$$U_i = \sum_{j=1}^{n} W_j X'_{ij} \ (i=1,2,\cdots,n; j=1,2,\cdots,m)$$

式中，U_i 为第 i 城镇的综合评价值，数值越大，表明发展条件越优越；W_j 为第 j 个因子的权重，W_j 数值越大，说明该因子重要性越高；X'_{ij} 为第 i 个城镇第 j 个因子的标准化值；m 为因子数；n 为城镇数。

3. 确定评价指标权重

当各因子对城镇发展的影响力有明显差异时，可以通过德尔菲法、层次分析法、多元回归法、因素成对比较法等方法，给每个因子确定一个权重值。

4. 计算各项指标的标准值

当各因子的得分取值标准量纲不一样时，需要进行标准化处理：

$$X'_{ij} = \frac{X_{ij} - \bar{X}}{S}$$

$$\bar{X} = \frac{1}{n}\sum_{i=1}^{n} X_{ij}, \quad S = \sqrt{\frac{1}{n-1}\sum_{i=1}^{n}(X_{ij}-\bar{X})^2}$$

式中，X_{ij} 为第 i 个城镇第 j 个因子的原始指标值；X'_{ij} 为第 i 个城镇第 j 个因子的标准化指标值；$\bar{X}$ 为第 i 个城镇第 j 个因子的平均值；S 为标准差。

5. 按照综合评价模型计算后分级，并编绘评价图

把计算的评价值从大到小分级列表，为后续城镇体系规划提供依据。由于评价指标多数是现状情况，有些突变因素可能会遗漏，个别城镇会有一些影响发展的特殊因素没有考虑，所以在评价阶段要对部分城镇的综合评价分值和等级进行适度调整。根据城镇发展条件综合评价分级表，以城镇体系现状图为底图，编制城镇发展条件综合评价图。

总之，综合评价就是选取与城镇发展密切相关的若干指标因素，通过定性和定量分析评价，依此评定每个城镇发展前景的优劣，其是规划决策定量化、客观化的基础。

下面以临沧市城镇体系为例，进行城镇综合评价。

根据临沧市实际情况，选取两个层次 20 个指标的评价体系（表 2-5）。

表 2-5　临沧市发展条件综合评价指标体系

第一层指标	参考权重	第二层指标	参考权重
经济发展水平 A	25	生产总值 A1	3
		第一产业生产总值 A2	5
		工业生产总值 A3	7
		旅游业总收入 A4	5
		财政总收入 A5	5
人民生活水平 B	8	社会消费品零售总额 B1	4
		农村常住居民人均纯收入 B2	2
		城镇居民人均可支配收入 B3	2
区位和交通条件 C	35	到市政府驻地距离 C1	3
		国道 C2	10
		省道 C3	9
		国境线长度 C4	9
		交通密度 C5	4
矿产旅游资源条件 D	10	茶叶产量 D1	6
		矿产种类数量 D2	2
		旅游资源数量 D3	2
城镇建成区规模 E	12	总人口 E1	3
		城镇人口 E2	9

续表

第一层指标	参考权重	第二层指标	参考权重
科教文卫事业发展 F	10	学校 F1	4
		医疗卫生机构 F2	6

通过德尔菲法确定各指标权重，对临沧市 8 县区进行评定，最终结果如表 2-6、图 2-8 所示。临沧市城镇体系中发展条件好的依次为临翔区、云县和凤庆县，由于经济发展水平较高、区位及交通条件较为优越，城镇建成区规模相对较大，综合发展条件相对优良；其余各县由于经济发展水平较低，城镇发展条件相对较差。

表 2-6 临沧市各县区发展条件综合评定

县区	综合评定值 U_i	排序位次
沧源县	0.10424142	6
云县	0.17661252	2
临翔区	0.18315293	1
凤庆县	0.13937013	3
镇康县	0.09504011	7
永德县	0.10730574	5
双江县	0.07366112	8
耿马县	0.1193144	4

通过城镇发展条件综合评价揭示区域的地域结构特点具有多种用途，评价时要注意（许学强等，2022）：

（1）城镇综合评价在空间上必须全覆盖，在市域城镇体系规划中应以乡镇为基本单元，在省域城镇体系规划中应以县为基本单元。基本单元越小越好，但务必以能取得资料为前提。

（2）城镇综合评价应该是多因素的。选择多少因子和选择哪些因子应根据规划区域的不同而有所差别，规划人员要在对城镇发展的主要因素定性分析的基础上加以确定。少则 5~6 个，多则十几个，并以能取得资料为前提。

（3）城镇综合评价必须是定量的。每个影响因素可以赋予绝对值，也可以赋予相对值。因素之间可以考虑权重，有时因素的重要性难分上下，也可不赋予权重。权重可以采用德尔菲法生成，也可以由规划人员排序后自动生成。

（4）把各基本单元的综合评价得分划分成优、良、中、差若干等级落到图上，规划区域的地域结构特点就一目了然。这一工作对于确定城镇发展轴线的走向、各城镇规划人口增长幅度和各城镇发展规划对策都有重要的参考价值。

第 2 章　山地城镇体系发展条件综合分析与评价　　43

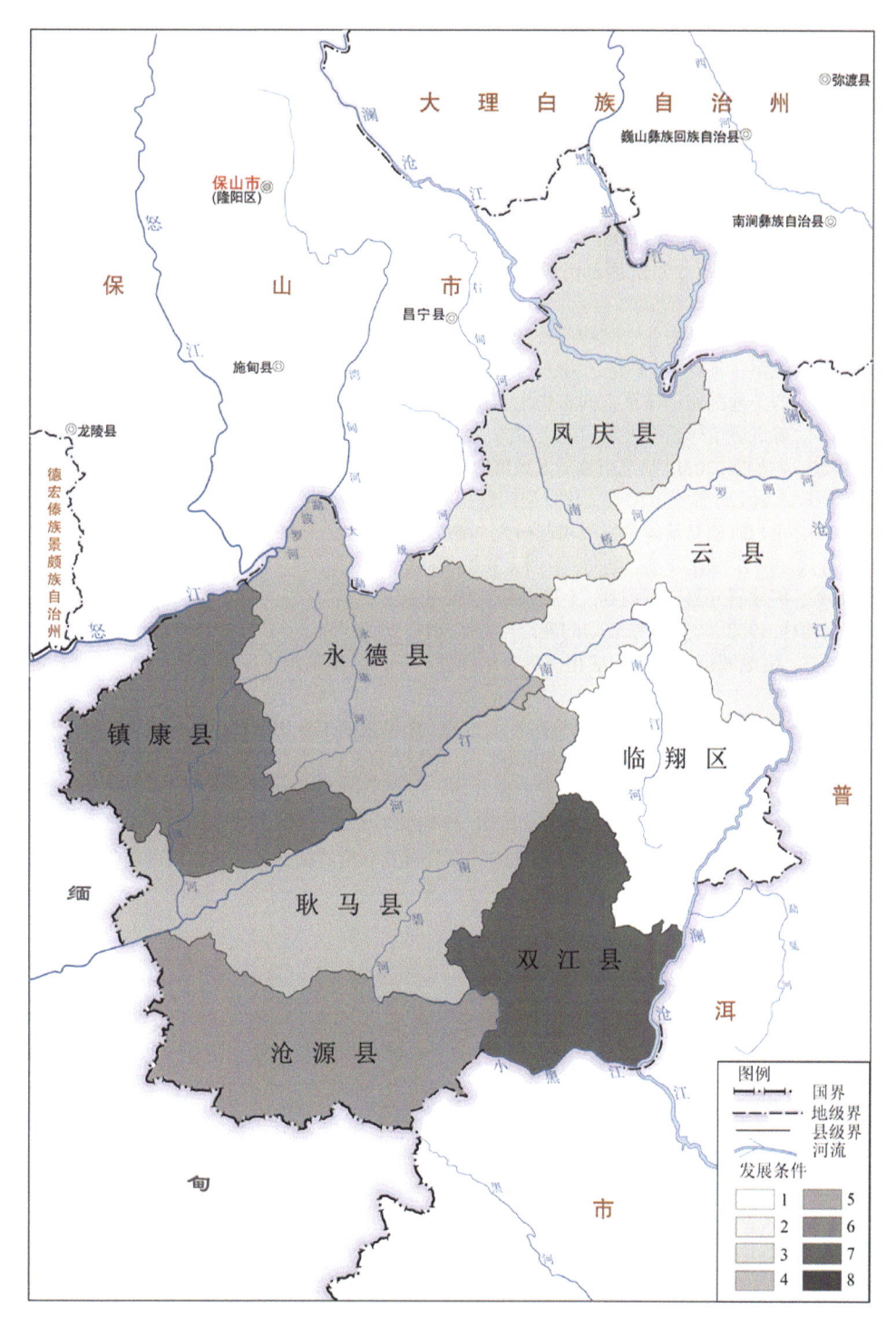

图 2-8　临沧市域城镇体系发展条件综合排名示意图

参 考 文 献

陈佳贵, 黄群慧, 钟宏武. 2006. 中国地区工业化进程的综合评价和特征分析. 经济研究, 41(6): 4-15.
陈凤桂, 张虹鸥, 吴旗韬, 等. 2010. 我国人口城镇化与土地城镇化协调发展研究. 人文地理, 25(5): 53-58.
崔功豪, 魏清泉, 陈宗兴. 1999. 区域分析与规划. 北京: 高等教育出版社.
崔功豪, 魏清泉, 刘科伟. 2006. 区域分析与区域规划. 北京: 高等教育出版社.
邓翔, 胡图松. 1994. 制度 经济增长 新经济史——1993年诺贝尔经济学奖获得者道格拉斯·诺思学术观点述评. 天府新论, (3): 92-95.
傅鸿源, 谢琳琳, 刘晨阳. 2005. 西部山地小城镇建设与产业发展协调机制研究. 重庆大学学报(社会科学版), 11(1): 18-20.
方波. 2005. 山地历史城镇街巷空间特征及其保护研究. 重庆: 重庆大学.
顾朝林. 2005. 城镇体系规划: 理论·方法·实例. 北京: 中国建筑工业出版社.
韩新辉. 2005. 西部地区城镇体系空间布局生态化导向研究. 咸阳: 西北农林科技大学.
姜永波. 1994. 确定城镇体系发展阶段的定量方法. 山东建筑工程学院学报, 9(4): 46-51.
李啸, 王培茗, 赵洞明. 2011. 临沧市临翔区城市形态演变的分形研究. 云南地理环境研究, 23(5): 72-79.
李如英, 李正稳. 2012. 临沧市民族文化发展问题探究. 中共云南省委党校学报, 13(4): 116-118.
李英豪. 2001. 市(县)域城镇体系发展机制研究. 城市规划, 25(7): 19-24.
临沧市统计局. 2021. 临沧年鉴. 昆明: 云南人民出版社.
彭震伟. 1998. 区域研究与区域规划. 上海: 同济大学出版社.
宋家泰, 顾朝林. 1988. 城镇体系规划的理论与方法初探. 地理学报, 43(2): 97-107.
王培茗. 2010. 山地城镇空间结构演化中的自组织性——以云南临沧市城镇为例. 云南地理环境研究, 22(4): 27-33.
吴志强, 李德华. 2010. 城市规划原理(第四版). 北京: 中国建筑工业出版社.
许学强. 1982. 我国城镇规模体系的演变和预测. 中山大学学报(哲学社会科学版), (3): 40-49.
许学强, 周一星, 宁越敏. 2022. 城市地理学(第三版). 北京: 高等教育出版社.
余翰武. 2006. 传统集镇商业空间形态解析. 昆明: 昆明理工大学.
张锦, 王培茗. 2011. 山地城镇体系规模结构的计量分析及分形特征研究——以滇西南临沧市为例. 云南地理环境研究, 23(6): 64-69.

第 3 章　山地城镇化水平预测

3.1　城镇化的内涵

不同研究领域、不同学科对城镇化的理解不一样，国内外专家学者也有不同的看法。

3.1.1　城乡规划中对城镇化的理解

城镇化（或城市化）是工业革命后的重要现象，城镇化速度的加快已成为历史趋势。我国正处于城镇化加速发展的重要时期，探讨城镇化历程、预测城镇化发展趋势及水平对指导城乡规划具有重要意义。

1998 年发布的《城市规划基本术语标准》（GB/T 50280—1998）对所列词条"城市化"的解释是"城市化是人类生产和生活方式由乡村型向城市型转化的历史过程，表现为乡村人口向城市人口转化以及城市不断发展和完善的过程"。城镇化与城市化概念基本上是一致的，都是城市和城市文明在空间上不断推进的过程。城市与城镇均是城市型的居民点，以第二、第三产业为主，其区别仅是文字使用习惯或规模。城镇化包括数量的增加和质量的提高。城镇化数量的增加分为单个城镇规模的扩大和城镇居民点数量的增加，它是农村人口不断向城市迁移的过程，是城市景观代替农村景观的过程，是表面上的城镇化；城镇化质量的提高表现农村人口在生活习惯、思维方式上不断向城市转移的过程，是城市内部产业结构不断升级转化的过程，是农村人口享有福利不断提高的过程，是精神层面上、内在的城镇化，是一种新型的城镇化。新型城镇化包括人口城镇化、市场城镇化、文明城镇化、绿色城镇化和城乡统筹城镇化等，其中的核心和关键是人的城镇化，即要解决农民进城的户籍制度和土地制度问题，真正使农民变为市民，并享受市民所享受的福利及诸多公共服务（祝福恩和刘迪，2013）。

3.1.2　各个学科对城镇化的理解

在城镇化诸多定义中，一种较为普遍的提法是：农村人口向城镇集中的过程即城镇化。城镇化除包括农村人口转化和集中的过程外，是否还包括其他的过程？对此，各个学科有不同的理解。

人类学研究城市以社会规范为中心，城镇化意味着人类生活方式的转变过程，即由乡村生活方式转化为城市生活方式。我国城市社会学界特别强调流动人口的"市民化"，认为城市生活方式若不能扩散到城市的流动人口中，就不是完整意义上的城镇化。

人口学认为，城镇化是指农村人口不断涌向城市，是人口的地理迁移过程，是城市人口占总人口比例不断上升的过程，是乡村变为城市的过程。

社会学认为，城镇化是人类文化教育、价值观念、生活方式、宗教信仰等社会演化过程，是社会结构的变化，是在各个方面更加社会化的过程，是个人、群体和社会之间相互依赖加强的过程，是传统性逐渐减弱、现代性逐步增强的过程。

经济学认为，城镇化是人口经济活动由乡村转向城市的过程，是农业资源非农业化的过程，是经济从农业向非农业转变、生产要素向城市集中的过程。经济增长特别是产业结构的变化是城镇化的核心内容，即农业活动向非农业活动的转变。没有产业结构转变所产生的大量新的就业机会，就不会有农村人口大规模地向城市流动的过程。

生态学认为，人类是一种高级生物群种，人类生态系统的形成、演化过程就是人类不断寻求最适宜生态位的过程，城镇化过程就是城市生态位更加优化于乡村生态位的过程。

地理学认为，城镇化是在一定地域范围内发生的一种空间过程，是由社会生产力的变革引起的人类生活方式、生产方式和居住方式改变的一个综合性过程。除了认识到城镇化过程中人口与经济的转换与集中外，特别强调城镇化是一个地域空间的变化过程，包括区域范围内城市数量的增加和城市地域的扩大。

综合以上学科的观点，城镇化至少包含了乡村-城市之间的四种转型：人口结构的转型、经济结构的转型、地域空间的转型和生活方式的转型。

3.1.3 学者对城镇化的理解

关于城镇化的含义，美国学者弗里德曼将城市化[①]过程区分为城市化进程Ⅰ和城市化进程Ⅱ。前者包括人口和非农业活动在规模不同的城市环境中的地域集中过程、非城市景观转化为城市景观的地域推进过程；后者包括城市文化、城市生活方式和价值观在农村的地域扩展过程。城市化Ⅰ是可见的、物化了的或实体性的过程，而城市化Ⅱ则是抽象的、精神上的过程（许学强等，2022）。针对不同的理解，国内和国外不同的专家学者提出了自己的观点（表3-1和表3-2）。

表3-1 国内城市化概念的不同观点比较

序号	内涵	资料来源
1	城市化是城市人口占全部人口的比例不断增加的趋势	陈亚军和刘晓萍（1996）
2	城市化是指农村人口向城市转移和聚集以及城市数目不断增加和规模扩大的现象	程春满和王如松（1998）

---

① 本书认为城市化和城镇化在概念和内涵上是一致的。但在引用他人文献时，为了尊重原文，使用"城市化"。

续表

序号	内涵	资料来源
3	城市化是在由农业社会向工业社会转变的过程中,伴随工业化而出现的一个必然的历史发展过程	胡序威(1998)
4	城市化最本质的含义是第二、第三产业向城市集中,农村人口向城市转移,从而使城镇数量增加、城市规模扩大、城镇产业结构逐步升级的过程,同时还伴随着城市物质文明、生产方式、生活方式向农村扩散的过程	范春永(1997)
5	城市化是随着社会经济的发展,农村从事第一产业的人口向城市第二、第三产业聚集和转移,从而使城市人口占比加大、城市数量增加、规模扩大、质量提高并最终达到"城乡一体化"目标的城市文明不断向农村扩散的社会发展过程	张文和和李明(2000)
6	城市化是指一定地域居民点的人口规模、产业结构、经济成分、营运机制、管理手段、服务设施、环境条件以及人们的生活水平和生活方式等要素由小到大、由单一到复合的一种转换或重新组合的复杂的动态过程	王茂林(2000)
7	城市化是指由社会生产力的发展而引起的城镇数量增加及其规模扩大、人口向城镇集中,城镇物质文明和文化不断扩散,区域产业结构不断转换的过程	陈顺清(2000)
8	城市化是指由于社会经济发展、生产效率提高,出现了不受空间制约的生产方式,包括手工业特别是工业,促使分散在广大区域的农业人口向某一较小区域聚集和集中成为非农业生产人口而形成城镇。城镇人口不断增加使得城镇消费需求不断增长直至急剧膨胀,从而城镇演化为都市,推动经济快速增长,引起产业结构发生变化和经济加速发展,导致人们的生活方式、价值观念等改变,城市化包含城镇化和都市化	唐耀华(2013)
9	城市化是指高技能劳动力向城市的迁移过程,并使城市职能与景观发生变化,城市知识活动与行为扩展	吕拉昌等(2018)

表 3-2 国外学者对城市化概念的理解

序号	内涵	资料来源
1	城市化是乡村地区转变为城市地区的过程,这种转变引起人口数量的变化	歌德伯戈和钦洛依(1990)
2	城市化是指从以人口稀疏并均匀遍布空间、劳动强度很大且人口分布分散为特征的农村经济转变为具有基本对立特征的城市经济的变化过程	赫希(1990)
3	城市化是人口、社会生产力逐渐向城市转移和集中的过程	巴顿(1984)
4	城市化是随着工业革命的发展,大机器工业出现、劳动分工深化、交换范围扩大,使社会从一种形态转向另一种形态的历史性过程	库采夫(1987)
5	城市化是一个社会城市人口与农村人口相比数量绝对增大的过程	《日本大百科全书》
6	城市化是人口集中到城市或城市地区的过程,这种过程有两种方式:一是通过城市数量的增加,二是通过每个城市地区人口的增加	《不列颠百科全书》
7	城市化是指城市在社会发展中作用日益增大的历史过程。城市化影响人口的社会结构、就业结构、统计结构、人们的文化和生活方式、生产力的分配及居住模式	《苏联大百科全书》
8	城市化作为国家或区域空间系统中的一种复杂社会过程,它包括人口和非农业活动在规模不同的城市环境中的地域集中过程,非城市景观逐渐转化为城市景观的地域推进过程,还包括城市文化、城市生活方式和价值观念向农村地域的扩张过程。前者被称为城市化进程Ⅰ,后者被称为城市化进程Ⅱ	弗里德曼

综合国内外学者的理解,城镇化指农村人口不断向城镇转移,第二、第三产业不断向城镇聚集,从而使城镇数量增加、城镇规模扩大的过程。城镇化作为一种社会历史

现象，既是物质文明进步的体现，也是精神文明前进的动力；不仅是一个城镇数量增加与规模扩大的过程，同时也是一种城镇结构和功能转变的过程。这一过程包括四个方面：第一，城镇化是农村人口和劳动力向城镇转移的过程；第二，城镇化是第二、第三产业向城镇聚集发展的过程；第三，城镇化是地域性质和景观转化的过程；第四，城镇化是包括城市文明、城市意识在内的城市生活方式的扩散和传播过程。

综合上述，城镇化是城镇人口占比不断提高的过程；城镇化是产业结构转变的过程；城镇化是居民消费水平不断提高的过程；城镇化是一个城市文明不断发展并向广大农村渗透和传播的过程；城镇化是人的整体素质不断提高的过程。因此，城镇化是一定地域在产业结构、人口、文化和人们的生产生活等各方面，向具有城市特点的表现形态变迁的系统的、动态的过程。它不是简单的乡村人口进入城镇，而是乡村人口城镇化和城镇现代化的统一，是经济发展和社会进步的综合体现。同时，城镇化包括数量水平和质量水平的城镇化。

3.2 城镇化数量水平预测

3.2.1 城镇化数量预测方法

我国历史上城镇人口统计的口径不一致，对城镇人口的理解在规划人员中不完全统一，使得城镇化数量水平缺乏区域间的可比性。尽管通常以非农业人口占城镇体系范围内总人口的比例作为城镇化数量水平的计算标准，但实际上城镇中有相当一部分农业人口从事非农业劳动，享受城镇一切设施。因此，非农业人口占比不能准确反映城镇化的实际水平，必须以区域内城镇驻地人口占镇域总人口的比例反映城镇化数量水平。其中，城镇驻地人口包括城镇建设用地范围内的城镇非农业人口、自理口粮人口、农业人口。城镇化数量水平的计算公式如下：

$$城镇化数量水平=城镇驻地人口/镇域总人口×100\%$$

城镇体系总人口、体系内各个城镇的城镇人口及其城镇化数量水平是区域城镇居民点布局规划的重要依据，它们决定了城镇发展的规模、数量、分布和各城镇的规划布局。可以用回归分析法、农村剩余劳动力转移法、非农业人口预测转换法等计算和预测城镇人口，这些研究方法及应用见以下临沧市城镇化数量水平预测。

3.2.2 临沧市城镇化数量水平预测

通过查询《临沧统计年鉴》《临沧年鉴》《临沧市第七次全国人口普查主要数据公报》等资料，自 2000 年以来，临沧市的城镇化数量水平不断提高，2000 年城镇化数量水平为 17.00%，2020 年上升到 35.08%，城镇化数量水平明显提高（表 3-3）。在这 20 年间，临沧市城镇化数量水平年均增长率为 3.69%，但与全国、全省以及同省份各市相比，依旧存在一定差距。

表 3-3 2000~2020 年临沧市人口及城镇化数量水平统计

年份	常住总人口/万人	城镇人口/万人	乡村人口/万人	城镇化数量水平/%
2000	225.45	38.33	187.12	17.00
2001	228.09	42.24	185.85	18.52
2002	230.33	50.67	179.66	22.00
2003	232.37	52.68	179.69	22.67
2004	234.29	56.63	177.66	24.17
2005	236.12	59.43	176.69	25.17
2006	236.60	62.46	174.14	26.40
2007	236.80	64.41	172.39	27.20
2008	238.20	66.70	171.50	28.00
2009	239.60	69.48	170.12	29.00
2010	243.18	72.64	170.54	29.87
2011	244.77	75.14	169.63	30.70
2012	246.30	80.64	165.66	32.74
2013	247.90	84.04	163.86	33.90
2014	249.30	87.70	161.60	35.18
2015	250.90	92.48	158.42	36.86
2016	252.00	98.18	153.82	38.96
2017	252.60	102.93	149.67	40.75
2018	253.6	106.31	147.29	41.92
2019	227.80	78.29	149.51	34.37
2020	225.80	79.21	146.59	35.08

注：2019 年数据是临沧市统计局根据第七次人口普查数据修订所得。

在临沧市 1 区 7 县中，城镇化数量发展水平具有差异性。与全国、全省、各州市城镇化水平比较，2020 年临翔区城镇化数量水平最高，达 57.13%，高于全省平均水平，略低于全国平均水平。城镇化数量水平最低的是永德县，只有 24.38%，与临翔区比较相差 32.75%，差异较大。除临翔区外，耿马县、双江县、云县在临沧市城镇化数量水平靠前，但离全省平均水平较远（图 3-1）。

2020 年，在云南各州市中，昆明城镇化数量水平最高，其次为玉溪、怒江和曲靖，城镇化数量水平较低的是文山、保山、临沧和迪庆。临沧在云南 16 个州市中城镇化数量水平仅排第 15 位，处于云南末尾水平。与临沧接壤的普洱、大理及保山 3 个州市相比，临沧的城镇化数量水平与保山接近。从年均增长率来看，云南大多数州市已经步入城镇化数量水平快速发展阶段，但临沧的城镇化数量水平年均增长率位列最后，与邻近的 3 个州市相比存在较大差距（图 3-2）。临沧仍需进一步综合发展，提高城镇化数量水平。从临沧市域内发展情况来看，区内发展差距大可能是临沧城镇化发展缓慢的原因。

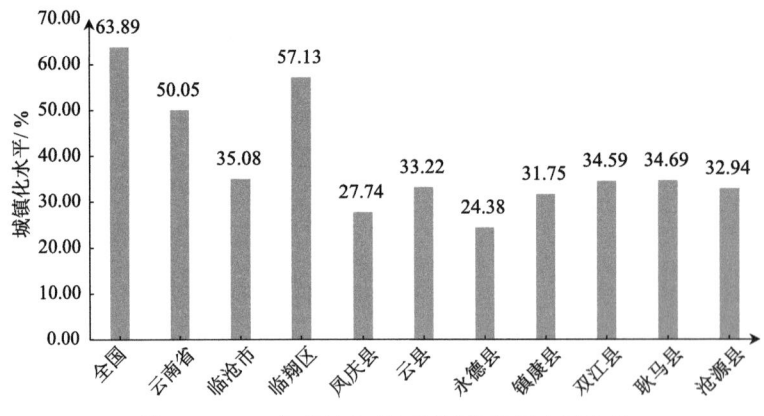

图 3-1 2020 年临沧各县区城镇化数量水平比较

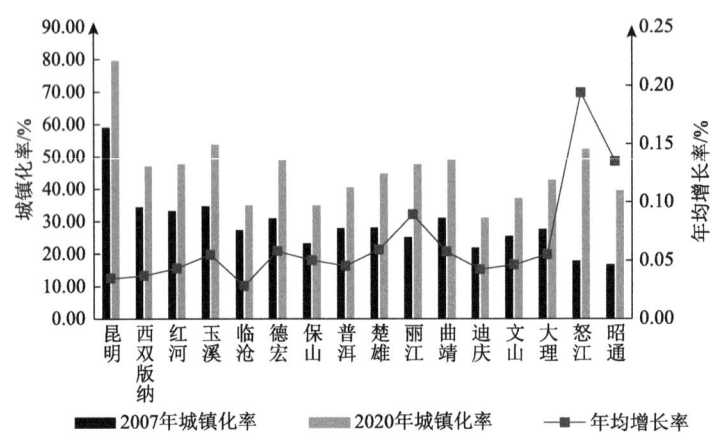

图 3-2 云南各州市城镇化数量水平比较

2007~2020 年，全国、云南及临沧的城镇化数量水平都在持续提高，但是由于临沧历史等因素，城镇化基础依然较为薄弱（2007 年城镇化数量水平只有 27.20%），与全省和全国平均水平都有一定差距；2020 年与全国相比仍然相差 28.81 个百分点，与云南省也相差 14.97 个百分点（图 3-3）。

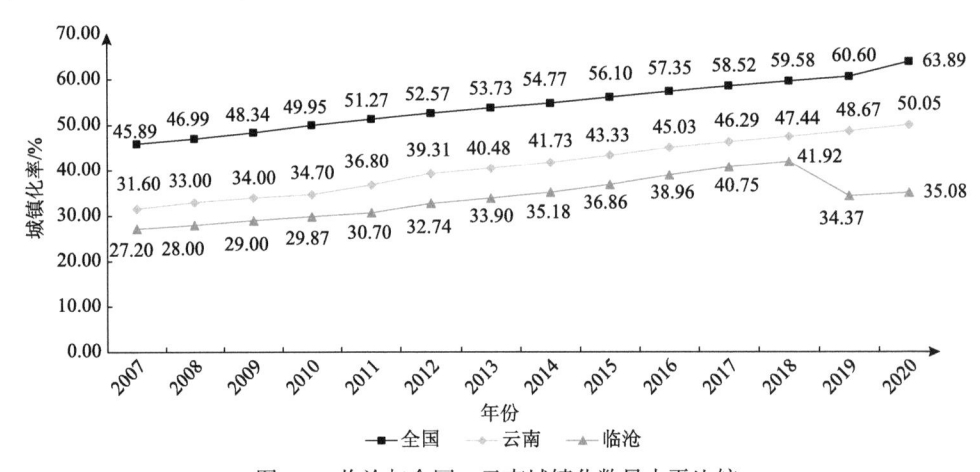

图 3-3 临沧与全国、云南城镇化数量水平比较

城镇化数量水平预测的关键在于对人口的预测。

1. 人口预测

因 2020 年人口普查中统计口径发生变化，故选取 2000~2018 年临沧市以及临沧市各县区进行人口预测，并将 2020 年实际值与预测值之比作为修正系数。历年人口在一元回归模型、指数增长模型以及多项式模型中拟合程度较好，预测过程如下，预测结果见表 3-4。

表 3-4　临沧市总人口预测结果　　　　　　　　（单位：万人）

预测方法	2025 年	2030 年
一元回归模型	232.59	239.38
指数增长模型	233.26	240.96
多项式模型	231.17	236.00
平均值	232.34	238.78

1）一元回归模型

$$Y = (b + at)k$$

式中，a、b 为回归系数；t 为规划时间；k 为修正系数。

根据临沧市 2000~2018 年总人口数据，利用一元线性回归模型，得出拟合函数：

$$Y_{临沧市人口} = (1.5517t + 225.45) \times 0.8751, R^2 = 0.9886$$

式中，t 从 2000 年起从 1 算起；修正系数 k 为 0.8751；结果中 $R^2 = 0.9886$，代表拟合程度较好。

2）指数增长模型

$$P_t = P_0 e^{jt}$$

式中，P_t 为 t 年的人口总数；P_0 为初始年的人口总数；j 为由数据所得回归系数。

根据临沧市 2000~2018 年总人口数据，利用指数增长模型，得出拟合函数：

$$P_t = (225.77 e^{0.0065t}) \times 0.8725, R^2 = 0.9872$$

式中，t 从 2000 年起从 1 算起；修正系数 k 为 0.8725；结果中 $R^2=0.9872$，代表拟合程度较好。

3）多项式模型

根据临沧市 2000~2018 年总人口数据，利用多项式模型，得出拟合函数：

$$Y_{临沧市人口} = (-0.0122t^2 + 1.7951t + 224.6) \times 0.8789, R^2 = 0.9901$$

式中，t 从 2000 年起从 1 算起；修正系数 k 为 0.8789；结果中 $R^2 = 0.9901$，代表拟合程度较好。

但是，在预测方面无论使用什么模型都无法消除绝对的误差。因此，根据几种模型方法的人口预测结果取平均值，以第 2 章中城镇综合评价结果为依据进行调整，最终各县区预测人口结果如表 3-5 所示。

表 3-5 临沧市各县区人口预测值 （单位：万人）

年份	临沧市	临翔区	凤庆县	云县	永德县	镇康县	双江县	耿马县	沧源县
2025	232.34	38.17	39.66	40.05	33.84	17.79	16.95	29.40	16.49
2030	238.78	39.23	40.76	41.16	34.78	18.28	17.42	30.21	16.95

2. 城镇化数量水平预测

根据人口预测的结果，运用农业人口转化法和剩余劳动力转化法两种方法进行城镇化数量水平的预测。

1）农业人口转化法

农业人口转化法的基本原理是预测未来城镇人口，以及未来农村劳动人口中从事非农业生产的人口，两者之和与预测的全县/市人口之比即预测城镇化数量水平。

$$Y_t = \frac{A_1(1+K_1)^n + \left(F \times A_2(1+K_2)^n - S/Q\right)^D}{Z}$$

式中，Y_t 为预测城镇化数量水平；A_1 为现状城镇人口；A_2 为现状乡村人口；K_1 为城镇人口增长率；K_2 为总人口自然增长率；F 为总劳动人口占总人口比例；S 为现状耕地面积；Q 为种植业劳动力平均负担耕地数；D 为乡村人口从事非农业生产人口的占比；Z 为预测的全县/市人口；n 为规划年限。

以临翔区预测城镇化数量水平为例。A_1：2020 年临翔区城镇人口为 21.19 万人；A_2：2020 年临翔区乡村人口为 15.90 万人；K_1：临翔区城镇人口增长率取 2015~2018 年的平均值，为 8.76‰；K_2：临翔区总人口自然增长率取 2015~2018 年的平均值，为 3.57‰；F：劳动力人口利用年龄在 15~59 岁的人口代替，占总人口比例以 2020 年的 64.78%纳入计算；S：临翔区第三次国土调查中耕地面积 228.68 km^2；Q：种植业劳动力平均负担耕地数通过经验估计，2025 年为 5000 m^2/人，2030 年为 5666.67 m^2/人；D：临翔区乡村人口中从事非农业生产人口占比利用 2000~2020 年临翔区乡村从业人口中从事非农业生产人口比值代替，利用一元回归模型和多项式模型进行预测。

一元回归模型预测：$D = 1.2431x + 15.592, R^2 = 0.9198$。

代入可得：$D_{2025} = 47.91\%, D_{2030} = 54.13\%$。

多项式模型预测：$D = 0.0033x^2 + 1.1882x + 15.551, R^2 = 0.9166$。

代入可得：$D_{2025} = 48.68\%$，$D_{2030} = 55.56\%$。

通过调整，取平均值，可得：2025 年 D 为 48.29%，2030 年 D 为 54.84%。

根据表 3-5，临翔区总人口预测值 Z：2025 年为 38.17 万人，2030 年为 39.23 万人。

临翔区城镇化率计算结果为：2025 年为 68.74%，2030 年为 78.65%。

2）剩余劳动力转化法

剩余劳动力转化法的基本原理是预测本地城镇可能吸纳的农村劳动力数量，考虑一定的带眷率，并根据历年区外迁入人口状况等因素，预测区域城镇人口数。

$$Y_t = Y_0 + \frac{LL'J(1-Y_0) - (D - nD_0)^{D'}}{Z}$$

式中，Y_t 为预测城镇化数量水平；Y_0 为现状城镇化数量水平；L 为农村剩余劳动力数；L' 为农村劳动力中从事非农业生产人口；J 为农业人口的带眷系数；D 为耕地面积；D_0 为耕地每年减少量；D' 为种植业劳动力平均负担耕地数；Z 为预测全县/市人口；n 为规划年限。

以临翔区为例，Y_0 为临翔区现状城镇化数量水平，2020 年为 57.17%；L 为农村剩余劳动力数，计算公式为

$$L = AL_t - \frac{S_t}{M_t} \times (1+n) - P_t$$

式中，AL_t 为乡村劳动力总数；S_t 为农作物播种面积；M_t 为劳均播种面积；S_t/M_t 为农业可容纳的劳动力；t 为年份；P_t 为乡镇企业职工数；n 为农业劳动力与林牧渔业劳动力的配比，根据经验估计，每个劳动力一般要耕种 0.8ha 土地才获得一定的规模经济效益，再考虑每个农业劳动力大体需要配比 0.4 个林牧渔业劳动力。临翔区第三次全国国土调查显示，耕地面积为 228.68km²；M_t 利用种植业劳动力平均负担耕地数代替，则可得 2025 年临翔区剩余劳动力为 3.8 万人，2030 年为 4.05 万人。

L' 为农村劳动力中从事非农业生产人口占比，该比值利用 2000～2020 年临翔区乡村从业人口中从事非农业生产人口比值代替，利用一元回归模型和多项式模型进行预测。

一元回归模型预测：$L' = 1.2421x + 15.435$，$R^2 = 0.9279$。

代入可得：$L'_{2025} = 47.73\%$，$L'_{2030} = 53.94\%$。

多项式模型预测：$L' = 0.0031x^2 + 1.1871x + 15.547$，$R^2 = 0.9269$。

代入可得：$L'_{2025} = 48.76\%$，$L'_{2030} = 55.69\%$。

通过调整，取平均值，得到：2025 年 L' 为 48.25%，2030 年 L' 为 54.81%。

J 为农业人口的带眷系数，该数值为经验估计，2020～2030 年均为 1.5；D 为临翔区第三次全国国土调查统计的耕地面积 228.68km²；D_0 为耕地每年减少量，根据《云南省临沧市城市总体规划（2010 – 2030）》，规定在规划期内的耕地面积每年减少量；D' 为种植业劳动力平均负担耕地数，通过经验估计，2025 年为 5000m²/人，2030 年为

5666.67m²/人；Z 为临翔区人口预测数，2025 年为 38.17 万人，2030 年为 39.23 万人。临翔区城镇化率计算结果为：2025 年为 54.37%，2030 年为 55.23%（表 3-6）。

表 3-6 临翔区城镇化数量水平预测结果 （单位：%）

年份	农业人口转化法	剩余劳动力转化法	调整结果
2025	68.74	54.37	61.56
2030	78.65	55.23	66.94

2020 年临翔区城镇化数量水平 57.13%，2025 年城镇化数量水平预测值为 61.56%，2030 年城镇化数量水平预测值为 66.94%（表 3-6）。根据临翔区社会经济发展现状及趋势，伴随着"一带一路"倡议、"孟中印缅经济走廊"建设、云南"辐射中心建设"政策的实施，将给临翔区带来新的发展机遇。例如，以铁路、高速路为重点的五网合一综合枢纽全面推进，为临翔区发展增添动力。因此，城镇化数量水平调整结果较符合临翔区发展状况。

同样的方法预测其他各县（区）城镇化数量水平，结果如表 3-7。

表 3-7 临沧市各县（区）城镇化数量水平预测结果

项目	年份	临沧市	临翔区	凤庆县	云县	永德县	镇康县	双江县	耿马县	沧源县
总人口/万人	2025	38.17	39.66	40.05	33.84	17.79	16.95	29.40	16.49	232.34
	2030	39.23	40.76	41.16	34.78	18.28	17.42	30.21	16.95	238.78
乡村就业人口/万人	2025	14.28	6.74	23.55	18.13	8.76	8.64	17.28	9.99	123.91
	2030	15.17	24.98	25.32	18.88	9.51	9.53	19.92	11.42	134.73
城镇化率/%	2025	53.06	61.56	54.69	50.44	43.93	42.63	46.27	48.51	42.43
	2030	58.48	66.94	66.04	59.22	54.05	53.52	55.54	56.26	51.56

3.3 城镇化质量水平衡量

从城镇化的内涵来看，城镇化水平不仅指城镇化的数量水平，还应该考虑质量水平。一般来说，当城镇化数量水平达到 50%以前，主要表现为城镇化数量水平的增加；当城镇化数量水平达到 50%以上，人们才能真正重视提高城镇化质量。只有当城镇化进程的数量和质量共同提高、两者有机结合时，城镇化才真正走上良性循环的轨道（崔功豪等，2006）。一些学者主要从城镇化的多维表现形式来评价城镇化的质量，一般是从空间城镇化、人口城镇化、经济城镇化和社会城镇化等维度来理解城镇化质量的内涵；也有些学者把城镇化质量从广义的角度进行理解，主要是从社会文明形态演进的角度将城镇化的质量等同于现代化发展水平，主要涵盖了物质文明、精神文明、生态文明等各个方面，倾向于用城镇发展的综合水平来表现城镇化的质量内涵（李江苏等，2014）。总之，城镇化的质量水平，可以从城镇现代化和城乡一体化两个方面来考虑。

3.3.1 城镇化质量水平指标

城镇化质量表现在：一是城镇化的核心载体，即城镇现代化（城镇发展质量）；二是城镇化的域面载体，即区域发展质量，是在推动城乡一体化、不断提高城镇现代化水平的前提下，实现城镇化质量水平提高的终极目标（崔功豪等，2006）。

1. 城镇现代化的衡量

一般可以将衡量城镇现代化的指标体系划分为四大类。

反映经济发展水平的指标：人均GDP，三次产业结构，第二、第三产业从业人员占全部从业人员的比例，城镇登记失业率等。

反映居民生活水平的指标：城镇居民人均可支配收入，人均住房面积，人均拥有道路面积，百户家庭电话、电脑拥有量，居民文教娱乐服务支出占家庭消费支出比例等。

反映社会发展水平的指标：高中和大学阶段毛入学率、卫生服务体系健全率、城镇社会保障覆盖面等。

反映生态环境的指标：城镇绿化覆盖率、环境质量综合指数等。

2. 城乡一体化的衡量

城乡一体化的指标一般有：城乡居民收入、恩格尔系数、社会保障覆盖面、文教娱乐服务支出占家庭消费支出比例、高中和大学阶段毛入学率、卫生服务体系健全率等。

我国有学者也提出了衡量城镇化质量水平的其他指标，如表3-8所示。

表3-8 我国部分学者提出的区域城镇化质量评价指标

研究者	功能层	指标层
朱洪祥（2007）	人口就业	人口聚集：人口城镇化率、暂住人口占城镇人口的比例
		就业结构：非农产业从业人员占比
	经济发展	发展水平：人均地区生产总值、人均地方财政一般预算收入、第三产业增加值占GDP比例
		开放程度：外贸依存度
		经济效率：万元GDP能耗、万元GDP取水量
	城市建设	城建投入：城建资金支出占GDP比例
		市政设施：人均道路面积、万人拥有公交车辆数、集中供热普及率
	社会发展	社会服务：万人拥有互联网用户数、万人拥有医生数
		科教水平：R&D经费支出占GDP比例、万人拥有专利申请授权量数、万人拥有文化机构数、财政性教育经费支出占GDP比例
		社会安全：万人刑事案件立案数、城乡居民收入差异度

续表

研究者	功能层	指标层
朱洪祥（2007）	居民生活	生活质量：城镇居民人均可支配收入、城镇居民人均住房建筑面积、城镇居民每百户拥有家用电脑量 保障水平：城镇职工社会保障覆盖率、住房保障覆盖率
	生态环境	环境质量：空气质量良好率、人均公园绿地面积 污染控制：污水处理厂集中处理率、万元GDP、SO_2排放强度、生活垃圾无害化处理率
张春梅等（2012）	经济竞争	经济规模：城镇人均GDP，第二、第三产业产值占GDP比例、城镇居民人均直接利用外资额 经济效率：城镇经济密度、GDP与城镇固定资产投资的占比，各类技术人员占第二、第三产业从业人员比例
	民生幸福度	物质生活：城镇居民人均可支配收入、城镇居民人均社会保障和就业支出、城镇居民每万人拥有民用汽车数量 精神生活：城镇居民文教娱乐支出占消费支出的比例、城镇互联网宽带用户普及率
	城乡统筹度	城乡融合发展：城镇人口占总人口的比例、城镇用地占土地面积的比例 城乡发展差距：城乡居民人均可支配收入之比、城乡居民人均生活消费支出之比、城乡居民人均住房建筑面积之比
	可持续发展度	资源条件：城镇居民人均土地面积、城镇人均固定资产投资额、城镇人均绿地面积 环境污染与治理：工业废水排放达标率、工业固体废物综合利用率
宋宇宁和韩增林（2013）	经济发展	人均第二、第三产业生产总值，人均直接利用外商投资额，每百元工业产值能耗，技术人员占第三产业从业人员比例
	居民生活	居民人均可支配收入、每万人拥有公交车数、文教娱乐支出占消费支出的比例、互联网普及率
	城乡统筹	城乡居民可支配收入之比、城乡居民生活消费支出之比、城乡居民住房建筑面积之比、城镇居民人均土地面积
	可持续发展	人均绿地面积、城镇生活污水处理率、三废综合利用产品产值、工业固体废弃物综合利用率、生活垃圾无害化处理率
郑蔚（2013）	经济效率	经济结构：第三产业占比、第二、第三产业比值、人均第二、第三产业产值 就业带动：就业人数占常住人口比例、登记失业率 能源节约：工业能耗
	城乡统筹	居民收入：城乡人均收入之比 消费能力：城乡居民收支比、城乡居民恩格尔系数比 住房条件：城镇人均住房面积、农村人均住房面积
	综合承载	市政基础设施：供水总量、互联网用户普及率、人均道路面积 公共服务：每万人拥有公共汽车数、百人公共图书馆藏书量
	生态宜居	城市绿化：城市绿化覆盖率、城市人均公园绿地面积 环境质量：工业固体废物综合利用率、污水集中处理率、生活垃圾无害化处理率
	民生保障	居民生活：城镇居民人均可支配收入、城镇居民人均生活消费支出、农村居民人均纯收入、农民人均生活消费支出、城镇居民人均恩格尔系数、农民人均恩格尔系数 社会保障：社会保障和就业支出所占比例、基本养老保险参保人数占比、基本医疗保险参保人数占比、失业保险参保人数占比 教育医疗：教育支出占地方财政一般预算支出比例、万人拥有卫生服务中心数量
	空间利用	人口密度：全市人口密度、市辖区人口密度 用地效率：地均产出

续表

研究者	功能层	指标层
刘静玉等（2013）	经济发展质量	人均GDP、第二产业增加值占GDP比例、第三产业增加值占GDP比例
	社会发展质量	城镇化率、城市失业率、人口抚养系数、R&D经费占GDP比例、十万人拥有在校大学生数、养老保险和医疗保险参保比例
	居民生活质量	人均可支配收入、千人拥有医生数、万人拥有私人汽车数、万人拥有互联网用户数
	基础设施质量	燃气普及率、人均城市道路面积、万人拥有公共厕所数、万人拥有公共汽车数
	生态环境质量	人均公共绿地面积、万元GDP综合能耗
	城乡一体质量	城乡消费水平对比、城乡居民恩格尔系数的差异

3.3.2 临沧市城镇化质量水平衡量

以临沧市域城镇体系为例，根据案例区发展特点以及数据收集的完备程度，选取4个一级指标和29个二级指标（表3-9），对临沧市各县区城镇化质量水平进行评价。

表3-9 临沧市各县区城镇化质量评价指标体系及权重

一级指标	权重	二级指标	权重
经济发展水平	0.326	GDP/万元	0.0751
		人均GDP/元	0.0173
		非农产值占GDP的比例/%	0.0126
		工业水平/%=工业总产值/工农业总产值	0.0445
		农民人均纯收入/元	0.0003
		人均社会消费品零售总额/元	0.3838
		人均城乡居民储蓄余额/元	0.4664
社会发展水平	0.215	每万人拥有医疗技师数/人	0.2340
		文教娱乐消费占比/%	0.0816
		城镇密度/(座/万km^2)	0.0411
		非农业人口/万人	0.1001
		第三产业从业人员/万人	0.1576
		固定资产投资/万元	0.0615
		财政支出/万元	0.3241

续表

一级指标	权重	二级指标	权重
居民生活水平	0.413	交通通信消费占比/%	0.0204
		用水普及率/%	0.0033
		燃气普及率/%	0.0702
		社会用电量/(kW·h)	0.0581
		城镇恩格尔系数	0.0254
		乡村恩格尔系数	0.0146
		人均城市道路面积/km²	0.0568
		道路交通设施万人占有面积/km²	0.4103
		实际用电量户数/户	0.0519
		拥有电视机户数/户	0.0581
		农村交通和邮电劳动力/人	0.0232
		农村住房面积合计/m²	0.1179
		通宽带户数/万户	0.0474
		城乡恩格尔系数之比	0.0424
生态环境	0.046	建成区绿化覆盖面积/m²	1

对指标原始数据进行标准化处理，运用熵值法确定指标权重，评价 2020 年临沧市城镇化质量水平，计算步骤如下：

（1）选取临沧市的 8 个县区，收集 29 个指标原始数据。

（2）指标的标准化处理。

由于各项指标的计量单位并不统一，因此在计算综合指标前，先进行标准化处理，即把指标的绝对值转化为相对值，从而解决各项指标值不同质问题。

采用最大值标准化法：

$$U_{ij} = X_{ij} / \text{Max} X_{ij} \quad (i=1,2,\cdots,n; j=1,2,\cdots,m)$$

式中，X_{ij} 为第 i 个县区的第 j 个指标的原始数据；$\text{Max} X_{ij}$ 为全部县区的第 j 个指标的最大值。

（3）采用熵值法计算指标权重。

计算第 j 项指标下第 i 个县占该指标的比例：

$$Y_{ij} = U_{ij} / \sum U_{ij}$$

计算第 j 项指标的熵值：

$$E_j = -K\sum_{i=1}^{m}(Y_{ij} \times \ln Y_{ij})$$

式中，$K = 1/\ln m$；$m = 8$，为县区的总数。

计算第 j 项指标的差异系数 D_j：

$$D_j = 1 - E_j$$

计算权重值（表3-9）：

$$W_j = \frac{D_j}{\sum_{j=1}^{n} D_j}$$

（4）根据以下公式，计算临沧市各县区城镇化质量的综合分值（表3-10）。

$$Q_i = \sum_{j=1}^{m} W_j \times U_{ij}$$

表 3-10 临沧市各县区的城镇化质量综合得分表

县区	经济发展水平得分	社会发展水平得分	居民生活水平得分	生态环境得分	综合得分
临翔区	1.000	0.854	0.767	1.000	0.873
凤庆县	0.565	0.478	0.607	0.494	0.560
云县	0.656	0.532	0.497	0.428	0.553
永德县	0.094	0.608	0.384	0.236	0.331
镇康县	0.312	0.309	0.329	0.209	0.314
双江县	0.091	0.272	0.326	0.301	0.236
耿马县	0.251	0.355	0.379	0.247	0.326
沧源县	0.248	0.330	0.296	0.268	0.286

临沧市城镇化质量水平具有以下特征：

临沧市各县区中，临翔区的城镇化质量水平各个指标得分均大于等于 0.767，综合得分达 0.873，居各县区首位；其次是凤庆县与云县，综合得分差距不大，但是二者各项得分差距较为明显。凤庆县居民生活水平和生态环境指标得分比云县高，分别高 0.11 和 0.066，但经济发展水平与社会发展水平比云县低，分别低 0.091 和 0.054，这与临沧市积极发展次级中心城市和建设云县县城作为市域次中心城市的策略有关；再次是永德县、耿马县和镇康县，三县综合得分差距不大，但永德县经济发展水平得分仅为 0.094，经济发展水平较低，社会发展水平得分偏高。镇康县的各项指标都较为平均，但生态环境得分较低，为 0.209。耿马县的经济发展水平和生态环境得分较低；最后是沧源县和双江县，综合得分都比较低，沧源县的各项指标得分虽低，但是较为平均，而双江县经济发展水平得分仅为 0.091，居于末位。

1）经济发展水平

临翔区经济发展水平得分最高，云县和凤庆县次之，其他县的得分很低，各县区间差距较大。临翔区作为临沧市政府驻地，具有独特的地理区位优势、独特的民族风情以及极具开发潜力的矿产资源，这些为临翔区的旅游业以及其他经济活动带来了巨大的发展优势，使临翔区在临沧市域城镇体系城镇化发展中名列前茅；云县是临沧市域北部的次中心，位于大理、普洱、临沧 3 个州市的交界处，是临沧市重要交通门户，有丰富的矿产资源，经济发达、工业基础坚实，拥有国家水电基地、云南重要的酒业和茶叶生产基地，其经济发展水平仅次于临翔区，是具有优势品牌的综合型县域中心；凤庆县是世界"滇红之乡""中国核桃之乡"，是以茶、蔗糖、核桃、烤烟、林果等热区生物资源加工、生物药业和民族文化旅游业为主的县域中心。但是，凤庆县的经济发展水平与临翔区差距较大，由于第一产业占比较大，总体经济发展水平较为落后；其他县经济发展水平较低的主要原因是经济发展依靠第一产业，对区域经济发展的带动能力较小。

2）社会发展水平

临沧市各县区的社会发展水平除永德县外，与经济发展水平基本相符，没有太大的偏差。永德县是一个以茶、蔗糖、核桃、烤烟、林果等热区生物资源加工和热区观光旅游业为主的县域中心，旅游业发展较好，这些发展优势都为其社会发展水平起到了相当大的推力，使其社会发展水平明显高于经济发展水平。

3）居民生活水平

除临翔区和凤庆县以外，临沧市整体的居民生活水平得分都较低，主要是因为公共设施以及一些基础设施的建设还不够完善，但随着临沧市经济发展水平与社会发展水平的不断提升，可以预见居民生活水平会不断提高。

4）生态环境

除临翔区的生态环境得分为满分以外，其余县得分都很低。但实际上临沧市各县区的生态环境良好，这与所选择的指标单一及权重较低有一定关系。

3.4 城镇化发展阶段及机制

3.4.1 城镇化发展阶段

城镇化发展阶段是体现城镇化发展水平的重要标志。世界各国城镇化过程的经历轨迹表明，城镇化发展过程可分为初期、中期、后期三个阶段。

初期阶段（低速增长时期）：城镇化水平在 30%以下。这一阶段农村人口占绝对优势，工农业生产力水平较低，工业提供的就业机会有限，农业剩余劳动力释放缓慢。

因此要经过几十年甚至上百年的时间，城镇人口占比才能提高到 30%。

中期阶段（快速增长时期）：城镇化水平在 30%~70%。这一阶段由于工业基础已比较雄厚，经济实力明显增强，农业劳动生产率大大提高，工业吸收大批农业人口，城镇化水平可以在短短的几十年内突破 50%而上升到 70%。

后期阶段（低速增长时期）：城镇化水平在 70%~90%。这一阶段农村人口的相对数量和绝对数量较小。为保持社会必需的农业规模，农村人口的转化趋于停止，最后相对稳定在 10%以下；城镇人口占比则相对稳定在 90%以上的饱和状态。后期的城镇化不再主要表现为变农村人口为城镇人口的过程，而是城镇人口内部职业构成由第二产业向第三产业转移。

2020 年临沧市城镇化数量水平为 35.08%，根据以上划分阶段标准，临沧市目前已突破城镇化初期阶段，进入城镇化中期阶段。但就目前来看，其城镇化水平还低于 50%，这决定了临沧市还处在注重数量发展的状态；农村人口还占据一定优势，工农业生产力相对较高，工业提供的就业机会多，农业生产率不断提高，经济实力不断增强，城镇化水平也在不断上升中。

3.4.2 城镇化发展机制

城镇化的发展机制具有共性：①城镇化与城镇工业经济发展对农村人口的吸引力以及农村劳动力过剩、耕地减少，导致大量农村剩余人口流入城镇，从而对城镇起推动作用有密切关系。②城镇化也与国家及区域的国民经济发展水平以及非经济因素，如政治、人口、社会、政策等密切相关。

城镇化水平在一定程度上反映了一个国家经济发展水平，但城镇化并不等于现代化，更不是发达的唯一象征，某些第三世界国家的盲目城镇化和城镇人口增长失控带来了国家经济的贫困化现象就是一个证明。可见，城镇化发展的速度和水平受到一定因素的影响和制约。

当前，在"一带一路"倡议的良好投资环境下，临沧市凭借其区位优势和资源优势（包括自然资源优势和旅游文化资源优势），发挥产业在各城镇中心的集聚作用，带动周边地区的发展，积极发展相对落后的城镇；加强交通基础设施建设，着重发展旅游业和特色农业；形成了区域外强有力的推力作用和区域内中心城市、重要交通枢纽以及重点产业的内促作用相结合的城镇发展机制。

参 考 文 献

巴顿 K J. 1984. 城市经济学——理论和政策. 北京：商务印书馆.
陈顺清. 2000. 城市增长与土地增值. 北京：科学出版社.
陈亚军, 刘晓萍. 1996. 我国城市化进程的回顾与展望. 管理世界, (6): 166-172.
程春满, 王如松. 1998. 城市化取向：从产业理念转向生态思维. 城市发展研究, (5): 15-19, 64.

崔功豪, 魏清泉, 刘科伟. 2006. 区域分析与区域规划. 北京: 高等教育出版社.
崔援民. 1998. 河北省城市化战略与对策. 石家庄: 河北科学技术出版社.
范春永. 1997. 我国城市化进程和对策(上). 城乡建设, (9): 16-18.
歌德伯戈 M, 钦洛依 P. 1990. 城市土地经济学. 北京: 中国人民大学出版社.
赫希 W. 1990. 城市经济学. 北京: 中国社会科学出版社.
胡序威. 1998. 对我国的城市化形势应有清醒的认识. 城乡建设, (6): 9-11, 30.
库采夫. 1987. 新城市社会学. 北京: 中国建筑工业出版社.
李江苏, 王晓蕊, 苗长虹, 等. 2014. 城镇化水平与城镇化质量协调度分析——以河南省为例. 经济地理, 34(10): 70-77.
刘静玉, 孙方, 杨新新, 等. 2013. 河南省城镇化质量的区际比较及区域差异研究. 河南大学学报(自然科学版), 43(3): 271-278.
刘勇. 1999. 我国城市化回顾与展望. 中国经济时报, 1999-4-14 8版.
吕拉昌, 孙飞翔, 黄茹. 2018. 基于创新的城市化——中国 270 个地级及以上城市数据的实证分析. 地理学报, 73(10): 1910-1922.
沈建法. 1999. 城市化与人口管理. 北京: 科学出版社.
宋宇宁, 韩增林. 2013. 东北老工业地区城镇化质量与规模关系的空间格局——以辽宁省为例. 经济地理, 33(11): 40-45.
唐耀华. 2013. 城市化概念研究与新定义. 学术论坛, 36(5): 113-116.
王茂林. 2000. 新中国城市经济 50 年. 北京: 经济管理出版社.
许学强, 周一星, 宁越敏. 2022. 城市地理学(第三版). 北京: 高等教育出版社.
张春梅, 张小林, 吴启焰, 等. 2012. 发达地区城镇化质量的测度及其提升对策——以江苏省为例. 经济地理, 32(7): 50-55.
张文和, 李明. 2000. 城市化定义研究. 城市发展研究, (5): 32-33.
郑蔚. 2013. 海西经济区城镇化质量规模协调度动态变化研究. 福建师范大学学报(哲学社会科学版), (6): 33-40.
朱洪祥. 2007. 山东省城镇化发展质量测度研究. 城市发展研究, 14(5): 37-44.
祝福恩, 刘迪. 2013. 新型城镇化的含义及发展路径. 黑龙江社会科学, (4): 60-63.
Friedmann J, Miller J. 1965. The urban field. Journal of the American institute of Planners, 31(4): 312-320.

第4章 山地城镇体系产业发展规划

山地城镇体系产业发展规划包括产业结构规划和主要产业部门规划。

4.1 城镇体系产业结构规划

山地城镇体系产业结构规划的目的在于组织合理的产业结构。它是城镇体系规划的重要内容之一，包括：产业结构分类、产业结构现状分析及产业结构合理性评价、产业结构影响因素分析、主导产业的确定方法及选择、主要产业规模的确定、产业结构变动导向的选择、产业结构高度化及其效益分析。

4.1.1 产业结构分类

产业结构是指各种产业的构成以及各产业之间的相互关系。正确划分产业结构对理顺区域各种经济关系，把握区域经济发展状况、水平、方向有着重要意义。法国经济学家魁奈最早对产业结构划分进行研究，但随着社会发展进步以及立脚点的不同，产业结构划分也一直在发展变化，各个国家的划分也不尽相同。下面介绍几种通用的划分方法（何芳，1995）。

1. 按社会生产两大部类划分

第一部类为生产生产资料的部门，第二部类为生产消费资料的部门。这种产业结构划分方法的优点可以揭示社会再生产过程中最基本的比例关系和运动规律，但随着社会发展出现越来越多的新兴产业，如电脑工业、宇航工业等，这些产业已很难简单归并到第一类或第二类中。因此，这类划分方法在实际经济生活中已不能完全适用。

2. 农轻重三部门分类法

按生产部门将产业划分为农、轻、重三大部门，这种划分方法可以反映国民经济中主要的比例关系，有利于把握区域经济发展的特征，对于合理安排农、轻、重的比例与发展速度以及组织社会生产具有重要意义。然而，这种分类方法一方面没有包括迅速发展的科学教育、金融贸易、旅游服务业等第三产业，同时轻重工业界限也很难严格划分，如电风扇、电冰箱等已从重工业部门向轻工业部门转移；农工之间横向联合也日益广泛。因此，在工业化程度较低的阶段仍可用这种分类方法，而在社会经济迅速发展的今天，这一分类方法已逐渐被淡化、不再适用。

3. 按生产要素密集状况分类

根据各个生产要素在不同生产部门中的重要程度和所占比例，把社会生产分成劳动密集型产业、资金密集型产业和技术密集型产业。劳动密集型产业是指主要靠手工劳动或简单技术劳动的农业、轻纺工业和手工业等；资金密集型产业主要指占用资金或资本较多的产业部门，如钢铁工业、石化、电力工业等；技术密集型产业是指电子、激光、光导纤维、生物工程、航空航天新材料等需要高新技术的部门。这类划分在反映不同技术水平、合理分配社会劳动、充分发挥生产要素的经济优势、使资源得到合理利用等方面具有较大作用（史同广和王慧，1994）。

4. 三次产业分类法

这是目前国际上较通用的产业分类法，这种方法最早见于新西兰经济学家奥塔哥大学教授费歇尔在 1935 年出版的 *the Clash of Progress and Security* 一书中。他认为，人类活动可分为三个阶段：第一阶段（生产活动以农业和畜牧业为主）、第二阶段（以工业大规模迅速发展为标志）和第三阶段（约从 21 世纪初开始，出现了大量商业、金融业、信息业和邮电业等服务性行业）。与此相适应，他把产业结构划分为第一产业、第二产业和第三产业。

参照国外情况，我国在 1985 年由国务院批准的国家统计局《关于建立第三产业统计的报告》中，第一次将产业结构分为三类，使第三产业作为一个独立的产业而成为产业结构的组成部分，其具体划分如下。

第一产业：主要是对自然界存在的劳动对象进行收集和初步加工的部门，包括农业、牧业、林业和渔业等。

第二产业：主要是对第一产业部门产品进行加工的部门，包括采掘业、制造业和建筑业等。

第三产业：除第一、第二产业外的其他产业，统称服务业，可分为两大部门（流通部门和服务部门）和四个层次。其中，四个层次包括：

第一，流通部门，包括交通、邮电、通信、商业、饮食业和仓储业相关部门。

第二，为生产生活服务的部门，包括金融业、地质勘测、房地产管理、公用事业、旅游业、咨询服务业、保险业和各类技术相关部门。

第三，为提高科学文化水平的部门，包括教育、文化、广播电视业、科学研究事业、卫生体育事业、社会福利事业相关部门。

第四，为社会公共需要服务的部门，包括国家机关、社会团体、军队等。

5. 产业功能分类

产业功能分类指从产业链角度，着重考虑各产业间的关联程度和方式，以生产过程中各产业的相对地位、作用和功能为标志，将区域的全部产业划分为主导产业、辅助产业和基础产业三大类。

主导产业是决定区域经济在城镇体系中的地位和作用的部门，是区域经济的支柱和核心。辅助产业是指围绕主导产业部门发展起来的协作配套部门，它包括主导产业部门的前向联系产业、后向联系产业和侧向联系产业。基础产业是指发展社会生产和保证生活供应的产业（史同广和王慧，1994）。

4.1.2 产业结构现状分析及产业结构合理性评价

1. 产业结构现状分析

产业结构现状分析的主要内容是产业之间数量比例关系、各产业之间关联方式与优势产业的分析，这是开展产业结构调整、确定产业发展方向以及做好产业布局的主要依据。

（1）产业之间数量比例关系。它直接涉及结构均衡问题，特别是产品的积压或短缺的矛盾。在产业结构规划中调整产业结构时，需要从均衡协调角度，把产业的数量比例关系调整到区域持续发展的目标（崔功豪等，2006）。

（2）各产业之间关联方式。它直接涉及的是结构效益问题。产业关联方式一般包括产业产品与生产要素的流动方式、主导产业链的关联带动，以及产业关联的开放程度（即封闭内向型或开放外向型）（崔功豪等，2006）。

（3）优势产业。优势产业是指在区际比较中，区内产业发展的各种有利条件，以及在这些有利条件基础上建立的具有突出地位的产业部门和产品。区域产业优势分析就是找出区内最有利的产业发展条件和在区际分工中具有代表性、最有竞争力的产业部门或产品。一个区域可能有多种产业优势，但各优势的强弱不一样，有些在全国是优势，有些在周围几个区域范围内是优势，有些只具有区内意义，分析时应根据各种优势自身的强弱和其他有关条件，确定其开发的主次和时序。作为重点开发的优势，一般应该具备以下条件：

第一，应具有现实可能性，即具有较好的开发条件。

第二，具有较强的关联效应，即通过中心优势的开发带动其他优势的开发。

第三，具有全局性，即优势的开发能极大地刺激产业的迅速发展，能用较少的资金投入获得较多的产出。

第四，有利于劳动地域分工的实现，促进区际的商品交换。

因此，可作为重点开发的优势应该是在区际比较、竞争中具有优越地位的资源条件的产业部门或产品。同时，在分析区域优势时，一定要分析二者的对应关系，找出资源优势向产业部门、产品优势转化的途径与措施。

优势是可变的，区域产业优势一般有两种变化趋势：一是随着生产技术的发展，新资源的开发利用出现新的优势，或是原来的劣势、中势转化为优势；二是由于种种原因，原来的优势转变为中势、劣势，甚至消失。因此，在分析区域优势时一定要充分考察优势、中势、劣势形成的原因及相互关系，防止优势过早衰退。在实际工作中，应把区域产业优势分析与整个城镇体系规划设计联系起来，并与整个区域资源条件评价结合起来。

以临沧市为例分析产业结构现状。近年来，临沧市经济得到一定发展，2020年地区生产总值821亿元，与2010年相比增加了604亿元，年平均增速14.23%。但与全省相比，地区生产总值较低，且经济发展速度较慢（表4-1），临沧市经济具有较大的发展空间。

表4-1 云南省各市地区生产总值表 （单位：亿元）

地区	2010年	2011年	2012年	2013年	2014年	2015年	2016年	2017年	2018年	2019年	2020年
昆明	2120	2510	3011	3415	3713	3968	4300	4858	5207	6476	6734
曲靖	1006	1210	1400	1584	1548	1630	1768	1941	2013	2638	2959
玉溪	736	877	1000	1102	1185	1245	1312	1415	1493	1950	2058
保山	261	323	390	450	503	552	612	679	738	961	1053
昭通	380	465	556	635	670	708	766	832	890	1194	1289
丽江	144	179	212	249	270	290	309	339	351	473	513
普洱	248	301	367	425	477	514	568	625	662	875	945
临沧	217	272	353	416	465	502	551	604	630	759	821
楚雄	405	482	570	633	706	763	847	937	1024	1252	1372
红河	650	781	905	1027	1127	1221	1334	1479	1594	2212	2417
文山	330	401	478	553	616	670	736	809	859	1082	1185
西双版纳	160	198	233	272	306	336	366	394	418	568	604
大理	474	568	672	761	832	900	972	1067	1122	1375	1484
德宏	141	172	201	231	274	292	324	357	381	514	576
怒江	55	65	75	86	100	113	126	142	162	193	211
迪庆	77	96	114	131	147	161	177	199	218	251	267
全省	7404	8900	10537	11970	12939	13865	15068	16677	17762	22773	24488

产业发展是推动经济发展的直接因素。从临沧市三次产业结构来看，2013年以前，临沧市产业结构呈现"二一三"趋势，且工业发展速度迅速，第二产业所占比较大；但2013年之后，第三产业占比不断上升，三次产业结构总体转向"三二一"（表4-2）。

表4-2 临沧市三次产业占GDP比例　　　　　　　（单位：%）

年份	第一产业	第二产业	第三产业
2010	32.94	35.11	31.95
2011	32.23	38.20	29.57
2012	30.50	42.65	26.85
2013	30.71	42.22	27.07
2014	30.07	33.82	36.11
2015	28.95	33.81	37.24
2016	28.08	33.73	38.19
2017	26.86	34.41	38.73
2018	27.32	32.60	40.08
2019	27.52	25.89	46.59
2020	29.50	24.82	45.68

第一产业发展具有以下特点：

第一，第一产业内部产业结构基本稳定，农业和牧业所占比大。2013年临沧市农林牧渔总产值为213.20亿元，农业、林业、牧业和渔业分别占62.08%、6.67%、27.39%和2.08%。到2020年，临沧市农林牧渔总产值增长到377.08亿元，年均增长率8.5%，农业、林业、牧业、渔业所占比变化不大，生产结构仍然以种植业和牧业为主，种植业一直是第一产业的主导产业（表4-3）。

第二，粮食作物种植面积较大，种植业结构趋于多元化。2020年临沧市粮食作物种植面积达到2881km^2，约占农作物总播种面积的62.4%；粮食总产量104万t，比2019年增加1.33万t；临沧市是云南省甘蔗主产区，也是临沧市特色农业之一，完成核心基地建设58.67km^2，甘蔗种植面积达679km^2。但是，甘蔗种植面积却在不断减少，2013～2020年减少354km^2。因此，需要大力推广高优蔗园种植，作为优势特色产业发展；同时，在"生态产业化"的发展要求下，核桃产业是实现山区生态和经济效益的重要产业；引进的蔬菜、澳洲坚果、咖啡，对拉动临沧市农业经济发展具有重要意义（表4-4）。

表 4-3 临沧市农林牧渔总产值及所占比重

产业	2013年 产值/万元	2013年 占比/%	2014年 产值/万元	2014年 占比/%	2015年 产值/万元	2015年 占比/%	2016年 产值/万元	2016年 占比/%	2017年 产值/万元	2017年 占比/%	2018年 产值/万元	2018年 占比/%	2019年 产值/万元	2019年 占比/%	2020年 产值/万元	2020年 占比/%
农业	132.36	62.08	141.05	62.28	144.34	61.20	153.15	61.01	160.46	60.92	173.15	63.99	200.65	62.11	208.34	55.25
林业	14.22	6.67	14.43	6.37	13.71	5.81	14.65	5.84	14.66	5.57	15.63	5.78	14.17	4.39	17.48	4.64
牧业	58.39	27.39	62.04	27.39	67.99	28.83	72.46	28.87	76.62	29.09	69.10	25.54	93.72	29.01	131.07	34.76
渔业	4.44	2.08	4.92	2.17	5.54	2.35	6.03	2.40	6.53	2.48	7.30	2.70	8.52	2.64	7.24	1.92
服务业	3.79	1.78	4.04	1.78	4.28	1.81	4.73	1.88	5.12	1.94	5.41	1.99	5.98	1.85	12.95	3.43

表 4-4　临沧市种植业内部作物种植面积　　　　　　　　（单位：km²）

作物	2013年	2014年	2015年	2016年	2017年	2018年	2019年	2020年
粮食	2975	2957	3001	4065	3019	2869	2880	2881
油料	128	134	138	140	114	123	124	127
甘蔗	1033	1065	976	866	722	792	721	679
蔬菜	—	—	—	—	—	—	—	—
茶叶	863	903	928	946	976	988	1044	1101
烤烟	291	269	270	247	224	211	194	199
核桃	4920	5022	5077	5079	4945	4926	4840	4835
澳洲坚果	—	—	—	—	—	—	—	—
咖啡	—	—	—	—	—	—	—	—

第二产业发展具有以下特点：

2020年临沧市实现全部工业增加值203.84亿元，占全市地区生产总值的24.81%，同比增长12.3%（图4-1）。全市各县区工业增加值在不断增加，其中临翔区、凤庆县、云县是带动区域经济发展的主要县区。规模以上工业支柱行业支撑有力，五大重点行业占规模以上比例为71.04%，其中，农副食品加工业占规模以上比例为17.80%，增速同比增长15.2%；电力、热力的生产和供应业占规模以上比例为25.51%，增速同比增长11.6%；非金属矿物制品业占规模以上比例为6.84%，同比增长22.7%；酒、饮料和精制茶制造业占规模以上比例为26.18%，同比增长16.3%；有色金属冶炼和压延加工业占规模以上比例为2.08%，同比下降39.1%。

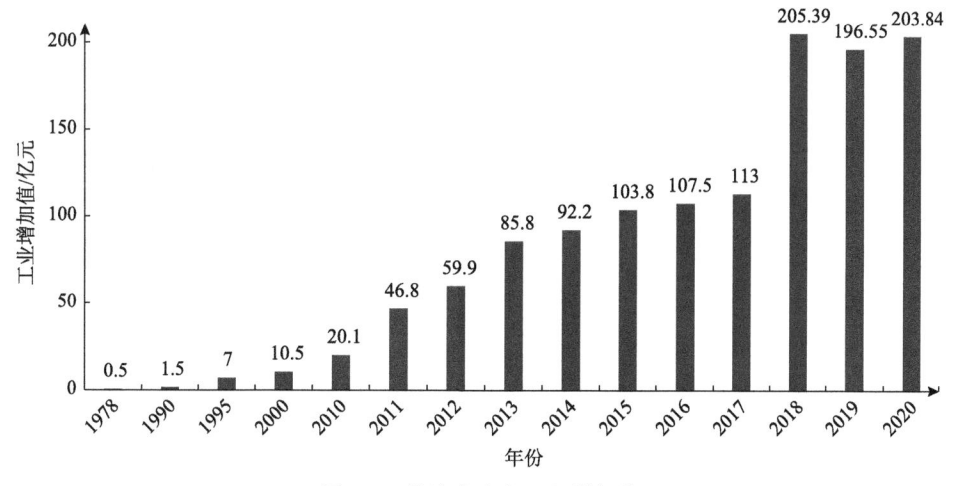

图 4-1　临沧市全部工业增加值

1）依托资源优势，产业结构不断优化

临沧市茶业、糖业的发展，以及丰富的水能资源和矿产资源为以酒业为主的饮料制造业的崛起、水电业的发展、建材业的成长、矿业的兴起奠定了基础。全市规模以上制糖企业、精制茶制造业、酒制造业、橡胶制品企业、非金属矿物制品企业、电力生产企业等共同构成临沧市工业特色。从"一糖独大"的工业产业结构逐步调整为糖、电主导，酒饮料及精制茶等多产业支撑，非公企业群体共同发展的产业格局。

2）建设工业园区，促进工业发展

工业园区是培育和发展企业集群的重要平台，具有承载产业聚集和工业发展的重要地位。2004年12月，建设临沧工业园区。目前，园区建设逐步发展壮大，聚焦"一县一业""一园一主导"，并集中力量建设临沧工业园区、临沧边合区、耿马绿色食品工业园区三大重点园区。

第三产业发展具有以下特点：

2020年，临沧市第三产业增加值375.14亿元，占地区生产总值的45.68%，同比增长3.9%，成为带动地区生产总值增长的重要因素。全市实现社会消费品零售总额317.02亿元，旅游业总收入185.31亿元，其中旅游外汇收入3049万美元。同时，交通运输业持续稳定发展。

1）第三产业内部结构有待进一步调整

2020年，全市交通运输、仓储和邮政业，批发零售业，住宿餐饮业占第三产业的比例分别为7.45%、19.34%、16.93%，累计占比43.72%；而金融、保险、旅游、文化、教育、科研、信息咨询、计算机应用服务业等新型服务业占比较低。内部结构不平衡，传统服务行业占比较大，现代服务行业发展不足，新兴服务行业规模偏小，产业零星分散，聚集度不高，缺乏大企业、大集团引领，没有真正形成能起支撑作用的骨干行业和龙头企业，制约着临沧市第三产业优化发展空间和未来发展潜力。

2）第三产业涉及面广，但市场缺乏活力

除旅游业、商贸物流业外，其他服务行业都缺乏行业发展规划和引导。在财政、税收、金融、土地等政策支持上，第三产业与第一、第二产业相比力度有所欠缺；第三产业特别是餐饮消费市场缺乏活力。2020年社会消费品零售总额相比2019年减少6.3%，餐饮业收入比上年回落9.1个百分点，对第三产业的增长有一定的影响。

总之，临沧市产业结构有待进一步调整与优化。第一产业应该着力打造茶叶、甘蔗、坚果、咖啡等特色产业，以此带动区域农村经济发展。第二产业要依托工业园区建设，利用口岸优势，打造国内外市场，积极招商引资，充分利用资源优势，发展矿产业、特色产品绿色加工业、生物制药业等产业。第三产业需要完善基础设施，突破行政界限，加强区域之间的联系与交流。利用独特的民族文化，积极发展文化旅游业，将临沧市建设成为少数民族文化旅游城市。

2. 产业结构合理性评价

合理的产业结构是区域健康发展的前提，不仅有利于充分利用区域资源，发挥区域优势，提高区域产业经济效益，增强区域经济实力，还有利于满足区域不断增长的人口和社会发展的需求。同时，合理的产业结构是保护生态环境、维护生态红线的保证。因此，对区域产业结构的分析，还应围绕产业结构合理性这个中心展开（崔功豪等，2006），而评价城镇体系产业结构合理性标准主要看它能否促进区域发展，具体表现在：

（1）能否充分利用区域自然资源，以及人力、物力、财力、资源等，使产业结构与资源结构相对应；能否充分发挥地区资源优势，使资源优势转化为产业优势。

（2）能否充分发挥地区优势，保证专门化部门发展，充分利用地区优越的自然、社会、经济条件来发展地区经济。

（3）能否保证各经济部门协调发展，使地区经济以地区主导产业专业化部门为核心，带动整个经济蓬勃发展，从而使区域各生产企业形成相辅相成的整体，尽可能获得聚集经济效益。

（4）能否促进技术进步，促进劳动生产率提高，促进经济兴旺发达，即是否有先进部门来保持活跃的新陈代谢机制。这里所说的先进有两种理解，一是主导产业部门能大量运用高科技成果，二是产业有发展前途。

（5）能否有利于生态平衡，能否提高人民物质文化生活水平，能否充分就业等。

4.1.3　产业结构影响因素分析

影响产业结构的因素可以分为两大类：一是自然因素，主要指自然资源的数量、种类和空间分布；二是社会因素，包括劳动力、资金、市场、区位、产业政策等（黄以柱，1991）。

1. 自然资源

自然资源是产业结构形成的物质基础，它的种类、数量直接影响产业结构的形成、演变及有关部门的发展规模，它的空间分布与组合状况影响产业结构的地区差异以及地域类型的形成与特征。不同时期自然资源对产业结构的影响强度不同。一般来说，在人类社会发展的初期阶段，生产力水平较低，产业结构受自然资源的影响比较大。随着生产力水平的提高，区域产业结构受自然资源制约趋于减弱，但随着社会生产的广度和深度发展，自然资源与产业结构的对应关系也越来越密切而复杂，自然资源对区域产业结构演变的推动作用也越来越显著。例如，原有资源开发规模的扩大、利用方式的改变和新资源的发现，往往很快导致对应产业部门生产规模的扩大和新产业部门的出现，从而引起区域产业结构的变化。

2. 劳动力

劳动力的数量、质量是影响产业结构演变的重要因素，在产业发展的低级阶段显得尤为突出；到了产业高度发展的阶段，劳动力数量的作用有所降低，但对劳动力质量的要求越来越高，产业发展也由劳动密集型向知识密集型转化。此外，劳动力转移（劳动力在产业部门中的重新分配）是产业结构向更高阶段演变的基本条件。例如，近十几年来，随着我国农业生产水平的提高，种植业内部出现了大量的剩余劳动力，这些劳动力不断转向其他农业部门和非农产业部门，从而使整个农村产业结构发生巨大变化。

3. 技术进步

技术进步对产业结构变化的影响主要表现在以下三方面：①媒介作用。技术的变化引起物质、能量和信息在资源系统和产业系统之间的流动，同时，这二者间的联系方式与强度也相应加强。②转换作用。各产业部门技术分布不平衡、有高有低，这导致各产业劳动生产率增长的差异，引起部门间增长优势的变化，产业结构随之发生转换。③联系作用。技术是产业间联系的基本纽带，技术的进步必将加强区域产业结构的内在联系或形成新的结构方式。

4. 资金投放

任何产业的形成和发展都需要一定资金的投入，倘若没有资金来源，即使其他条件都具备，产业项目的开发与发展也不具备可能性。资金短缺已成为我国区域产业发展的严重制约因素，增加投资是产业扩大再生产的先决条件。而在产业发展的不同阶段，资金的作用也是各不相同，在产业外延发展阶段，社会总资产的增长主要靠企业的数量增多，此时的产业结构受投资的影响作用最显著。当产业进入高度发展阶段时，其产值的增长主要靠内部挖潜、改造等方式来实现，这时资金投入对产业结构的影响就较小。

5. 市场与反馈

市场通过反馈作用影响产业结构的变化，其中影响较大的是社会需求结构（包括生产和生活消费结构）和市场价格的变化。从消费结构看，在经济发展的不同阶段，生活消费结构不一样。初期，人们为了满足生活需要，消费重点在吃穿方面，相应的种植业和轻纺工业得到较快发展。之后，随着温饱问题的解决，消费重点转向耐用消费品，由此推动生产耐用消费品部门的发展；生产资料消费结构的改变是由产业结构的变化引起的，但它又反过来影响着产业结构的演变，尤其是重工业结构的演变。另外，产业间存在相互制约、相互促进的关系，某些部门生产规模的扩大，必然要求增加其所需产品的供应量，从而促进有关部门的发展，改变产业结构的原有状态。市场价格波动通过影响企业的收益，也会影响产业结构的原有状态，如农产品市场价格的波动直接影响农民的经济收入，使农民通过扩大或缩小种植规模，改变农业用地结构和产值结构。总之，随着商品经济的发展，市场对产业结构的影响也越来越显著。

6. 产业政策

产业政策是国家或地区为组织合理的产业结构，实现一定时期产业发展的目标而制定的有关方针和准则，是通过一定的手段干预产业部门之间和产业内部的资源分配过程，从宏观或中观的角度影响产业的发展和结构的演变。一般来说，下一级地区的产业政策要服从国家和上一级地区产业政策的要求。它可能因经济、社会、政治、技术和生态环境等因素鼓励或限制某些产业的发展，对鼓励的部门将会给予优惠的政策，以扶持其发展；而对限制的部门将以种种措施限制其发展。"十四五"规划期间，我国坚持把发展经济的着力点放在实体经济上，加快推进制造强国、质量强国建设，促进先进制造业和现代服务业深度融合，强化基础设施支撑引领作用，构建实体经济、科技创新、现代金融、人力资源协同发展的现代产业体系。具体体现在：深入实施制造强国战略、发展壮大战略性新兴产业、促进服务业繁荣发展。

各地区具体情况不同，要制定符合当地情况的具有政策性的产业发展战略，且必须符合全国及上一级地区的产业政策方针。例如，云南省产业结构调整的方向是向开放型和创新型，以及绿色化、信息化、高端化方向转型发展的"两型三化"，突出云南优势和特色，加快发展生物医药和大健康产业、旅游文化产业、信息产业、物流产业、高原特色现代农业产业、新材料产业、先进装备制造业、食品与消费品制造业这八大重点产业；全力打造世界一流"绿色能源""绿色食品""健康生活目的地"；加快构建"传统产业+支柱产业+新兴产业"迭代产业体系，为经济高质量发展注入新动能。

7. 空间区位

从区域之间的关系来看，任何一个区域与其他相邻区域都存在着空间的相互作用，即不同区域间存在着产业联系。高水平区域的产业结构对低水平区域的产业结构有更强的影响力。受经济和技术的空间辐射作用，低水平区域有机会发展与高水平区域相配套的产业，这在中心城市和邻近区域之间表现得最为明显。因此，处于经济水平较高的区域，由于受周围区域的影响，产业结构相对复杂，整体效益也相对较高；从区域空间位置看，位置的优劣对区域产业结构的演变具有一定的影响。交通方便的区域，与外界联系便捷，能及时掌握产业信息，因此它的产业部门相对齐全、发展水平较高，产业结构有较强的转换和应变能力。另外，交通位置也会影响产业的部门构成，如位于交通枢纽的区域一般会发展在产业结构中具有重要地位的交通工具制造业，如车辆或船舶等制造业。

总体来说，自然资源是产业结构演变的基础，社会人文因素尤其是技术因素决定了产业结构演变的方向，市场和产业政策对产业结构的演变起引导作用。

以临沧市产业结构的影响因素为例：

1）产业发展主要依赖于自然资源

临沧市种植业历史悠久，通过调整农业产业结构，因地制宜地种植坚果、甘蔗、茶叶、咖啡、核桃等农产品。近年来，临沧市坚果面积居全国第一、世界第一，甘蔗面积居全省第一，咖啡、核桃面积居全省第二，橡胶面积居全省第三，是享誉世界的"滇红之乡"和"红茶之都"。临沧市是云南省引进种植澳洲坚果最早的地市州之一。2002年，依托退耕还林项目，将临沧坚果纳入重点产业发展。到2020年，全市"临沧坚果"种植面积达175.18km^2，产值达20亿元，农民人均"临沧坚果"收入达到3921元以上。"临沧坚果"已逐步成为临沧市山区农民的"绿色银行""铁杆庄稼""摇钱树"和"致富树"。2020 年茶叶总产量 14.65 万 t（精制茶产量 2.55 万 t），比上年同期 13.6 万 t 增加 1.05 万 t，增长 7.7%；同时，2020 年境内森林覆盖率达 66.72%，是我国具有代表性的避暑避寒、宜居宜游城市；建有漫湾、大朝山、小湾三座百万千瓦级水电站，是国家"西电东送"和"云电外送"的重要基地。总体而言，种植业、旅游业和水电业已成为临沧市的主要产业，都依赖于当地丰富的自然资源。

2）劳动力与技术进步

从城镇产业结构来看，临沧市劳动力结构呈现由第一产业向第二、第三产业发展的趋势，但产业结构依旧倾向于劳动力密集型，技术含量低，信息技术有待进一步发展。

3）空间区位与市场

临沧市作为边境城市，具有特殊的区位条件。临沧西南与缅甸山水相连，有镇康、耿马、沧源 3 个县与缅甸接壤，边境线长达 290.8km，境内有 3 个国家级开放口岸、19 条边贸通道，自古以来就是"南方丝绸之路""西南丝茶古道"上的重要节点。同时，临沧市是云南五大出境通道之一，是中国进入印度洋最近、最平坦的陆上通道，是南北连接渝新欧国际大通道、长江经济带和海上丝绸之路的"十字构架"中心位置，是国家"一带一路"倡议的重要节点，辐射南亚东南亚的前沿窗口，区位优势无可替代。因此，临沧市可以充分利用国内外市场发展经济。

4）资金投放

近年来，临沧市金融机构在构建宏观金融战略合作平台、加大信贷投放、推进金融组织体系建设、拓展资本市场融资渠道等方面搭建融资环境与平台，充分发挥沿边区位、资源和投资优势，有效整合金融资源，创新金融工具，拓展融资渠道，为全市经济社会发展提供金融支持及资金保障。2020 年，临沧市积极推动沿边金融改革，寻求新的改革突破口和创新点，为资金融通提供政策保障。"十四五"期间，临沧市完善金融合作机制，推动中缅签订金融合作协议。

5）国家政策支持

新一轮西部大开发、沿边开发开放、兴边富民、巩固拓展脱贫攻坚成果、广西云南沿边金融综合改革试验区、国家级边境经济合作区、沿边重点地区开放开发等国家层面的政策，以及面向南亚东南亚辐射中心、孟中印缅经济走廊、中国 – 东盟自贸区、大湄公河次区域经济合作政策等国际区域合作政策，为临沧市产业经济发展带来了契机、注入了活力。

4.1.4 主导产业的确定方法及选择

1. 主导产业的概念

主导产业是根据国内市场需求、资源状况、出口前景等选择的可以此带动其他产业的发展，并由此形成高度化、现代化的产业结构，对经济发展产生决定性作用的产业部门。主导产业即带头型产业，表明主导产业是能带动区域其他产业的发展、产业结构层次高、对区域经济发展起到决定作用的产业。

2. 主导产业的判定标准

主导产业判定主要从产业对区域发展目标的贡献和产业本身竞争能力考虑，应力争准确、全面、合理，其判定标准如图 4-2 所示（崔功豪等，2006）。

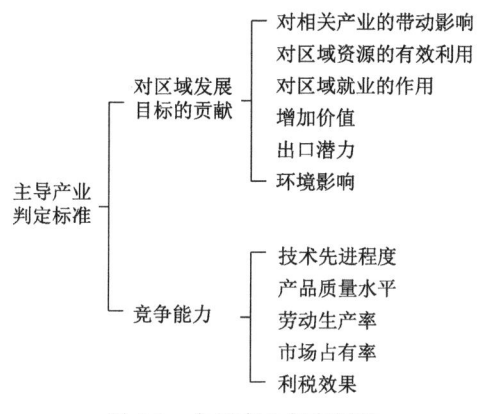

图 4-2　主导产业判定标准

1）对区域发展目标的贡献

第一，对相关产业的带动影响。一个产业在产业体系中可通过前瞻效应、回顾效应和旁侧效应与相关产业发生联系，带动相关产业的产量增加和质量提高，而主导产业必须对区域相关产业具有较强的带动影响作用。

第二，对区域资源的有效利用。其指产业利用区域内资源的数量和对资源进行深加工、提高利用效益的程度。此处关于资源的概念是广义的，既包括自然资源，也包括人文资源，既有有形资源，也有无形资源。主导产业必须是立足区域资源优势并具有较高资源利用水平的产业。

第三，对区域就业的作用。其指产业能为区域创造就业机会的多少。主导产业必须是能够为区域创造较多就业机会的产业。

第四，增加价值。某一产业的增加价值等于该产业的总产值减去购买全部中间产品的消耗。该指标反映了产业经济活动的效果，显然主导产业是经济效益较高的产业部门。

第五，出口潜力。主导产业不一定是出口潜力最大的产业，但必须是市场潜力最大的产业。在全球经济一体化的今天，主导产业的选择不能不考虑产业的出口潜力。出口潜力分析主要从产业生产出口产品进入国际市场的前景、当前的供求状况及发展趋势进行预测，同时结合销售渠道、市场覆盖面、潜在竞争对手等因素进行判断。

第六，环境影响。其指该产业对环境质量的影响程度的大小及治理该产业造成的环境问题的成本的高低。

2）竞争能力

第一，技术先进程度。其指该产业装备技术的先进程度，包括工艺、装备在内的产品制造技术水平。

第二，产品质量水平。其指该产业产品质量与性能的优劣程度。

第三，劳动生产率。其指在单位劳动时间内所生产的产品数量或单位产品所耗费的劳动量。

第四，市场占有率。主要从流通领域考察，该产业产品在某一特定区域市场总销售量中的占比。

第五，利税效果。根据销售产品的利润、税收与成本价格的比率进行判断。

此外，政府、企业、社会、个人等区域发展利益主体在重点建设中的利益出发点和目的等也是影响区域发展重点部门的依据。

3. 主导产业的确定方法

1）区位熵法

区位熵（g）：指一个地区特定部门所雇用的职工人数（X）在地区职工总人数（y）中所占的百分比与全国该部门所雇用的职工人数（X_1）在全国职工人数（Y_1）中所占的百分比之间的比值。例如，某地制鞋业的职工人数占地区职工总人数的 2.5%，全国制鞋业职工人数占全国职工总数的 2%，则该地区制鞋业区位熵 $g = 2.5\% / 2\% = 1.25$。一般来说，$g \leq 1$ 说明该部门只是一个自给部门；$g > 1$ 且 g 越大，说明该部门专业化水平越高。

判定一个产业是否为主导产业，可以依据以下条件来进行：

（1）有很高的区位熵，g 值在 2 以上，生产主要为外区服务。

（2）在地区生产总值中占较大比例，一定程度上主宰地区经济发展。有些部门如某种手工艺品，可能 g 值很高，但行业产值低，所以不能在区域经济中起主导作用。

（3）与地区内多数部门之间存在着生产和非生产上的联系。这种联系越广泛、越深刻，则专业化部门的发展越有可能通过聚集经济与乘数效应的作用，带动整个地区的经济发展。例如，某地区水电业区位熵很高，而且电力绝大部分外输，其产值比例亦很高，但其仍只是一般专业化部门，只有围绕水电在当地建立强大的生活、电化学工业及在此基础上发展一系列相关企业后，水电业也才能成为地区主导专业化部门。

同时满足以上三个条件者，一般可作为主导产业。

区位熵法确立主导产业的案例：某城市主要产业分别是种植业、食品加工业、电力工业和钢铁工业，这四种产业的产值现状如表 4-5 所示，该市总职工人数是 200 万人，上一层次区域总职工人数是 1000 万人，区域生产总值是 200000 万元。这四个产业部门都为外区服务，且电力工业的发展带动了当地食品加工业、机械工业、钢铁工业和服务业等行业的发展。食品加工业的发展促进了电力资源的进一步开发，引起了种植业的进一步发展。在钢铁工业的基础上，正发展汽车行业。

表 4-5　某城市主要产业产值及职工人数表

主要产业	种植业	食品加工业	电力工业	钢铁工业
产值/万元	5000	70000	80000	2000
职工人数/万人	8	8	10	6
上一层次区域职工人数/万人	12	30	20	12

通过计算，种植业、食品加工业、电力工业和钢铁工业四种产业的区位熵分别是 3.3、1.3、2.5、2.5，产值比分别为 2.5%、35%、40%、1%。由于电力工业有较高的区位熵，达 2.5，且为外区服务，在地区生产总值中占比最大，达 40%，与区内多数部门存在联系，所以最有可能成为该城市的主导产业。

2）带动影响分析法

主导产业一般可以从以下三个方面带动区域经济（崔功豪等，2006）。

回顾影响：主导部门对向自己提供生产资料的部门的影响。

前瞻影响：主导部门对新工业、新技术、新原料、新能源出现的诱导作用。

旁侧影响：主导部门对地区经济的普遍影响，如对基础设施建设和服务业发展的推动作用。

主导产业的形成、发展和更替不仅与地方的经济发展过程关系密切，还与整个社会发展、国民经济形势等有着密不可分的关系。主导部门的形成、发展和更替不是一个孤立的经济过程，必须依赖区域条件。因此，可以依托区域优越的条件，选择该地区的主导产业部门。

例如，怒江傈僳族自治州（简称怒江州）旅游资源优势突出，大力开发旅游资源是我国生态脆弱区现阶段经济社会发展的战略要求。因此，怒江州旅游资源的开发可以为改善经济、防止水土流失、保护生物多样性提供基础。怒江州集自然地貌博物馆、民族文化大观园和生物物种基因库于一体，是全世界生物多样性最丰富的地区之一。2020 年怒江州共完成人工造林 6.48km^2，年末实有封山育林面积 0.66667km^2。全州森林覆盖率达到 78.90%，自然保护区有 2 个，保护区面积达 3985.96km^2（其中：国家级 1 个共 3235.87km^2，省级 1 个 750.09km^2）。怒江州地处"三江并流"世界自然遗产核心区、高黎贡山国家级自然保护区和云岭省级自然保护区，拥有世界级的旅游资源"三江并流"世界自然遗产 8 个片区中的 4 个。"三江并流"保护区已被列为世界自然遗产，是大范围、多功能的风景名胜区，景区内飞瀑悬天、峡谷幽深、林海苍茫、江河奔泻。全州国家级保护植物有 24 种，国家级保护动物有 67 种；拥有世界级的民族文化资源，"三江并流"地区世居民族 14 个，怒江州有 7 个，造就了众多的原生文化，是"三江并流"地区人类金色童年的文化宝库（图 4-3）。

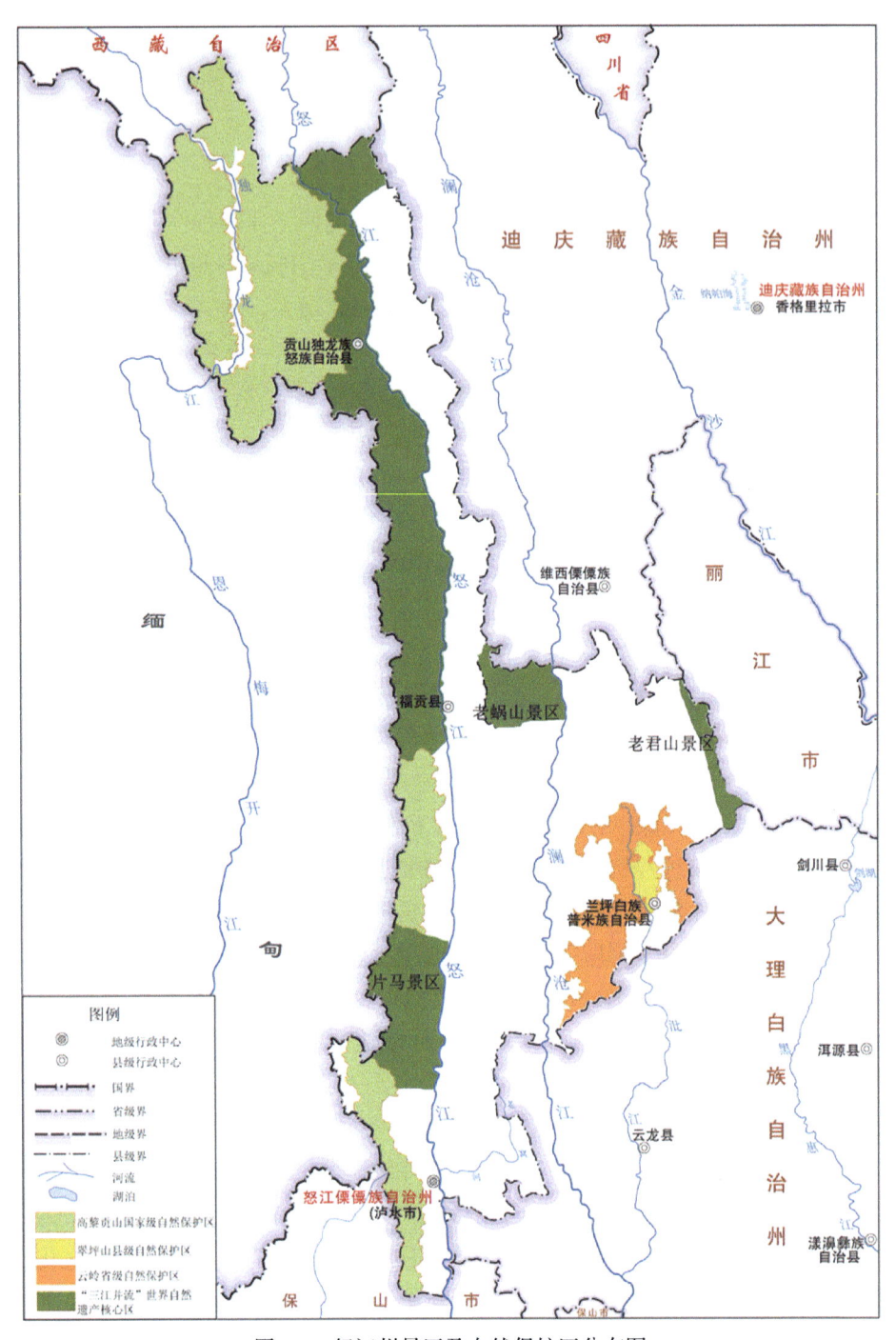

图 4-3　怒江州景区及自然保护区分布图

区域资源优势主导部门的形成和发展，可以带动相关工业部门及农业部门的综合发展，促进区域经济状况的改善。同时，只有经济状况的全面改善，才能为区域生态环境的改善和生物基因库的保护提供经济保障。图 4-4 为怒江州主导部门与其他部门发展的关系，它可以为制定怒江州社会经济发展战略和资源开发与生态环境保护治理提供依据。

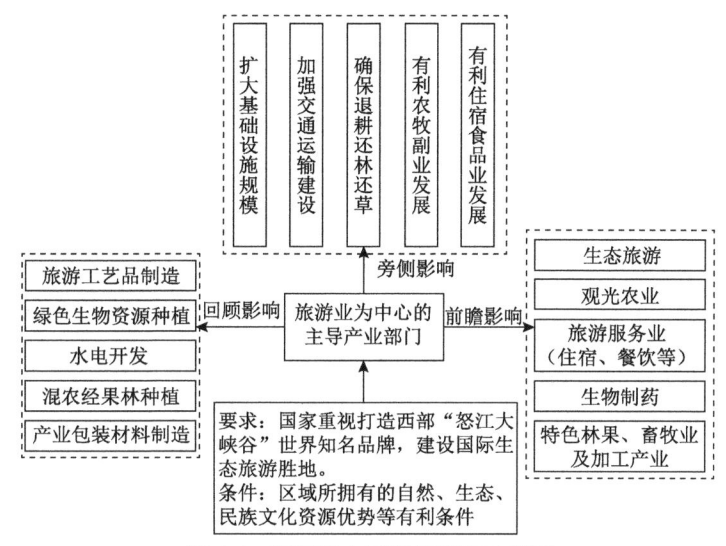

图 4-4 怒江州主导部门影响示意图

3）德尔菲-层次分析法

德尔菲法又称专家调查技术，通过轮番征询不同专家的意见，最后汇总得出调查结果。层次分析法（AHP）是一种定性与定量相结合的决策方法，通常用来处理复杂系统中涉及自然、经济和社会等因素，系统机理不清，难以精确化和定量化的一些综合性的问题。由于层次分析法是一种建立在专家主观判断基础上的分析方法，可与德尔菲法相结合，并加以量化，对于判定不同要素对总体目标的重要程度而言是一种简便且相对可靠的方法。主导产业选择的具体步骤如下：

（1）选择要评价的区域产业部门。选出区位熵 g 值大于 1 的产业为待选主导产业。

（2）确定主导产业的评价指标体系，并分解为若干层（如 A 目标层、B 准则层和 C 因子层），制作层次结构图。

（3）构造判断矩阵。判断矩阵表示针对上层次的某个元素与本层次有关元素的相对重要性。为了确定下层元素对上层元素的贡献程度，由专家通过两两比较重要程度的方法，对各层元素对上层元素的重要性给予评分，构成判断矩阵。

假设评价目标是第一层 A，评价因素集为第二层 $B\{B_1, B_2, \cdots, B_n\}$，构造判断矩阵 P（$A\text{-}B$）：

$$P = \begin{bmatrix} B_{11} & B_{12} & \cdots & B_{1n} \\ B_{21} & B_{22} & \cdots & B_{2n} \\ \vdots & \vdots & \ddots & \vdots \\ B_{n1} & B_{n2} & \cdots & B_{nn} \end{bmatrix}$$

B_{ij} 表示 B_i 对 B_j 相对 A 的重要性的数值（$i=1,2,\cdots,n$；$j=1,2,\cdots,n$）。B_{ij} 的取值是：当第 i 个元素和第 j 个元素一样重要时，$B_{ij}=1$；稍微重要时取 3；明显重要时取 5；重要得多时取 7；极为重要时取 9（根据重要性程度，2、4、6、8 分别介于 1~3、3~5、5~7、7~9），$B_{ji}=1/B_{ij}$。

专家在填写时要注意：①专家各自打分，不允许面对面讨论；②专家只填写矩阵对角线的上半部分或下半部分即可，因判断矩阵满足 $B_{ji}=1/B_{ij}$，$B_{ii}=1$；③专家在填表前应对影响目标的各因素的重要性简单排序，再进行判断。

同理，可得判断矩阵 $P(B_1\text{-}C)$、$P(B_2\text{-}C)$、$P(B_3\text{-}C)$、$P(B_4\text{-}C)$。

（4）求 n 个因素的权重值。可通过解特征值 $PW=\lambda_{\max}W$，求出正规化特征向量得到。$\lambda_{\max}$ 为 P 的最大特征值，W 为对应于 $\lambda_{\max}$ 的正规化特征向量，W 的分量 W_i 是相应元素单排序的权重。

特征值和特征向量的计算方法很多，下面介绍近似计算法：算术平均法。

（1）$P(A\text{-}B)$ 矩阵中的每一列正规化，令 $B'_{ij}=B_{ij}/\sum_{i=1}^{n}B_{ij}\,(i,j=1,2,\cdots,n)$。

（2）按行加总 $\overline{W_i}=\sum_{i=1}^{n}B'_{ij}$。

（3）加总后再正规化，得特征向量 W_i，即 $W_i=\overline{W_i}/\sum_{i=1}^{n}\overline{W_i}$。

（4）计算 P 的 $\lambda_{\max}$。

$$\lambda_{\max}=\sum_{i=1}^{n}\frac{\sum_{j=1}^{n}B_{ij}\cdot W_j}{n\cdot W_i}$$

（5）检验判断矩阵的一致性。计算一致性指标 CI、CR。

$$\text{CI}=\frac{\lambda_{\max}-n}{n-1}$$

为了检验判断矩阵是否具有令人满意的一致性，则需要将 CI 与平均随机 SSSS 一致性指标 RI（表 4-6）进行比较，记为 CR。

表 4-6 平均随机一致性指标 RI

阶数	1	2	3	4	5	6	7	8	9	10	11	12	13	14	15
RI	0	0	0.58	0.90	1.12	1.24	1.32	1.41	1.45	1.49	1.52	1.54	1.56	1.58	1.59

当 $\text{CR}=\dfrac{\text{CI}}{\text{RI}}<0.10$ 时，就认为判断矩阵具有令人满意的一致性；否则，当 $\text{CR}\geqslant 0.1$ 时，就需要重新调整判断矩阵，直到满意为止。

（6）层次总排序。同理，$P(B\text{-}C)$ 的权重也可算出。利用同一层次中所有层次单排序的结果，就可以计算针对上一层次而言的本层次所有元素的重要性权重值，称为层次总排序。层次总排序需要按从上到下的逐层顺序进行。

表 4-7 层次总排序表

	B_1	B_2	$\cdots$	B_3	C 层次的总排序
	b_1	b_2	$\cdots$	b_3	
C_1	C_1^1	C_1^2	$\cdots$	C_1^m	$\sum_{j=1}^{m} b_j C_1^j$
C_2	C_2^1	C_2^2	$\cdots$	C_2^m	$\sum_{j=1}^{m} b_j C_2^j$
$\vdots$	$\vdots$	$\vdots$	$\vdots$		$\vdots$
C_3	C_n^1	C_n^2	$\cdots$	C_n^m	$\sum_{j=1}^{m} b_j C_n^j$

（7）一致性检验。为了评价层次总排序的计算结果的一致性，类似于层次单排序，也需要进行一致性检验。根据总排序就可确定主导产业。

以甘肃省某城市主导产业决策分析为例。

首先，制作层次结构图（图 4-5）。

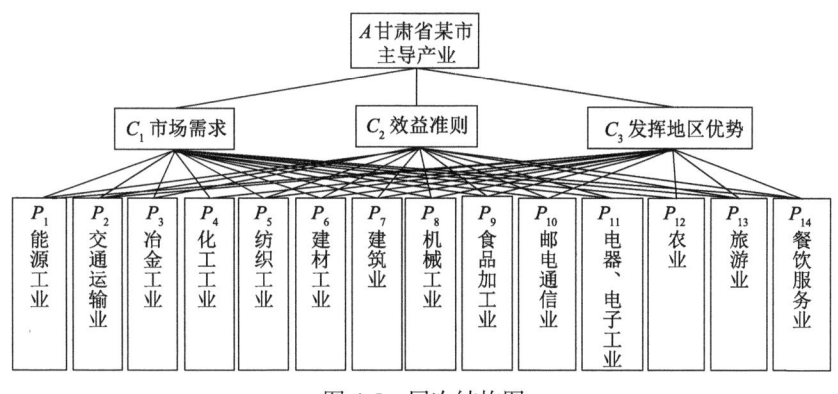

图 4-5 层次结构图

（1）目标层（A）：选择带动该城市经济全面发展的主导产业。

（2）准则层（C）：包括如下三个方面，即 C_1：市场需求（包括市场需求现状和远景市场潜力）；C_2：效益准则（产业的经济效益）；C_3：发挥地区优势，对区域资源有效利用的程度。

（3）对象层（P）：包括如下 14 个产业，即 P_1：能源工业；P_2：交通运输业；P_3：冶金工业；P_4：化工工业；P_5：纺织工业；P_6：建材工业；P_7：建筑业；P_8：机械工业；P_9：食品加工业；P_{10}：邮电通信业；P_{11}：电器、电子工业；P_{12}：农业；P_{13}：旅游业；P_{14}：餐饮服务业。

其次，阐述计算过程。

（1）构造判断矩阵，进行层次单排序。根据上述模型结构，在专家咨询的基础上，我们构造了 A-C 判断矩阵、C-P 判断矩阵，并进行了层次单排序计算，结果见表 4-8～表 4-12。

表 4-8　A-C 判断矩阵

A	C_1	C_2	C_3	$W_总$
C_1	1	1/3	3	0.260
C_2		1	5	0.634
C_3			1	0.106

其中，$\lambda_{max} = 3.038$；CI = 0.019；RI = 0.58；CR = 0.0328 < 0.10。

C_1-P 判断矩阵、C_2-P 判断矩阵、C_3-P 判断矩阵如表 4-9～表 4-11。

表 4-9　C_1-P 判断矩阵

C_1	P_1	P_2	P_3	P_4	P_5	P_6	P_7	P_8	P_9	P_{10}	P_{11}	P_{12}	P_{13}	P_{14}	W_1
P_1	1	3	5	2	4	7	6	8	8	8	8	9	9	9	0.235
P_2		1	3	1/2	2	5	4	6	9	8	7	8	9	9	0.143
P_3			1	1/4	1/2	3	2	4	9	6	5	7	9	9	0.084
P_4				1	3	6	5	7	9	8	8	9	9	9	0.186
P_5					1	4	3	5	9	7	6	8	8	9	0.110
P_6						1	1/2	2	7	4	3	5	6	8	0.046
P_7							1	3	8	5	4	6	7	9	0.063
P_8								1	6	3	2	4	5	7	0.035
P_9									1	1/4	1/5	1/3	1/2	2	0.009
P_{10}										1	1/2	2	3	5	0.025
P_{11}											1	3	4	6	0.026
P_{12}												1	2	4	0.018
P_{13}													1	3	0.012
P_{14}														1	0.006

其中，$\lambda_{max} = 15.65$；CI = 0.127；RI = 1.58；CR = 0.0804 < 0.10。

表 4-10　C_2-P 判断矩阵

C_2	P_1	P_2	P_3	P_4	P_5	P_6	P_7	P_8	P_9	P_{10}	P_{11}	P_{12}	P_{13}	P_{14}	W_2
P_1	1	2	3	4	5	9	6	9	9	9	7	8	8	9	0.234
P_2		1	2	3	4	8	5	9	9	9	6	7	8	9	0.183
P_3			1	2	3	8	4	9	9	8	5	6	7	9	0.143
P_4				1	2	7	3	9	8	8	4	5	6	9	0.109
P_5					1	6	2	9	8	7	3	4	5	8	0.084
P_6						1	1/5	5	3	2	1/4	1/3	1/2	1/4	0.017

续表

C_2	P_1	P_2	P_3	P_4	P_5	P_6	P_7	P_8	P_9	P_{10}	P_{11}	P_{12}	P_{13}	P_{14}	W_2
P_7							1	9	7	6	2	3	8	4	0.065
P_8								1	1/3	1/4	1/8	1/7	1/6	1/2	0.008
P_9									1	1/2	1/6	1/5	1/4	2	0.010
P_{10}										1	1/5	1/4	1/3	3	0.015
P_{11}											1	2	3	7	0.047
P_{12}												1	2	8	0.028
P_{13}													1	5	0.027
P_{14}														1	0.015

其中，$\lambda_{\max} = 15.94$；CI $= 0.149$；RI $= 1.58$；CR $= 0.0943 < 0.10$。

表 4-11　C_3-P 判断矩阵

C_3	P_1	P_2	P_3	P_4	P_5	P_6	P_7	P_8	P_9	P_{10}	P_{11}	P_{12}	P_{13}	P_{14}	W_3
P_1	1	6	8	5	2	7	8	3	9	4	9	9	9	9	0.236
P_2		1	4	1/2	1/5	2	3	1/4	8	1/3	5	7	6	9	0.064
P_3			1	1/5	1/8	1/3	1/2	1/7	5	1/6	2	4	6	3	0.026
P_4				1	1/4	3	4	1/3	9	1/2	6	8	9	7	0.084
P_5					1	6	7	2	3	8	9	9	9	9	0.186
P_6						1	2	1/5	7	1/4	4	5	7	5	0.045
P_7							1	1/6	6	1/5	3	5	7	4	0.035
P_8								1	9	2	8	9	9	8	0.143
P_9									1	1/9	1/4	1/2	1/3	2	0.009
P_{10}										1	7	9	9	8	0.110
P_{11}											1	3	5	2	0.021
P_{12}												1	3	1/2	0.011
P_{13}													1	1/4	0.008
P_{14}														1	0.015

其中，$\lambda_{\max} = 15.64$；CI $= 0.126$；RI $= 1.58$；CR $= 0.0797 < 0.10$。

（2）层次总排序，一致性检验根据以上层次单排序的结果，经过计算可得：$\lambda_{\max} = 15.94$；CI $= 0.149$；RI $= 1.58$；CR $= 0.0943 < 0.10$。

对象层（P）的层次总排序见表 4-12。

表 4-12　对象层（P）的层次总排序

A	C_1	C_2	C_3	$W_{总}$
	0.260	0.634	0.106	
P_1	0.235	0.234	0.236	0.2345
P_2	0.143	0.183	0.064	0.1600
P_3	0.084	0.143	0.026	0.1153

续表

A	C_1	C_2	C_3	$W_{总}$
	0.260	0.634	0.106	
P_4	0.186	0.109	0.084	0.1271
P_5	0.110	0.084	0.186	0.1013
P_6	0.046	0.017	0.045	0.0281
P_7	0.063	0.065	0.035	0.0613
P_8	0.035	0.008	0.143	0.0296
P_9	0.009	0.010	0.009	0.0105
P_{10}	0.025	0.015	0.110	0.0271
P_{11}	0.026	0.047	0.021	0.0389
P_{12}	0.018	0.028	0.011	0.0284
P_{13}	0.012	0.027	0.008	0.0215
P_{14}	0.006	0.015	0.015	0.0135

从 P 层总排序的结果来看，该城市主导产业选择的优先顺序是：$P_1>P_2>P_4>P_3>P_5>P_7>P_{11}>P_8>P_{12}>P_6>P_{10}>P_{13}>P_{14}>P_9$。

4. 主导专业化部门的选择依据

（1）能够充分发挥区位优势，有效利用地区限制性因素。能够充分发挥区位优势是选择主导专业化部门的根本原则，但区域优势的选择往往难以把握。一方面，区域的一种优势可以有多种利用方式，难以确定哪种利用方式会成为主导专业化部门，如水力资源丰富的地区，可以将水电与电力冶金、电力化工业等大耗电工业结合，作为区域主导专业化部门。另一方面，有的区域拥有多方面优势，也可能建立多个主导专业化部门，如城市密集地区，拥有资本积累、交通信息、科技水平、市场、经济基础五方面优势，这种地区有可能发展技术密集型、资本密集型、市场指向、运输指向的众多工业部门，但不能都成为主导部门，否则就不能称其为"主导"部门了。有的地区一种优势可以通过生产联系，发展一系列相关部门，这些部门也有可能成为主导专业化部门，如大水电站与大耗电工业结合、棉花生产与发展纺织服装工业结合、石油采炼与石化工业结合等。所以，选择主导产业，要综合考虑各种优势，不受区域内短缺资源及其他各方面因素的限制，使之能够有充分的发展空间并发挥最大效益。

（2）选择对区域经济发展影响最大的部门。例如，美国的玉米带适宜种植玉米、大豆、小麦，还适宜畜牧业的发展，但在这一片地区内，却很少有麦田。这是因为从土地产值角度分析，种植玉米和大豆、发展畜牧业的经济效益远高于种植小麦；同时，国内外对玉米、牛肉需求量大。因此，选择种植玉米和大豆、发展畜牧业为美国农业的主导产业方向。

（3）按产业结构变化趋势规律，选择主导产业部门。产业结构的演变规律是：

第一，第三产业发展迅速，地位日益提升。第一、第二、第三产业部门之间的关系反映着社会经济的基本特征和发展水平，用 A、B、C 分别表示第一、第二、第三产业，则三次产业具有以下变化规律。

第一阶段：第一产业占主导地位，可分为两类 A>C>B、A>B>C。

第二阶段：第二产业占主导地位，可分为两类 B>A>C、B>C>A。

第三阶段：第三产业占主导地位，可分为两类 C>A>B、C>B>A。

三大产业结构变化的基本趋势一致，总是由低级到高级，由第一阶段到第二、第三阶段。这一过程中，农业占比下降，工业占比上升；工业化时期，工业占比下降，服务业占比上升，发展迅速。目前，发展中国家多处于第一阶段 A>C>B，而发达国家多处于第三阶段 C>B>A。

第二，高新技术工业迅速发展，传统工业地位下降。根据工业化发展和就业变化趋势，世界城市第二产业结构演变一般经历三个阶段：①以劳动密集型的轻纺工业为主导的工业化初期阶段；②以资金密集型和技术密集型的基础工业为主导的工业化中期阶段；③以依托高新技术（微电子、信息、新材料、新能源、航天等）的知识密集型产业为主导的后工业化阶段。一些发达国家的大城市已由第二阶段向第三阶段过渡，或已进入第三阶段，如日本、美国等。根据产业结构变化规律，必须选择具有先进性的主导产业。

确定专业化部门和主导专业化部门，就是发现和扶持支柱产业，促进带头产业的过程。从某种意义上说，能否有一个或一组迅速发展的主导专业化产业，是形成和发展国民经济的重要保证。但是，绝不能以此而贬低非主导的、一般专业化部门的作用，不论什么样的主导专业化部门，如果没有众多的辅助部门、服务部门与地区自然经济部门的扶持、协作，就不可能顺利发展，地区资源也不可能充分利用。因此，主导专业化产业必须与各行业紧密结合、相互协助，促进经济协调发展。

4.1.5 主要产业规模的确定

产业规模主要指产值规模，确定主要产业的规模便于对主要产业部门和主要企业的发展模式进行合理安排，这是产业规模设计的中心内容。

在确定产业部门最适规模时，需要注意（黄以柱，1991）：

（1）该部门所需资源的数量与质量。一般来讲，产业规模应该与区内资源开发规模相适应，若利用区外资源则应充分考虑市场的稳定性。

（2）市场对产品需求量以及区外同类产业的发展规模。

（3）投资能力。产业规模的扩大必须依据财力等现实情况而定。

（4）产业间的互控关系。保持各产业在规模上的协调。

部门发展规模最终要落实到具体的企业，所以在确定了部门规模后，还要确定主要企业的规模。确定企业的最佳规模有许多方法，下面介绍成本效益曲线法（图 4-6）。

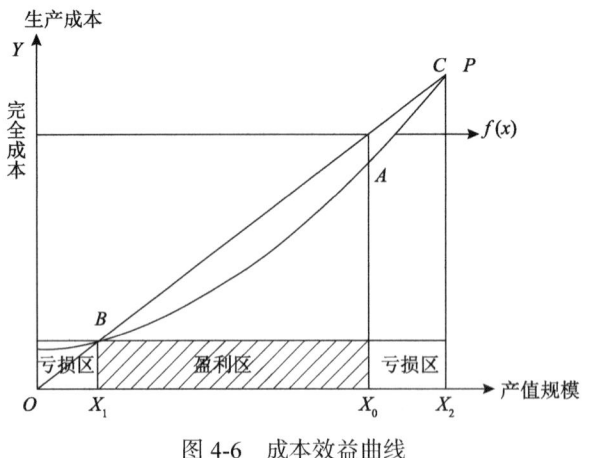

图 4-6 成本效益曲线

横坐标代表产值规模，用企业的"生产量"来衡量。纵坐标代表生产成本，以企业获得最大利润为目标。$f(x)$ 为成本曲线；OP 为产值线，产值随规模的变化而变化。

基本原理：当企业生产量很小时，因劳动生产率低，产品成本很高；随着企业规模的不断扩大，劳动生产率提高，产品成本逐步降低；当企业生产规模超过一定限度时，由于产品销售运费及管理费用的增大，产品成本也开始增高，对应的成本曲线呈现上升趋势。成本曲线 $f(x)$ 与产值线 OP 交于 B、C 两点，这就是企业亏损与盈利的分界点，对应的 X_1 和 X_2 就是企业生产规模的临界值，中间为盈利区域或合理的规模范围。但是合理规模不等于最优规模，最优生产规模就是产值与成本差额最大的点 (x_0)。它由过 $f(x)$ 曲线做平行于产值线 OP 的切线所得，即

$$W = (B+C)/R$$

式中，W 为最优生产规模；$B+C$ 为成本变化临界值之和；R 为生产专业化系数。

4.1.6 产业结构变动导向的选择

城镇体系产业结构变动导向是指城镇体系产业结构沿着什么样的方向演进。产业结构变动导向选择的基本依据是：区域的自然资源状况及其基本特点；区域所处的发展阶段及其发展的总体水平包括区域已有产业结构的特点及存在的问题；全国地域分工的需要。

城镇体系产业结构变动有三种基本导向，即①技术导向：使区域产业结构向高技术化方向转变，也就是在结构调整中，大力提高高技术产业在整个产业结构中的占比，直到其占主导地位；②结构导向：建立起以主导产业为核心、自然资源开发与加工制造协调发展的产业结构，直到加工制造业占主导地位；③资源导向：以自然资源开发为主，资源型产业占主导地位。这三种导向标志着城镇体系经济成熟程度的不同。

发达地区的产业结构导向。在京津唐大都市区这样的发达地区，产业结构相对进

步，但是用区域产业结构合理化的要求来衡量或者与发达国家和地区的产业结构相比，还存在一系列结构性问题。例如，物耗高、运量大、污染重的传统工业仍占一定优势，技术密集、知识密集产业占比还不高等；第一、第二、第三产业结构严重失衡，不仅新兴的第三产业发展缓慢，甚至传统的第三产业也不能适应区域内第一、第二产业发展和人民生活水平提高的需要；作为区域产业结构主体的第二产业和作为区域产业结构基础的第一产业及其内部各行业之间的发展比例关系也很不协调。如果今后继续走老路，虽然也可取得一定的增长速度，但现有的结构性矛盾将更加激化。例如，能源原材料供应将有更大的缺口，运输和污染将更加严重，技术上的优势将逐步丧失，社会综合效益将明显下降。因此，必须另寻新路，采取结构导向与技术导向相结合的发展模式，实行产业结构转换，提高物耗少、污染轻、精加工、深加工、附加值高的产业产品占比，在传统产业中渗透高技术，突破若干高技术领域。

不发达地区的产业结构导向。从整体来看，不发达地区还处于资源导向阶段，在区域产业结构演变过程中，这是一个低层次的结构模式。从现状来看，由于地区专门化水平低，资源优势还远没有转化为商品经济优势，各种有优势的自然资源还处于待开发状态。从发展来看，资源的有限性、可替代性以及开发条件的恶化趋势，容易导致区域发展的不稳定性。所以综合来看，不发达地区产业结构的调整，首先要加强资源导向，逐步扩大优势资源的开发规模，发挥规模经济效益；同时，通过资源的综合开发、综合利用，有选择地、适度发展一些加工制造业。在今后一个时期内，资源导向仍然是主要的产业结构导向（黄以柱，1991）。

4.1.7 产业结构高度化及其效益分析

产业结构的高度化指区域产业结构在经济发展的历史过程和内在逻辑序列顺向演进过程中所达到的阶段或层次，包括在区域经济发展过程中，产业结构由劳动密集型产业占优势向资金、技术密集型产业占优势的转化；产业结构由第一产业占优势向第二、第三产业占优势的转化；产业结构由制造初级产品的产业占优势的状况向制造中间产品、最终产品占优势的状况逐渐演进的程度（黄以柱，1991）。

产业结构效益指由于区域产业结构高度不同，对国民收入所起作用程度的大小。产业结构高度的每一次变化都包含经济发展质的变化，从而使区域经济发展的基础发生变化，国民收入增长。这种产业结构高度不同所带来的国民收入增长不同，成为产业结构演进所产生效益的直接表现，即产业结构效益（黄以柱，1991）。

一般来说，区域产业结构高度与经济发展水平呈正相关，产业结构效益是区域产业结构高度的体现，它的变化反映了产业结构高度的变化。通过三大产业比较劳动生产率结构变化，可以从一个方面反映出产业结构高度变化以及结构高度水平。产业比较劳动生产率即某产业产值占国民收入的比例与该产业人口占区域劳动力的比例之比。以第一产业比较劳动生产率相比第二、第三产业比较劳动生产率的加权平均值，这一比值存在下述变化规律：经济发展水平、人均国民收入以及产业结构高度越高的区域，第一产业比较劳动生产率与第二、第三产业比较劳动生产率的差距越小，即该比值越大，农业现代化水平越高；反之，这一比值越小，农业现代化水平越低。

4.2 城镇体系主要产业部门规划

4.2.1 第一产业布局规划

区域农业布局规划的内容，依据农业生产的特点及其在国民经济发展中的基础作用，主要包括以下几个部分（彭震伟，1998）。

1. 区域农业生产自然资源条件的分析评价

农业生产是经济再生产与自然再生产过程密切联系的物质生产部门。农业生产具有强烈的地域性特点，而自然条件是形成区域差异特征的主要方面，也是农业生产的基本条件或主要物质基础。因此，农业规划布局必须对自然条件进行具体深入的评价，才能达到因地制宜、合理安排农业生产，从而满足区域经济发展需要的目的。

农业自然资源条件评价，就是指按照农业生产发展对自然资源条件的要求，阐明各项自然资源条件的特点及其相互制约规律，评价其有利和不利条件，为合理利用自然资源条件、农业发展规划布局提供基础依据。农业自然资源条件大体可分为农业地貌、气候、水文、土壤及土地资源等方面，前四者一般作为单项因素处理，但应着重分析它们的地理分布、地域组合、数量、质量特征等，即综合影响；土地资源则集中反映了自然因素的各个方面，是农业规划布局的落脚点，也是评价的集中点。

1）区域农业自然条件的一般评价

在一个较大的区域范围内，地貌与气候及其综合影响往往是决定农业生产部门选择的两个主要因素；气候与土壤条件往往是决定各种作物种植适宜性的主要因素，而土壤又直接间接受地貌、气候条件的影响。因此，在区域农业自然条件考察中，应着重对地貌、气候这两个农业基本自然条件进行评述。

地貌主要影响水、土、气的再分配。地貌通过它具体的形态特征——地面起伏度、高度、坡度、坡向、地面物质结构等因素对农业产生重大影响。大的地貌形态往往是农业部门区分的主要依据，如平地主要是以种植业或渔业为主，山地丘陵主要是以林业为主，高地主要是以牧业为主等。小的或微地貌形态主要影响到水、土的再分配，对农业土地利用、农田基本建设等带来重大影响。

农业气候一般是阐明区域农业气候基本特征（影响区域气候形成的主要因素及其表现）、热量资源（温度、积温、霜期、生产期、日照条件等）、水分条件（降水、季节及年际分配等）及主要气象灾害等（干旱、雨涝、霜冻、台风、冰雹等）对农业生产和布局的影响。

农业水文条件主要影响种植业对水资源要求的丰歉程度、地区分布和季节分配等。可结合气候条件阐明地表径流、河湖水源的数量分布分配特征，结合水文地质条件查明地下水埋深、储量、分布等，为确定作物布局、水利建设措施等提供科学依据。

土壤主要是农林业立地的基础，可阐明土壤种类、质量（肥力）、分布及改造途径和措施等。

不同地区、不同部门、不同作物对区域农业布局规划的影响是不相同的。因此，在农林布局规划中，除进行以上总的评价外，还须因地制宜、因部门制宜，根据需要有所侧重地进行单项的深入评价，特别是自然条件在山区不同地域范围内侧重点不同，要具体分析评价。

2）农业土地资源和不同类型农业用地的自然评定

农业土地资源的评定，主要是对作为农业用地的土地资源进行质量的评定，农业土地资源质量主要从海拔、坡度、地面切割程度、水源及排灌条件优劣、地下水情况、土壤性质及侵蚀强度等方面来评价。这一工作有时可以利用该区域的国土空间双评价结果，在土地利用图上找出农业用地部分，一般都有质量等级的划分和适宜性评价的结果。

农业用地通常分为耕地、果园、牧地（场）、林地四大类，它们对自然条件各有不同要求。

耕地是农作物生产基地，对自然条件要求最严格，一般要求地面平缓、易耕易垦、便于排灌，土壤耕层深厚、具有一定的肥沃性，水源取给便利或具有人工灌溉的条件。耕地有水田、旱地之分，这由水源条件决定；同时，耕地利用有一熟制、多熟制的不同。

果园对土地资源条件要求则相对较低，一般以 5°～10°斜坡为主（或可开辟梯地），土层不能太薄，对土地养分要求不高。果品种类多，有各自适宜的气候区划。

牧草地可分为天然牧地、人工改良牧地及人工栽培牧地三种类型。主要包括查明牧草种类的利用价值、牧场水源条件、牧场载畜量、对牲畜生长有特殊影响的某些自然因素（如风害、雷害、动物兽害等）及其改良措施经验等。

林地对自然条件、土地资源的要求则相对较低，耕地、果园、牧草地及余下的土地都可作林地，但经济林、用材林应分别对待。凡水分条件良好、坡向向阳、接近居民点的土地都可作经济林用地；用材林选地适应范围很广，除某些林种对热量、水分等气候条件或坡向、海拔等地貌条件有特殊要求外，一般对用地要求不太严格。

3）不同农作物适应区划的自然条件评定

以上是农业用地对自然条件的要求，在此基础上可以划分出农作物的适应区域，如最适宜区、适宜区、较不适宜区、不适宜区等，以便有效地利用自然资源条件，实行作物专业化、区域化生产，并建立各种作物生产基地。具体方法如下。

（1）根据各种作物对自然条件固有的要求，分别对各项自然条件进行评定。例如，查明热量条件是否满足作物生长发育的需要、各地区水分保证程度和水分补充的可能性、套种作物对土壤条件的要求等。

（2）根据不同作物的要求，按自然条件实际分布和组合状况，划分作物适合区域：

最适宜区，是该作物所要求的各主要自然条件良好，实行这种作物专业生产可获得最大的自然经济效益。

适宜区，是该作物所要求的各主要自然条件总体较好，但其中有个别主要的或某些次要条件较欠缺，但可以进行技术改造，需较大的生产投资。

较不适宜区，是自然条件大体上可以满足生长作物要求，但主要条件都有缺陷，作物产量不稳定，需投入很大的改造投资。

不适宜区，是大部分自然条件都很差，或者某一主要条件难以改造，投资会得不偿失，作物无法生长的地区。

4）农业技术设施改造规划的自然条件评价

农业技术设施主要是农业机械化、电气化、水利化、化学化等。

农业机械化以农业耕作机械化最为重要，从地面坡度和物质结构评价。

农业电气化以对煤、石油、天然气、水力、风力、潮汐、沼气、太阳能等能源按照实际赋存和分布状况来评价。

农业水利化从需要与可能、灌溉方式、灌溉定额三个方面来评价。

农业化学化主要是查明各种土类对作物生长有利、有害的程度，各土类缺乏哪一类营养物质及缺乏程度如何，以此来选用哪一种化学肥料或改良措施等方面的评价。

2. 区域农业现有生产基础的分析评价

区域农业布局规划就是按照今后发展需要和可以预见的生产力水平，对原来的合理部分加以充分利用和发展，对不合理的或不适应的部分加以逐步改造。对现有生产基础的分析评价是今后发展的主要依据，分析评价主要从以下两方面进行。

1）农业生产与需要联系的分析评价

一般来说，合理的农业发展和布局应尽可能充分地就近保证农产品的需要，就是要使生产量尽可能与需要量相适应，生产区尽量与需要区相接近，以避免不合理的长距离运输。

2）农业生产地域分工与部门结构的分析评价

农业布局规划要求各农业部门在地域间实行有计划地合理分工和在同一地域内保持农业各部门间合理的比例关系。为了规划未来，就需要检查各地区农业生产地域分工基础及现状农业结构是否合理等。

首先，检查城镇体系内各地区农业生产地域分工已经发展的程度和部门。农业生产包括自给生产与商品性生产，后者是农业生产地域分工的主要标志。商品性生产可以用区际商品率来表示，一般有以下三种情况：①农产品区际总商品率很低（10%以下），自给性生产占优势；②区际总商品率很高（50%以上），自给性退居次要地位，具有显著的生产地域分工,主要的农业生产部门已成为专业化生产部门;③介于上述两者之间,自给性生产与商品性生产都很重要,区际商品交换已较发达,但不一定形成专业化生产。

其次,研究农业生产由于地域分工不同而发展不同的原因和地域分工的合理性。农产品商品率不高的原因很可能是当地生产水平低,或者是区内的需要量很大,或者是运输条件的限制,使得有商品意义的农产品运不出去,导致本地区生产一些生产条件不好的农产品。总之,应分析地区的生产条件、生产水平、当地对农产品的需要量和交通运输条件等来查明商品生产不发达的原因,从而为体系内每个地区今后扩大商品性生产、实现生产地域分工创造条件。对于农业生产地域分工已形成或高度发展的部门,也需要分析其原因,看它是否合理,以利于今后规划发展中加以充分利用和继续提高。

最后,检查各地区原有部门结构是否合理。主要可以通过农业产值结构指标,从以下四个方面来检查:①在发展商品性生产的同时,对地方性需要的保证程度;②农副产品的利用是否合理;③土地资源的利用是否合理;④劳动资源利用是否合理。另外,还应着重查明实际上已存在的农牧矛盾、农林矛盾、粮食作物与经济作物矛盾等产生的原因,为布局规划和改变这种状况提供拟定措施的依据。

3. 区域农业发展方向、规模和部门结构的确定

1) 区域农业发展方向的确定

区域农业发展方向指区域内主要发展哪些农业部门、农业主导生产部门如何、一般部门如何,重点是以发展某一个或某几个部门为主。在拟定时,应根据需要综合衡量,而不是凭空设想要发展什么或不发展什么。

从原则上讲,确定区域农业发展方向应执行农、林、牧、副、渔五业并举和"以粮为纲,全面发展,因地制宜,适当集中"的方针及农业生产地域合理分工与综合发展相结合的原则,实现农、林、牧、副、渔五业和粮、棉、渔、麻、烟、糖、丝、茶、果、蔬、药、杂等的合理布局。在一个较大的地域范围内,农业部门的发展必须具有多样性、综合性;但在一个较小的范围内,则必须因地制宜,充分利用地方有利条件,发展特色农业优势部门,实行专业化、区域化生产。例如,在一般农业地区应以粮为主或以某一经济作物为主,在林区应以林为主,在牧区以牧为主等。也就是说,在具体确定区域农业发展方向时,必须根据国民经济发展需要和地区实际可能条件,从现有生产基础和当前及今后可能提高的生产水平出发,加以综合平衡才能确定。

2) 区域农业发展规模的拟定

区域农业发展规模主要取决于国民经济发展对各种农产品的总需要量,各种农产品的总需要量由以下几个部分组成:①区内消费需要量,包括食物、衣着及其他农产品的生活消费量,制约因素是人口的增长和消费水平的提高;②生产需要量,指农业、工业等生产对农产品的需要量;③国家农产品的储备量,如粮食、棉花、油料等均须保有

一定的储备量，可以按实际需要计算；④出口需要量，可根据地区现有实际情况，再参照国家外贸部门对农产品各种需要的可能性加以估算，凡是有条件出口的农产品都应尽量争取出口以扩大换汇率。这四种需要量的总和就是规划期间各种农产品的总需要量，一般可以按人均社会占有量来表示，它代表国家在规划期内对一个区域农业发展规模的总要求。

3）农业部门结构的确定

在确定农业发展方向、发展规模的基础上，要综合考虑每一个地区各种主要生产部门的发展规模、主要部门和次要部门的比例，编制区域内合理的农业部门结构，以利于各部门协调发展。拟定一个区域或地区的农业部门合理结构，可以从这几个方面进行分析研究：

（1）按照生产上的联系，使农业各部门相互促进、合理结合。首先是农牧业的结合，耕作业要求提供畜牧业需要的种植饲料作物，畜牧业要求提供耕作业有机肥、役畜，农牧业的合理结合，始终是一个地区农业合理结构的重要标志。其次是农业和林业也要合理结合，特别在山区、库区或水土流失、气候干旱的地区，林业是维护良好的生态平衡的重要条件，要逐步改变农业单一结构，特别是以粮为主的小农单一经济结构。

（2）地尽其利。尽快合理调查农业用地，变农业恶性生态循环为良性循环，如宜耕则耕、宜林则林、宜牧则牧，不宜耕作的土地要退耕还林还牧。

（3）充分合理利用劳动力资源，做到人尽其才。在劳动力的安排利用上要做到部门合理利用，季节均衡搭配，要随着农业结构的改善，完善农业劳动力结构。

（4）满足和照顾到生产生活需要。不仅要发展主导部门和一般次要部门，还要考虑到地方生产、生活习惯需要的一些小宗产品，规划时应注意留有余地。

（5）注重经济效益。应注意把投资大和投资小的部门、收入多和收入少的部门、收益快和收益慢的部门有计划地结合起来，把目前利益和长远利益结合起来。

要全面考虑以上内容才可以编制出一个比较合理的部门结构方案。农业部门结构具体反映在总体产值结构、土地利用结构、播种面积结构和劳动力结构等方面。

4. 区域农业主要部门的布局规划

1）种植业布局

种植业主要包括粮食作物和经济作物，还包括蔬菜、饲料和绿肥等，它们的布局要求各有不同。

粮食作物是指谷类作物、豆类作物和薯类作物，是农产品需要量中最大的，也是生活必需品，各地区都有适合种植粮食作物的场所。因此，粮食作物必须尽可能按照各地区的实际需要进行广泛的均衡布局。在若干生产条件优越、有大量余粮的产区，还要建立国家或省内的粮食生产基地，作为地域分工的专业化生产部门。

经济作物是指纤维作物、油料作物、糖料作物、饮料作物和药用作物，种类较多，有些作物对自然条件、劳动力和技术条件要求比较严格，分布一般具有较突出的地域集中性。因此，经济作物的适当集中布局具有很大的经济意义，应当把各种经济作物安排在自然条件最合适、经济效益最高的地区，并建立不同规模的生产基地。农业生产地域分工很大部分是对于经济作物而言的，区域经济作物的布局安排可以按照以下几个步骤进行：

（1）从各种作物要求的自然条件划出作物不同程度的适合区域，揭示每种作物自然条件最适宜的地区。安排时优先考虑自然条件最适宜、有生产基础的地区。

（2）检查现有各种作物实际分布情况，是否安排在条件适合地区；在自然条件不适合而经济落后的地方，应加以调整。

（3）根据不同作物在区外、区内要求的大小，结合以上分析，大体可以确定该作物的分布地区及需要发展的规模。在具体安排时应注意：优先安排在自然条件最适合，而现状又有生产基础的地方；在条件不适合而经济效益又很低的地方，应调整改变；同一地区适合几种经济作物时，应比较原有基础、需要量多少、技术要求和经济条件高低，以及对消费地区和加工工业的接近程度等因素，决定其主要生产地区。

2）林业布局

林业布局规划必须贯彻"以营林为基础，采育结合，造管并举，综合利用"的方针；应适地适树，根据不同土地资源条件选择不同的适生树种；根据栽培的不同目的，选择各类林木的分布地区；应农林牧结合，统一规划，山、水、林、路综合治理，根据山区自然条件和特点合理安排林业用地布局。

3）畜牧业布局

与种植业布局相比，畜牧业的适应地域更广，除了一些极端性自然条件对少数牲畜有严格的地域限制外，只要饲料供应充足，绝大多数畜产品生产几乎都可以布局。就生产的经济合理性而言，影响畜牧业布局的基本因素可以归结为适运性和饲料条件两个方面。

畜产品的适运性。一切不易储存、不宜远运的畜产品，如鲜奶、鲜蛋等，应尽可能接近消费区生产。在人口密集的城市和工矿区，牧区农业生产布局是一个很重要的内容。从要求来看，肉、乳、禽、蛋要做到最大限度的自给；易于保存和运输的畜产品，如毛、皮、乳酪及役畜等，应尽量分布在接近廉价的饲料产地，因为在畜产品的生产费用中，通常饲料费要占50%或以上。因此，我国不少地区可以在饲料来源丰富的地方建设为满足国内或外贸需要的畜牧业基地。

畜产品的饲料条件。应根据牲畜需要饲料的构成和各地可能提供的饲料来源，合理安排各畜牧业部门。例如，猪需要最多的是多汁饲料和精饲料，乳牛需要大量多汁饲料和较少的精饲料，马需要大量的粗饲料和精饲料，但不需要太多的多汁饲料，羊、牛等都主要需要粗饲料等。由于天然牧场主要是提供粗饲料和少量多汁饲料，大部分多汁饲料和精饲料依靠人工栽培提供，因此应根据饲料来源、分布状况，有所侧重地相应发展各不同部门的畜牧业。

首先，从生产目的合理性而言，畜禽按生产目的分为役用、食用和毛皮三大类，若以发展役畜为主，应繁殖驴、牛等；若以毛皮为主的，一般受自然条件影响较大，都有特定的繁殖和生产地区。其次，以草定畜，以料定畜。最后，牧工、牧农、牧林相结合。牧工结合有两条途径，一是建立牧用工业，二是在畜牧业基地建立畜产品加工业。

4.2.2 第二产业布局规划

在城镇体系规划中，第二产业布局规划主要是对工业布局的规划，工业布局规划是通过工业企业的选点与选址来实现的。选点布局是指在一定地域范围内，选择工业企业的建设地点；选址是进一步在选定地点的范围内，具体确定工业企业的位置。从规划布局的顺序上看，区域工业合理布局首先应从工业选点开始，确定一个地区内应布置多少工业点，原有工业点如何充分利用、适当改造、合理发展（新建、改建、扩建或调整等），新工业点选择在什么地方、性质如何、规模多大等。然后在工业点内部进行工业区的选择和主要企业的布局，并对一些重点行业和主要企业进行轮廓性的平面布置，为城市规划和厂址选择提供依据（彭震伟，1998）。

1. 工业选点与选址的基本要求

工业选点是给定的原料、燃料、动力供应地到工厂和产品到达消费地带的总劳动消耗最低的生产地点，应着重分析与考虑以下基本要求：

（1）应根据产品的原料指向、市场指向、能源指向和技术指向等来确定工业企业的地点。例如，对于多数农副产品、矿产品的初步加工业，如果原料失重很大，且在运输、储存过程中损失很大，一般都趋向于接近原料产地；如果原料失重很小，甚至增重，成品不便运输，一般多靠近消费地点建厂，如水果罐头、酒业等。许多大耗电、大耗水的工业建厂地点一般选择在动力基地或江河沿岸，特别是能提供廉价电能的大型水电站附近。各种精密仪表、电子计算机等所谓的"知识型工业"，要更多考虑技术协作条件，一般选在科学技术中心附近。

（2）应选择建设条件较为优越的地点。例如，工业一般应选择靠近铁路、航道及公路干线等交通运输方便的地点，运量较大的工业要尽可能接近车站、码头，耗电大的工业应尽量接近能源中心；此外还应考虑地方建筑材料供应与施工技术条件。

（3）尽可能利用现有城镇居民点的发展、建设条件和资源，以便减少近期投资，加快建设速度。

（4）应相应考虑城镇居民点的位置，使两者有良好的关系。

工业选址应考虑以下基本要求（彭震伟，1998）：

（1）每个工厂对于用地面积、地形、工程地质、水文地质条件，用水的数量、质量，"三废"的排放与处理，供电，供热，运输，协作等方面都有既定的要求，选厂址时应尽量满足这些条件。

（2）厂址应符合国防、安全、卫生、抗震、防火等规范要求。重要的工厂厂址应尽可能远离重要的战略目标以及重要的风景区和历史文物保护区。从防洪方面看，工业地区一般应高出洪水位 0.5m；不应布置在水库的下游地带，或决堤可能淹没的地区。同时，工厂应布置在有良好通风及采光条件的地段上。在山区、丘陵区应尽量避免把工厂设置在谷地、窝风地带。生产易燃易爆等危险品的工厂和仓库区应配置在城市的外围和盛行风向的下风侧，如在沿河的码头、桥梁、船舶修造厂及其他企业的下游。

（3）应充分结合自然地理特点，尽可能选择在能进行大片绿化的地区，以便构成大片绿色空间，利于消除污染，防止和减弱人为和天然的灾害。具有"三废"污染的工业不宜布置在市区，应充分考虑工业对周围环境、农牧业、渔业可能产生的不利影响。在城市市区和居住区，只允许配置居民生活所必需、无害、不需要与居住区建立卫生防护地带的工业。

（4）配置在同一工业区内或相邻的工业，相互间不应有妨碍卫生及对产品质量的不良影响，尤其是食品工业与化学工业，应布置在不同的工业区内。

（5）应注意节约用地，尽量利用荒地、薄地，少占或不占良田好地。

 2. 主要工业部门的布局特点

第二产业是以矿产品或农副产品为原料的初加工、深加工的产业部门，可以从采矿业、原材料工业（初步加工业）、加工制造（组装）工业、高新技术产业四大类展开布局特点的分析。

1）采矿业

采矿业受到区域矿产资源的储量、质量、开采条件以及区内外市场等因素的影响，规划布局应在全面评价矿产资源的基础上，确定有无开采价值以及经济效益大小；以择优开发、保证重点为原则，来安排各矿区的开发顺序、规模和发展速度，以满足规划区内外的经济发展需要。

2）原材料工业

原材料工业可分为以矿产品为原料的初步加工业和以农副产品为原料的初步加工业。

以矿产品为原料的初步加工业包括冶金工业（钢铁工业、有色金属工业）、化学原料工业（基本化学、有机化学）和建筑材料工业等。从再生产过程来看，这类工业是矿山采掘业和加工制造业之间的中间环节部门，生产的多为半成品原料或中间原料，必须进一步加工制造才能成为投入消费市场的最终产品。一般原材料工业在生产中需要消耗大量矿产原料，并且只有一部分有效成分转移到制成品中，加工失重性大，能源消耗也较大，所以在规划布局中属原材料指向和能源指向性工业，往往与采掘业或能源工业相结合共同组成生产基地。由于其通常对区域环境污染较严重，在布局规划中必须提出控制与治理的措施。随着选矿技术进步和水运业发展，以矿产品为原料的初步加工业的规划布局有一定变化，沿海、沿江的大型港口地区逐渐成为这类工业布局的重要地域，从而形成诸多临港工业区。

以农副产品为原料的初步加工业是指以农副产品为原料的初步加工，绝大部分为轻工业，包括全部以农副产品为原料的加工业（粮油、制糖、卷烟、酿酒、乳畜品加工等）和大部分以农副产品为原料的加工业（纺织、造纸、香料、皮革等）。在规划布局中，加工业受农业原料的供给制约性较大，而农副产品加工的原料失重性大，多数农副产品不耐储存；有些农产品原料为轻泡物质，体积大且重量轻不适宜长途运输，决定了以农副产品为原料的加工业一般应布置在原料产地，即农副产品集中产区。一般来说，农副产品集中产区往往也是农业较发达的经济作物区，农业人口较多，接近原料产地在一定程度上也是接近消费地，便于取得劳动力，也有利于实现农村剩余劳动力的基地转化，为区域农村城市化创造条件；也有部分农副产品加工业，原料消耗少、可运性差，成品时效性强且各地消费习惯不同，被要求布置在消费地，如卷烟、酿酒、食品加工等。这类工业部门的原料经加工后一般不会失去多少重量，有的甚至会增加，如酿酒。有些产品在运输中易变质腐败，因此布置在消费区及市场中心则具有更大的优越性（崔功豪等，2006）。

3）加工制造（组装）工业

加工制造（组装）工业是为国民经济各部门制造各种机械设备、提供技术改造的物质基础部门，是国民经济工业化过程中的主要组成部分，行业众多、产品庞杂。在规划布局过程中，加工制造（组装）工业的布局仍有共同的特点和布局要求。

（1）布局要求。加工制造（组装）工业是技术集约化程度较高的工业部门，它的发展与布局受技术熟练程度和生产经验的制约较大，所以不仅要有一批技术较熟练的劳动力，而且应有培养技术人才、提供高水平设备和工艺方案的科技条件，故大城市区域理应成为加工制造（组装）工业布局的最佳区域。另外，加工制造（组装）工业在生产过程中往往产生噪声振动、排放污水等，对环境产生一定的影响。因此，在布局时对较大噪声、振动干扰的企业，除在设备的技术上降低其影响外，对声源地区应采取绿化隔离措施，对废水、污水处理要求达标后排放。

（2）布局因素。主要有原料供应、市场需求、专业化协作、技术基础等。

原料供应：加工制造（组装）工业需要用大量原材料，特别是金属原材料，它会从需求满足程度上影响加工制造（组装）工业布局。因此，一些大型加工制造企业要在金属原料产地布局，如武汉钢铁工业基地附近布置有武汉重型机床集团有限公司、武汉锅炉股份有限公司等。

市场需求：加工制造（组装）工业是为国民经济提供各种机械设备和技术改造的物质基础部门，所以按市场需求来布置加工制造（组装）工业显得更为重要。

专业化协作：专业化协作是加工制造（组装）工业本身生产特点和要求，加工制造（组装）工业专业化必须依赖企业内外协作，有了内部协作才能共同完成完整的产品生产，有了外部协作才能节约投资，同时专业化协作能降低运输费用和生产成本。

技术基础：加工制造（组装）工业需要较成熟的技术工人，这是加工制造（组装）

工业产品质量的根本保证。因此,拥有大量技术力量、工业比较集中的城市区域是加工制造(组装)工业布局优选地区。

(3)主要加工制造(组装)工业布局趋势。加工制造(组装)工业分为工业装备制造、农业设备制造和运输机械制造三类。

第一,工业装备制造。

机床与工具制造:产品种类多、结构复杂、精密度要求高,生产需要不同型号和质量的钢材、锻铸件和其他材料,宜布局在大工业中心和有工业基础的城市区域。

重型机械制造:产品重、体积大、耗金属材料多,市场供应对象较集中,生产中废金属多,宜布置在冶金企业附近。

电力设备和电气制造:服务面广,为电力工业及农、工、交通、人民生活提供各种电气设备及电工器材,宜布置在配套协作条件好、有一定基础的大中型城市区域。

轻工业机械制造:产品品种少,供应对象单一,技术要求也不高,宜布置在各类机械产品消费地。

仪器、仪表制造:生产精密产品,技术条件要求高,所需数量较少但品种规格多,对材料要求严格,宜布置在环境条件好、科技较发达的城市区域。

第二,农业设备制造。指拖拉机、收割机以及其他各种农机具,具有明显的地区性、季节性特征。因此,布置农机设备制造业必须充分考虑各区域自然条件和农时作业差异,因地制宜布局。

第三,运输机械制造。包括机车制造业、汽车制造业、船舶制造业、飞机制造业等。机车制造业,宜布置在铁路枢纽地区;汽车制造业宜布置在技术条件、协作条件好的大工业城市区域,并形成汽车工业基地;船舶制造业也应考虑布置在航运条件好、可建立大型港口码头、大型港口的城市;飞机制造业宜布置在工业和科学技术水平较高的经济中心。

4)高新技术产业

高新技术产业是相对于一般技术或传统产业而言的,它是以当代科学技术和新兴生产技术武装生产出高新产品的部门,不仅生产硬件产品,也生产软件产品;这些产品中既有第二产业生产的,也有第三产业生产的。在中国,高新技术范围主要包括信息技术、生物技术、新材料技术、新能源技术、航天技术、海洋技术等,其与传统产业之间的重要区别在于它把研究与开发、生产与创造、销售与服务等环节紧密结合起来,构成相互联合的活力,实现良性循环,从而保证高新技术产业的最大经济效益。

高新技术产业的飞速发展,对产业结构和产业布局产生很大的影响,其中最主要是促进了产业结构高度化(陆大道,2002)。

(1)高新技术产业的区位趋向。

高新技术产业在生产、储运、销售过程中有许多不同于一般传统产业的特殊要求,在空间布局方面也有自身的特点。

第一,高新技术产业要求配置在经济和科学技术水平高的地区,便于获得所需的材料、设备、大量的技术工人和高水平的工程技术人员，从而便于获得协作条件。

第二，要求位于大区域内乃至全球有利的地理位置，对外有极方便的通信网络，有快速交通与外部市场、金融和商业中心相连接。

第三，要求在气候条件好、远离空气和水域污染的地方布局。因为高新技术产业的大部分生产要在洁净的空气中乃至在密闭的容器中进行，对环境条件要求较高。

高新技术产业的区位因素与一般传统产业的区位因素所起的作用是不同的。从表 4-13（陆大道，1995）可知，科技水平与通信成为高新技术产业布局的主要区位因素，而燃料与动力对它的影响很小，传统产业则刚好相反。在我国，高新技术产业主要分布在经济发达、科学技术水平高且交通、通信方便的地区，如京津地区、珠江三角洲地区、东北的辽宁以及长江中游的武汉、四川的成都、新科技中心合肥等。这些地区和城市集中反映科技水平、经济发达程度以及智力资源丰富度，是发展高新技术产业的重点地区。

表 4-13　高新技术产业与一般产业区位因素作用的对比

区位因素	一般原材料工业	一般加工制造业	商业与金融业	高新技术产业
燃料与动力	+++	++	—	—
水	+++	+	—	+
土地与地形	++	+	+	+
地理位置	+	++	++	++
经济基础	+	++	+++	++
科技水平	—	+	—	+++
交通	+++	++	++	++
通信	+	+	+++	+++
协作与集聚经济	++	+++	++	+
劳动力	—	+	—	++
环境条件	—	+	—	++

注："+"为因素对各产业的布局影响的强弱程度；"—"为基本不产生影响的"劳动力"因素。

（2）高新技术产业区的区位选择。

由于高新技术产业具有不同于一般传统产业的生产特点和区位趋向，各国在发展高新技术产业时都会将有关企业和配套设施在空间上作适当集中、成组布局，形成高新技术产业区。根据各国产业、科技管理体制和具体地区条件，高新技术产业区有科技工业园、工业技术中心和经济技术开发区三种类型（陆大道，1995）：

科技工业园。科技工业园是新型的科学工业生产综合体，如美国的"硅谷"、日本的"硅岛"和筑波科学城、英国的"电子工业中心"、新加坡的"科学技术园"等。这些著名的科技工业园的实际区位条件反映的共同选址要求是在条件适宜的区域，面积一般从几平方公里到几百平方公里，重点发展当代世界最新的工业技术和新兴产品。通过在这个范围内集中一批高级技术和经济研究人才，使科研成果迅速转化为生产力，并有利于形成生产、科研、教学相结合的体制。

科技工业园综合了高新技术产业的区位趋向，它的区位选择主要考虑以下要求：

第一，科技工业园区大部分位于工业发达的大城市郊区或大都市附近的卫星城，靠近著名大学和高等学校。

第二，在地理空间的选择上，比较注重自然地理与经济地理位置及其优势，布局地段不是远离大城市，也不是太靠近大城市，而是大城市区域内的城市化地区；水陆交通，特别是航空运输发达，与国内外联系方便。

第三，科技工业园一定要有绿化带和大片草地。各类精密仪器、电子计算机等厂房车间要求具有净化、空调、除尘条件的生产空间，环境要求特别严格。例如，日本的"硅岛"位于 30°N~40°N，自然条件优越，不但阳光充足、气候温暖，而且冬天也很少下雪，树木茂盛、空气清新；美国旧金山的"硅谷"也具备幽静、美丽的自然地理环境特征。

第四，科技工业园在区域空间布局上考虑组合特征与内在联系的性质。工业园区规划应有预见性，与城市总体规划布局相协调，园区内部与外部不能与一些有害工业、污染工业相连，特别注意风向、水流与水质的相互关系。

第五，还必须考虑科学研究中心对邻近区域的影响程度。

第六，要求电力供应充足，电压、电波稳定；水源充沛，水质良好，供水排水系统流畅。

工业技术中心。工业技术中心的主要职能是将科学研究与经济发展相联系，使科研成果尽快转换成生产力。它提供新产品、新工艺、试制的条件和场所，可以充当新工业技术的开发基地。它的区位选择条件基本等同于科技工业园，只是它的吸引和服务范围相对小于科技工业园。

经济技术开发区。为引进国外资金和先进技术，方便一些发展中国家发展对外贸易以促进本国经济的振兴，选择便于对外进行经济技术交流的贸易口岸、港口城市附近的一定地段为经济技术开发区。其区位选择不必远离原有大中城市，否则各方面易导致城市联系不便。这点与经济特区有所不同，特区本身具有完整独立的城市功能，在空间上远离大中城市较为有利。

4.2.3 第三产业布局规划

1. 交通运输业规划

交通运输业的发展布局应服从于其他产业，主要是工农业的发展与布局。

1）交通运输业规划的基本原则

（1）交通运输业规划应与其他产业规划协调一致。

交通运输业的发展是其他产业发展的主要条件，其他产业规模的扩大必然导致不同区域、城镇之间人员与物资流量的增加,而这些流量都需要依托于交通来完成。因此,交通运输业规划一定要考虑其他产业发展及空间分布的变化趋势,它的发展水平和规模应与整个国民经济的发展水平和规模相适应。例如,线路的等级和空间布局应与客货流的主要方向一致。

(2)合理安排各种运输方式、组织综合运输网。

不同运输方式的特点、所起的作用不尽相同,而社会客货流的数量、性质和分布情况也不一样,需要不同运输方式的配合才能完成。因此,在进行交通规划与布局时,一定要充分考虑各种运输方式的特点,针对现在和未来客货流的实际,安排好各种运输方式的比例。例如,对于西北和西南的山区,则应重点布置铁路、公路和民航等运输方式。

(3)把长远的综合经济效益放在首位。

要注意针对客货流特点,选择适宜的运输方式。例如,煤炭、钢铁和木材等大宗物资运量大,对铁路运输有相当要求,干线的走向尽可能通过货流中心,并尽可能缩短线路长度;同时建立综合枢纽,以减少装卸、中转时间,提高运输效率。

2)交通运输业规划的内容

按照规划的一般程序,应主要抓好以下五个方面的内容(黄以柱,1991;彭震伟,1998):

(1)交通运输业现状的分析。应着重分析现有的交通运输与国民经济的发展是否相适应,包括:线路走向是否与主要物资走向相一致、线路质量及通达能力是否满足日益增长的物资移动量的需要、运输资源是否充分合理利用、各种运输方式之间的协调关系如何。

(2)确定交通运输业发展的战略目标、重点和步骤。战略目标是指规划期内交通运输建设应达到的水平。战略重点首先是主导运输方式的选择,即根据区内现在和未来货运的特点,确定以哪种运输方式为主;同时包括主要运输线路和运输枢纽的选择。战略步骤是根据国民经济发展的迫切要求和投资能力,对战略目标、战略重点的实施时序的合理安排。

(3)运输线路的布局。运输线路的布局应与工农业生产及人口分布相一致,即线路的始点和终点应选择在运输需求量最大的地区,线路的走向应尽量经过经济较发达、物资进出量大的地区。同时,线路布局要有利于新资源的开发和生产力在空间上的均衡发展;有利于地区优势的发挥、专业化部门的形成和商品生产基地的建设;应尽量少占或不占良田。此外,根据物资的流量,确定线路的等级。

(4)规范交通枢纽布局。交通枢纽的规划要根据它在交通网中的地位和作用、吸引范围和运输特点等因素,合理安排其规模和设备能力。交通枢纽所布局的位置应力求客货运输总距离最短、总运费最省。一个区域的交通枢纽可能有多个,其职能和规模各不相同,规划时应考虑它们之间的相互影响。

(5)交通运输网布局规划。主要针对公路网、铁路网、水运网、航空港等进行综合布局规划。结合各种交通运输方式的特点和适用范围，以区域的自然和社会经济条件为背景，对区域交通运输结构进行选择。交通运输网是以交通运输主干线和枢纽为重点构建的，因此交通运输主干线的布局是重点。区域交通运输网建设应以国道主干线为主、辅以支线，发展枢纽，形成水陆空立体交通网络（崔功豪等，2006）。

2. 商业规划

商业是生产者与消费者之间的媒介，在整个国民经济中起着重要作用。商业规划的内容包括商业结构规划和商业网点布局规划（黄以柱，1991）。

1）商业结构规划

商业结构指商业的行业构成，按照商品的性质，商业可分为生产资料商业和消费资料商业；按商品的销售方式可分为批发商业和零售商业。区域商业结构规划的任务就是根据区域经济发展的要求，合理安排各种商业行业的构成，并确定其比例关系。首先是分析商业结构的现状，找出商业结构不合理之处，然后再制定商业结构调整的方案。

（1）商业结构现状分析。分析目的是找出问题，为下一步商业结构的调整提供依据。分析的内容主要包括生产资料商业和消费资料商业的规模比例是否合理，是否能满足生产和生活的需要；本地商品销售业与外来商品销售业有哪些突出矛盾、原因何在；商品购入与销售、储存与销售的比例是否合理，有无积压和脱销现象并找出其原因。

（2）商业结构的调整。生产资料商业结构调整的依据主要是区内工农业生产结构的变化，通过调整使商业服务与生产资料的生产相适应，以保证生产各个环节物资的供应；消费资料商业结构调整的依据主要是区内消费结构的变化，通过调整使商业服务与社会消费相适应，以保证人们对各种消费品的需要。

除以上两方面调整之外，还应根据区域生产、消费的发展趋势，确定规划期内商业发展的规模，并协调二者之间的比例关系。

2）商业网点布局规划

商业网点是商业经营活动在空间上的落实，它是由各类型商业营业点所组成的总体，是商品从生产领域转移到消费领域的中间环节，布局是否合理直接影响到商品周转的速度、消费的方便程度及商业经营效益的好坏。

（1）批发商业网点的布局。批发商业主要是向零售商业、其他批发商业或生产企业成批量供应商品的商业企业，起到枢纽作用。因此，它的布局需要考虑以下内容：①考虑生产力布局现状，生产决定流通，批发业网点布局应与生产布局在空间上保持协调。②要布局在距各零售商店和其他销售对象的总距离最短的地方，尽量减少中转环节，以便节约运费和减少装卸次数。③尽量选在交通方便的地方，以使商品迅速集中，并迅速地转移到各服务对象。④应选择合适区位，如果经营商品以外地区为主，则应布局在交通中心；如果经营商品以消费品为主，则应布局在人口多、零售业集中的城市、集镇或工业区附近；农副产品批发站则应布置在农产品集散中转站外调必经的城镇等。

（2）零售商业网点布局。零售商业网点是商业的主体，数量多、分布广、类型复杂，直接影响消费者的日常生活。因此，它的布局要求是：①在布局上坚持集中与分散相结合，既要有集中的大型商业网点又要有分散的小型商业网点。对于选择性小而又常用的商品应尽量分散；对于选择性大、档次较高的商品应尽量集中。②在经营范围上坚持综合商店与专业商店相结合，既有便于挑选的专业化商店，又有混合经营的综合商店，让消费者有充分挑选的余地。③在规模上坚持大、中、小相结合，全区性的一级商业中心以大型商店为主，商品档次齐全，且以中、高档为主；小区性的二级商业中心，以中型商店为主，商品档次齐全，以中低端为主；位于居民区的三级商业中心，以小型商店为主，商品档次较低，以低端为主。④在销售形式上实行固定与流动相结合，顾客可到固定的营业网点去选购商品，也可选用送货上门的流动服务。⑤在经营性质上，要充分发挥个体商业的作用，使国营、企业、个体相互结合。

（3）商业中心布局。商业中心是商业活动的集中区域，它在商业网络中居中枢地位。商业网点主要集中在各级商业中心，因此合理布局各级商业中心、安排商业中心内部结构，是商业网点布局的重点。商业中心的数量、等级视区域范围及人口规模的大小而定，区域范围越大，人口规模越大，商业中心的数量越多，等级系列也越复杂。从空间分布上看，商业中心的分布至少要使其服务范围覆盖全区；在位置选择上，商业中心应尽可能设在人口集中、交通条件好、有一定商业基础的城市、城镇或集镇，其规模应与周围的人口规模相适应。在商品结构上，要充分考虑服务范围内人们的平均收入水平、购买能力及购买习惯、消费水平高的地区，商品结构可以高、中档为主；相应的消费水平低的地区，商品结构则应以中低档为主。

3. 旅游业规划

旅游规划又可分为旅游资源开发规划和旅游设施布局规划两种类型（黄以柱，1991）。

1）旅游资源开发规划

主要包括以下内容：

（1）对区域旅游资源进行评价。

单项评价：从历史意义、美学意义、科学意义、空间组合等方面，分析各旅游资源的潜在观赏价值，并通过区际比较，确定需要重点开发的优势资源。

综合评价：从区域角度，评价各个旅游资源在一定地段内的组合状况，根据组合效应的强弱，确定各旅游区的开发顺序和开发重点。

（2）旅游资源开发重点的选择。应选择开发条件优越、观赏价值大、有一定开发基础的旅游资源。在地区开发上应有主次之分，应把重点放在旅游资源条件优越、交通便利、旅游业有较好基础、接待设施完备的地区。同时，对一般景点也要适当发展，增加区域的旅游内容。

（3）区域旅游资源的开发规划要与大区域范围内旅游资源开发规划相衔接，并加强区域协作，从而形成更具吸引力的旅游片区。

2）旅游设施布局规划

旅游设施是指满足旅客在游玩过程中的吃、住、行、购、娱等必要需求的物质设备，主要包括旅馆、商店、饭店、旅行线路、交通工具等。旅游设施布局总的原则是方便旅客，具体规划内容包括：

（1）旅游线路要能把各旅游点合理地串联起来，并配置相应的交通运输网。交通工具档次要齐全，比例要合理，既有豪华舒适型，以满足高消费游客的需要；又要保证有一定规模的中低档次，以满足普通游客的需求。交通路线要安全舒畅、便于观赏，连接各景观的线路应能组成合理的游览顺序。

（2）合理安排旅游设施的级别构成。由于游客的收入水平不同，消费水平也不一样。因此，建设旅游设施要考虑游客的构成，使各项设施保持一定的比例关系，以满足各层次游客的需要。

（3）旅游设施的建设在形式上要具有地方性特色，能吸引游客的好奇心，起到旅游景观的作用。

（4）旅游设施要集中与分散相结合。集中指在旅游点附近、交通方便的地方，集中布局服务设施，规模应与旅游地的档次和游客数量相协调。分散指在景点内设置各种摊点和休息亭等。

（5）旅游设施布局要尽量减少环境污染、维护生态平衡。

4.3 产业发展经济区划分

4.3.1 产业经济区划

产业经济区划是区域经济空间组织的重要手段，是进行合理的地区分工和区域合作、指导区域经济朝着最有利的方向发展的基础，目的是在一定条件下将区域内和区域间经济发展的资源要素进行空间优化配置，以求发挥区域整体的最大效益（郑国和赵群毅，2004；顾朝林，1991）。产业组织是推动区域经济发展的主要因素，为推动山地城镇体系社会经济的发展规划，需要按照地域分工的特点进行产业经济区划。

以临沧市为例，城镇产业经济影响区的大小与中心城镇的综合实力相关，因此对城镇综合实力指数进行评价，作为划分产业经济区划的重要依据。以经济发展指标、社会发展指标和开放经济指标作为评价城镇综合实力的指标体系（表4-14）。

表4-14 城镇综合实力指标表

目标层	因素层	因子层
城镇综合实力	经济发展	GDP、人均GDP、工业增加值、社会消费总额、固定资产投资总额、旅游业总收入
	社会发展	人均城市道路面积、道路交通设施万人占有面积、建成区绿化覆盖面积、通宽带户数、城镇文娱支出费用、城镇人口、学校、医疗卫生机构
	开放经济	国境线长度

利用主成分分析法，通过计算选取 3 个主成分，其累计贡献率达到 87.693%，说明城镇综合实力模型基本包含了 15 项指标体系的信息（表 4-15）。

表 4-15　特征值与贡献率　　　　　　　　　　　　　（单位：%）

主成分	特征值	贡献率	累计贡献率
1	8.169	54.461	54.461
2	3.474	23.160	77.621
3	1.511	10.072	87.693

城镇综合实力评价模型为

$$Q_i = \sum_{k=1}^{n}\left(C_k \times \sum_{j=1}^{m}\left(P_{ij} \times W_j\right)\right)$$

式中，Q_i 为 i 城镇的综合实力指数；C_k 为第 k 主成分的贡献率；n 为所选取主成分的个数；P_{ij} 为 i 城市第 j 项标准化指标；W_j 为 j 指标的权重。

通过城镇综合实力评价模型，得到临沧市各县区综合实力排名（表 4-16）。

表 4-16　临沧市综合城市实力指数

地区	第一主成分	第二主成分	第三主成分	实力指数	排名
临翔区	5.49	2.58	0.81	86.73	1
凤庆县	1.62	−3.04	−0.25	34.27	3
云县	2.00	−1.78	−.070	42.05	2
永德县	−1.31	−1.39	1.90	17.22	6
镇康县	−3.00	1.16	0.42	10.13	8
双江县	−2.51	0.80	−0.63	11.69	7
耿马县	−0.36	0.88	−2.18	28.09	4
沧源县	−1.93	0.80	0.63	18.44	5

临沧市各县区综合实力差距较大，实力最强的临翔区是临沧市重点发展区域，云县与凤庆县城市综合实力分别为第二位与第三位，共同构成临沧市经济发展核心区域，故将实力较强的临翔区、云县和凤庆县作为经济发展支点，带动区域协调发展，其他县区的城镇综合实力相对较弱。依据临沧市历史延续、资源条件、产业基础、经济来往、交通条件、城镇综合实力等条件，将临沧市产业经济布局划分为四大经济区，即"临翔-云县-凤庆"经济区、"镇康-永德"经济区，"双江-沧源-耿马"经济区、"南伞-芒卡-勐董"经济区（图 4-7）。在 4 个经济片区中，以"临翔-云县-凤庆"经济区作为核心发展区和临沧市经济发展的增长极，带动整个区域经济的发展；同时将"南伞-芒卡-勐董"经济区作为开放口岸经济区，充分利用边境资源优势，挖掘国内外市场，实现区域产业经济发展。

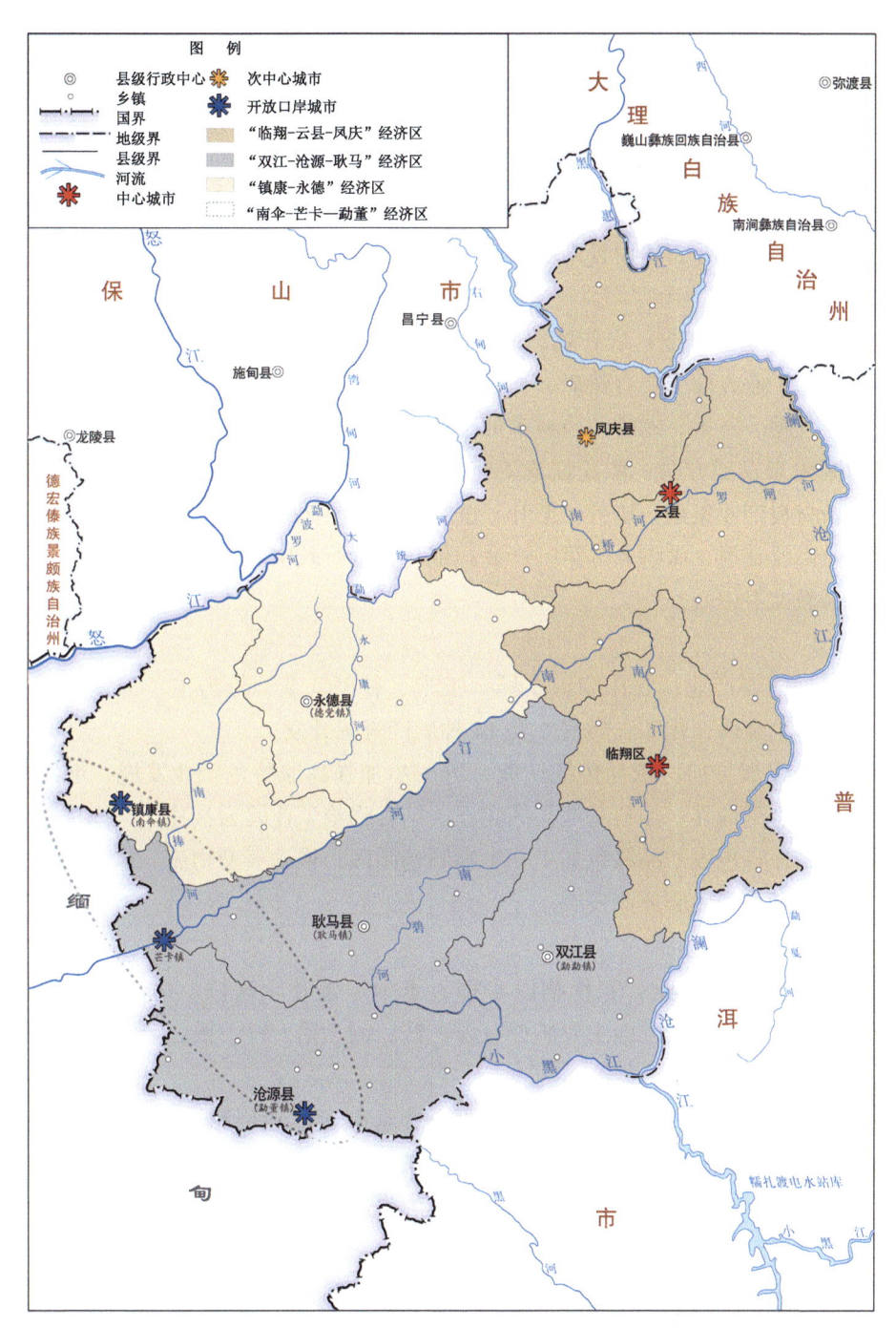

图 4-7 临沧市产业经济区划图

4.3.2 各经济区产业发展特点

1."临翔-云县-凤庆"经济区

"临翔-云县-凤庆"经济区是临沧市经济发展的重心,尤其是临翔区、爱华镇、凤山镇是区域经济的增长极。该区要注意避免行政界限的限制,实施城乡一体化联合发展,加强中心区域的带动作用,扩大区域联系,形成区域经济发展的拉动点。同时,该经济区产业应以新材料、高原特色食品和生物医药等为特色产业,注意发展交通运输业、旅游业等第三产业,建设云南省面向东南亚、南亚国际大通道上的重要枢纽。

1)临翔区

临翔区目前主要产业:农作物以水稻、玉米、茶叶、核桃、坚果、咖啡、烤烟、甘蔗等为主。工业方面主要有锗矿、稀土、硅藻土、高岭土等矿产资源的开发及加工,以及茶叶、蔗糖、坚果、咖啡、药材等加工业。

临翔区未来发展方向:依托临沧工业园区,重点打造锗矿、高岭土等新材料加工业,吸引新材料产业集聚,培育"茶叶、蔗糖、咖啡、坚果"等食品龙头企业,打造生物医药产业以及交通、旅游业等第三产业;依托临沧行政中心,将临翔区建设成为整个临沧市的科教文卫中心。

2)云县

云县目前主要产业:农作物以水稻、玉米、甘蔗、茶叶等为主,工业方面主要有黑色金属、有色金属、化工、燃料4类14种矿产资源开发。

云县未来发展方向:依托传统产业,进一步加强高原特色产业发展,继续推进国家糖料甘蔗核心基地县、油料基地县的建设。结合临沧工业园云县片区,以优势资源为条件,形成高原特色农产品绿色加工、生物制药园区;推动新型物流、休闲旅游、网络经济、健康养老等现代服务业发展。

3)凤庆县

凤庆县目前主要产业:农作物以水稻、玉米、茶叶、核桃、烤烟等为主,且茶叶、核桃产量较丰;工业方面主要矿种有煤、铁、铜、铅、锌、锡、金及非金属建筑建材等,铁、铜、建材资源丰盈。

凤庆县未来发展方向:结合现有农业产业基础,形成以粮、茶、蔗、核桃、烤烟、畜牧为一体的农业产业格局,打造"滇红之乡"和"核桃之乡"。结合丰富的水能资源,开发水电;结合传统文化,将凤庆县作为打造滇西南文化的重要区域。

2."镇康-永德"经济区

该区经济发展活跃,随着规模的扩大和影响力的提升,应注重基础设施和政务设施的建设,因地制宜发展特色产业;推进基础产业的发展和区域间资源的交流与互补,为临沧市其他区域的发展提供资源。

1）镇康县

镇康县目前主要产业：农作物以茶叶、坚果等为主；工业方面主要有食糖、咖啡豆、精制茶、硅、水泥等产业。

镇康县未来发展方向：依托边境优势，联合打造工业园区，加强基础设施规划与建设，以及民族特色旅游等项目建设。

2）永德县

永德县目前主要产业：农作物有水稻、玉米、茶叶、甘蔗、芒果、橡胶等；工业方面主要有茶叶精制、食品加工、生物制药等产业。

永德县未来发展方向：永德县是高原特色农业发展之地，着力打造传统产业；加强工业发展，形成绿色食品加工业和生物制药产业。

3. "双江-沧源-耿马" 经济区

该区经济发展需要基础设施的建设与完善，大力发挥口岸优势，发展商品加工转口贸易，加强区域内外的贸易联系与交流，争取建设成为云南省面向南亚、东南亚的重要商贸旅游中心、进出口加工贸易和现代物流基地。

1）双江县

双江县目前主要产业：农作物有水稻、玉米、茶叶、甘蔗等；工业方面有茶叶仓储、林化加工、家具加工等产业。

双江县未来发展方向：以现有产业为基础，加强农业产业化发展，发展休闲农业、电商农业、观光旅游农业等；工业以绿色发展为导向，积极招商引资，围绕茶叶精加工、林化工业、生物制药等产业发展；积极建设交通、水利、电力、能源、信息等基础设施，为经济的发展提供基础和保障。

2）沧源县

沧源县目前主要产业：农作物有水稻、玉米、茶叶、甘蔗、烤烟等；工业方面主要有茶叶精制、制糖、水泥、煤炭等产业。

沧源县未来发展方向：着力打造茶叶、甘蔗、烤烟等特色农业；结合水电资源发展绿色食品加工业、畜类产品加工业、茶叶精加工业；并利用沧源县佤族文化资源，打造佤族文化产品，建设云南省独具特色的民族文化产业基地。利用区位优势，大力发展口岸经济，加快边境交流与合作，建设成为集跨境旅游、对外贸易、物流、转口加工于一体的重要出口通道。

3）耿马县

耿马县目前主要产业：农作物有甘蔗、橡胶、茶叶、核桃、烤烟、咖啡、坚果、蔬菜、魔芋等特色产业；工业方面主要有制糖业、蔬菜加工业、橡胶制品业、水泥制造业、精制茶等。

耿马县未来发展方向：巩固蔗糖、茶叶、橡胶、核桃等传统产业，发展烤烟、蔬菜、中药材等新兴产业，促进都市农业的发展；加快蔬菜加工业、橡胶制品业的发展，大力发展口岸加工业，重点扶持口岸经济。

4. "南伞-芒卡-勐董"经济区

该区以突出口岸经济为主，涉及镇康、耿马和沧源三县的国家一、二级开放口岸开发建设。通过该经济区的集中建设和管理，力求突破行政界限，实行联合发展，强化口岸的功能、地位。作为临沧市对外的主要边境贸易区，随着规模和影响的不断扩大，该经济区应以孟定清水河国家一类口岸的建设为核心，加快基础设施、服务设施和边境口岸功能的建设，加强与境外经济交流和合作，推动商品进出口加工贸易的发展，从而带动边境口岸区域经济的发展。

参 考 文 献

崔功豪, 魏清泉, 刘科伟. 2006. 区域分析与区域规划. 北京: 高等教育出版社.
顾朝林. 1991. 中国城市经济区划分的初步研究. 地理学报, 46(2): 129-141.
何芳. 1995. 区域规划. 上海: 百家出版社.
黄以柱. 1991. 区域开发与规划. 广州: 广东教育出版社.
陆大道. 1995. 区域发展及其空间结构. 北京: 科学出版社.
陆大道. 2002. 国民经济战略性结构调整的区域响应. 地域研究与开发, 21(3): 8-12.
彭震伟. 1998. 区域研究与区域规划. 上海: 同济大学出版社.
史同广, 王慧. 1994. 区域开发规划原理. 济南: 山东省地图出版社.
郑国, 赵群毅. 2004. 城市经济区与山东省区域经济空间组织研究. 经济地理, 24(1): 8-12.

第5章 山地城镇体系结构现状分析及规划

5.1 城镇体系规模等级结构现状分析及规划

5.1.1 城镇体系规模等级结构概念、系列及类型

1. 城镇体系规模等级结构概念

城镇体系的规模等级结构是城镇体系内不同层次、不同规模的城镇在质和量方面的组合形式,是所有城镇在城镇体系中的地位与作用的综合反映,是城镇体系结构与功能规划的基本框架。在传统上,常把规模结构和等级结构视为一体,二者统称为"等级-规模"结构。但在实际规划中,规模结构和等级结构是两个不同的概念。

规模结构是城镇体系三个基本结构形态之一,仅从人口角度描述城镇体系的内在特征。

等级结构建立在综合考虑所有城镇的地位与作用基础的级别系列上,是高层面的结构形态。

2. 城镇体系规模等级系列

根据中国人口数量多的国情特点,结合《国务院关于调整城市规模划分标准的通知》(国发〔2014〕51号),参照国家城市等级规模分类和配套相应服务设施的经济规模,将地域城镇体系的规模等级分为八个层次(表5-1)。

表5-1 中国城镇体系规模等级系列

等级	名称	人口规模/万人	备注
Ⅰ	超大城市	1000以上	—
Ⅱ	特大城市	500~1000	—
Ⅲ	大城市	100~500	大城市可分为两个亚级,分为100万~300万人、300万~500万人两个档次
Ⅳ	中等城市	50~100	—

续表

等级	名称	人口规模/万人	备注
V	小城市	10～50	小城市也可分为两个亚级，分为10万～20万人、20万～50万人两个档次
VI	县城	5～10	县城规模也可分为亚级，约有5万人、7万人、10万人三个档次
VII	重点镇	3～5	—
VIII	建制镇	1～3	—
IX	一般集镇	1以下	—

3. 城镇体系规模等级结构类型

不同规模等级城镇体系的特征明显不同，一般有以下规模等级结构类型。

1）弱核型城镇体系

该城镇体系地区多属城镇化前期，城镇数量少，而且规模也相当小。例如，临沧市域城镇体，第一级城镇为小城市，数目为1个，拥有县城7个、小城镇77个。

2）首位城市型城镇体系

单核体系。该城镇体系意味着城镇化已进入大城市发展时期，是以大城市为中心的城镇体系。虽然各级城镇的数量和规模可能有所增加，但相对来说，少数地理位置优越的城镇更快地发展起来，在相当长的时期内形成大城市人口集中的趋势。例如，烟台市城镇体系，以烟台为中心，环绕上百个城镇，城市首位度达5.62。

强核体系。该城镇体系意味着已开始出现分散式城镇化趋势，城市经济由核心向外辐射，生产技术、社会和经济联系密切。现状核心城市首位度极高，吸引力巨大，大中城市人口增长速度逐渐放慢，小城市和小城镇人口占比上升；城镇体系发达，基本形成相对完整的城镇体系，如上海市域城镇体系。

3）均衡型城镇体系

单心多核体系。这一地区经济发展速度快，城镇化趋势日益显著，小城市得到充分发挥，但大城市仍占主要地位。例如，珠江三角洲城镇体系（表5-2）占广东省总面积不到1/3，集聚了国内经济第一大省53.35%的人口、79.67%的经济总量。

表5-2 珠江三角洲城镇人口分布（2020年）　　　　（单位：万人）

城市等级	人口规模	城市名称及人口
超大城市	1000以上	广州（1615.23）、深圳（1755.27）
特大城市	500～1000	香港（747.42）、佛山（906.19）、东莞（966.06）
大城市	100～500	惠州（440.96）、江门（324.90）、中山（385.33）、珠海（221.62）、肇庆（210.04）
中等城市	50～100	澳门（68.32）、大良（51.08）、容桂（56.56）

续表

城市等级	人口规模	城市名称及人口
小城市	10~50	荔城（14.82）、会城（32.48）、沙坪（15.16）、恩城（11.60）、荷城（28.47）、四会（33.81）、新华（27.67）、台城（14.91）、淡水（25.46）、市桥（22.12）、井岸（13.90）、罗阳（15.40）、平山（20.96）、莞城（16.03）、西南（23.96）

多核型城镇体系。该城镇体系意味着经济繁荣、物产丰富、人口高度集中、工业基础雄厚、文化发达、城镇化水平较高，城镇发展处于中等城市迅速增长时期。例如，苏锡常城镇体系，苏州、无锡和常州三市仅占江苏省约 17%的土地面积，但却贡献了全省约 40%的 GDP 及财政收入。

从地域城镇体系的发展过程来看，具有从弱核体系到单核体系、单心多核体系、多核体系和强核体系五个不同的发展阶段，体系内城镇体系的"规模-等级"分布具有小城镇发展、大城市发展、小城市发展、中等城市发展和均衡发展的基本特征，山地城镇体系具有同样的基本特征。

5.1.2 城镇体系规模等级结构现状分析

1. 城镇体系规模等级结构划分

如果分析的是城镇体系高层面的结构形态，就需要综合分析城镇经济实力、行政与文化程度、内部联系程度与基础设施水平等多种因素的量化指标与权重，最终求出每个城镇的中心性强度，作为确定城镇等级划分的依据（黄以柱，1991）。中心性强度的计算方法如下：

假设有 18 项影响城镇中心性强度的因子，即 X_j（$j=1,2,\cdots,18$），其中 X_1：人口规模因子；X_2：社会总产值因子；X_3：工业经济效益因子；X_4：商业规模因子；X_5：建设投资因子；X_6：公路交通因子；X_7：居民收入水平；X_8：职能多样化因子；X_9：自然资源；X_{10}：铁路交通因子；X_{11}：市内交通因子；X_{12}：自然障碍；X_{13}：市区发展用地；X_{14}：水陆交通因子；X_{15}：行政强度；X_{16}：科技素质；X_{17}：教育素质；X_{18}：信息交流。

现已取得城镇体系内所有 n 个城镇的因子指标观测值：X_{ij}^*（$i=1,2,\cdots,n$）。首先将观测值进行标准化处理：

$$X_{ij} = \frac{X_{ij}^* - \overline{X_j}}{\sqrt{\frac{1}{n}\sum_{i=1}^{n}\left(X_{ij}^* - \overline{X_j}\right)^2}}$$

式中，X_{ij} 为标准化观测值；$\overline{X_j} = \frac{1}{n}\sum_{i=1}^{n}X_{ij}^*$，$\overline{X_j}$ 为第 j 项因子观测值的平均值。

然后选择加权模型方法计算城镇的中心性强度,这一模型结构简单,关键在于凭经验给出各因子对城镇中心性强度的贡献率,即权重;或者用定量的方法计算权重,如灰色关联度法、熵值法和回归分析法等。

为使计算结果便于比较,可将其指数化加大离散程度:

$$y_i = G^{\left(\sum_{j=1}^{18} w_j X_{ij}\right)}$$

式中,y_i 为 i 城镇的中心性强度;w_j 为第 j 项因子的权重值($\sum_{j=1}^{18} w_j = 1$);G 为常数。

城镇体系内所有城镇的中心性强度值呈从大到小排列。根据 y_i 的离散情况,可以将其分为若干个互不相交的集合,这就是城镇体系的若干等级。我们把用中心性强度划分的城镇体系等级结构叫作等级规模结构。

一般来说,省域城镇体系可分为 4 个等级:全省中心城市、区域性中心城市、地方性中心城市、县城(如有必要还可以加上第 5 级建制镇)。市域城镇体系可分为 4 个等级:中心城市、县城、片中心镇(多为建制镇)、乡镇。

在确定城镇体系的等级层次时应注意:①综合考虑条件和需要,不受城镇体系现状的约束。例如,昆明市域城镇体系规划中,中心城市是主城及新城,次级城市是安宁、宜良,而现状次级城市只有安宁。②要适应区域经济与社会发展的总体要求,并与资源开发规划、生产布局规划相协调。③高级中心城市的分布要相对均衡,大尺度区域的等级层次应比较完整。

倘若所需数据收集不够,也可以仅从人口角度描述城镇体系的内在特征,即用城镇人口规模来划分等级结构,即称为城镇体系规模等级结构。

临沧市域城镇体系规模等级现状结构见表 5-3 和图 5-1。2020 年,临沧市城镇总人口是 79.21 万人,其中人口规模>10 万人的城镇有 1 个,即临翔区,其城镇人口为 21.19 万人。人口规模在 5 万~10 万人的城镇有 2 个,分别为凤山镇、爱华镇,城镇总人口合计为 15.42 万人。人口规模在 2 万~5 万人的城镇有 7 个,分别为德党镇、勐董镇、耿马镇、勐勐镇、南伞镇、孟定镇、沙河乡,其城镇总人口合计为 23.54 万人。人口规模在 2 万人以下的城镇有 65 个,城镇总人口合计为 19.06 万人。

表 5-3 2020 年临沧市域城镇规模等级结构现状表

级别	规模/万人	城镇名称及城镇人口/万人	数量/个	城镇人口/万人
一	>10	临翔区(博尚镇、凤翔街道、忙畔街道,21.19)	1	21.19
二	5~10	云县(爱华镇,8.49)、凤庆县(凤山镇,6.93)	2	15.42
三	2~5	永德县(德党镇,4.57)、耿马县(耿马镇,3.50)、双江县(勐勐镇,2.83)、镇康县(南伞镇,3.89)、沧源县(勐董镇,3.27)、孟定镇(3.14)、沙河乡(2.34)	7	23.54

续表

级别	规模/万人	城镇名称及城镇人口/万人	数量/个	城镇人口/万人
四	<2	永康镇（1.84）、涌宝镇（0.94）、勐捧镇（0.9）、小勐统镇（0.89）、勐撒镇（0.85）、三岔河镇（0.82）、茂兰镇（0.8）、幸福镇（0.79）、凤尾镇（0.69）、大寨镇（0.67）、营盘镇（0.63）、勐佑镇（0.60）、鲁史镇（0.53）、勐库镇（0.53）、芒卡镇（0.49）、勐永镇（0.49）、漫湾镇（0.42）、岩帅镇（0.42）、勐省镇（0.38）、雪山镇（0.35）、洛党镇（0.32）、小湾镇（0.29）、大朝山西镇（0.25）、茶房乡（0.21）、单甲乡（0.18）、腰街乡（0.15）、郭大寨乡（0.08）、班洪乡（0.025）、班卡乡（0.036）、班老乡（0.016）、邦丙乡（0.457）、邦东乡（0.166）、崇岗乡（0.036）、大山乡（0.045）、大寺镇（0.042）、大文乡（0.089）、大兴乡（0.039）、大雪山乡（0.072）、贺派乡（0.046）、后箐乡（0.051）、军赛乡（0.574）、栗树乡（0.047）、马台乡（0.143）、蚂蚁堆乡（0.265）、芒洪乡（0.057）、忙丙乡（0.051）、忙怀乡（0.155）、忙糯乡（0.072）、勐板乡（0.045）、勐堆乡（0.146）、勐简乡（0.082）、勐角乡（0.060）、勐来乡（0.035）、木场乡（0.052）、糯良乡（0.032）、平村乡（0.050）、圈内乡（0.241）、诗礼乡（0.050）、四排山乡（0.098）、乌木龙乡（0.045）、晓街乡（0.383）、新华乡（0.037）、亚练镇（0.045）、章驮乡（0.336）、南美乡（0.011）	65	19.06

2. 城镇体系规模等级结构现状分析方法

城镇体系的规模等级结构是区域城镇化的客观反映，不同规模级别城镇的数目与人口数量所显现的总体序列最能反映体系发育的水平。可以说，规模等级结构从不合理到合理，是区域城镇体系协同进化过程中一种普遍存在的自组织规律。城镇体系规模等级结构现状分析方法通常有首位城市比重法、级别比重法和集中化指数法等（黄以柱，1991）。

1）首位城市比重法

首位城市比重法（许学强等，2022）是马克·杰斐逊（M.Jefferson）在1939年对国家城市规模分布规律的一种概括。他观察到一种普遍存在的现象，即一个国家的"首位城市"总要比这个国家的第二位城市大得异乎寻常。不仅如此，这个城市还体现了整个国家和民族的职能和情感，在国家中发挥着异常突出的作用，一定程度上代表了城镇体系中的城市发展要素在最大城市的集中程度。为了计算简化和易于理解，杰斐逊提出了"两城镇指数"，即用首位城镇与第二位城镇的人口规模之比的计算方法：

$$S = P_1/P_2, \quad F = P_1/P$$

式中，P_1、P_2 为城镇体系中首位、第二位城镇人口数；P 为区域城镇人口总数；S 为首位度，表示首位城镇人口与第二位城镇人口的比值；F 为首位比，表示首位城镇人口占区域城镇人口的比重；S 和 F 越大，首位城镇在城镇体系中的比重越大，区域内部城镇规模的差别越大，所以 S 和 F 是判断城镇体系的规模结构属首位型或序列型的重要标志。

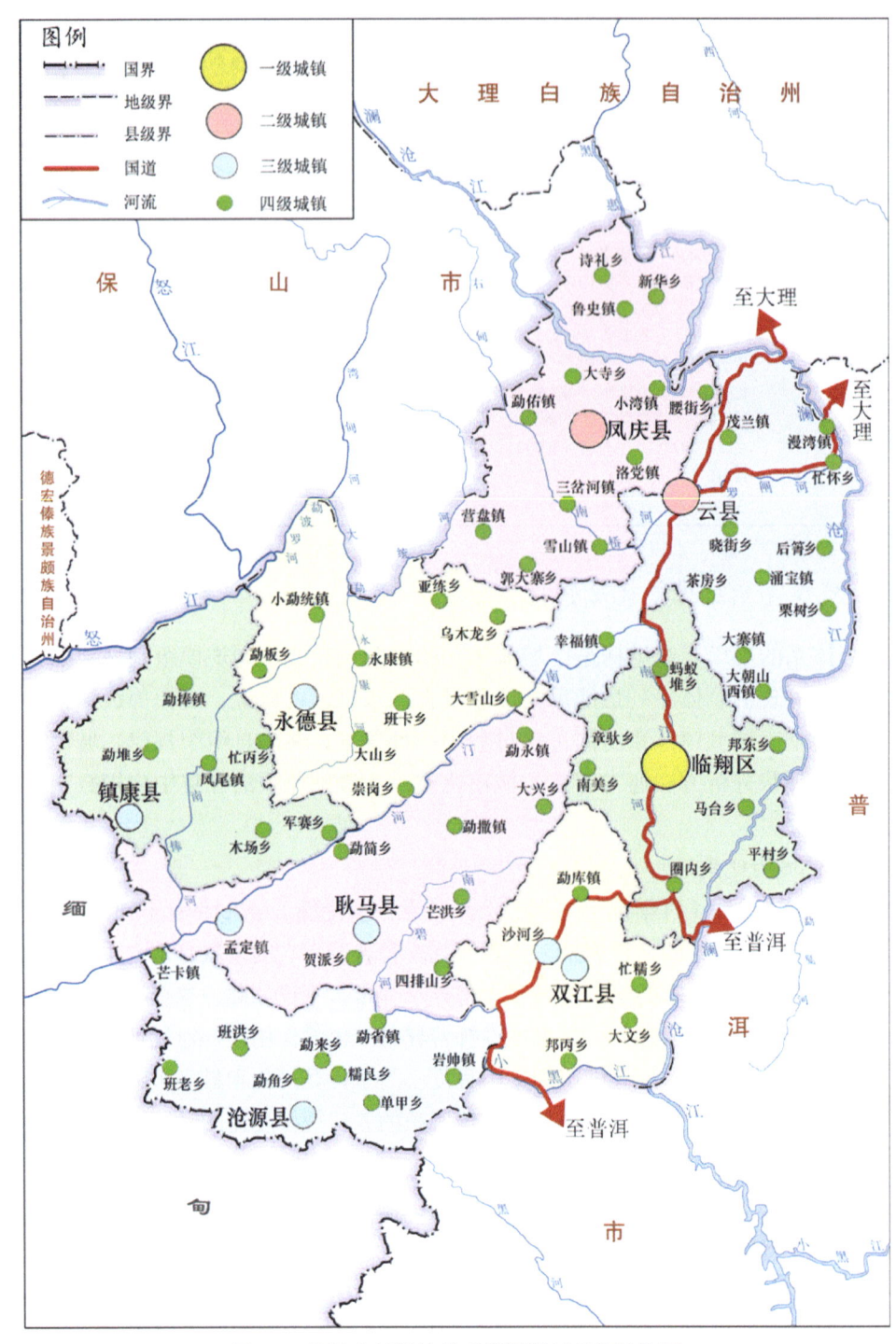

图 5-1 临沧市域城镇体系规模等级现状结构图

其中，首位城镇是指在规模上与第二位城镇保持巨大差距，吸引了区域或全国城镇人口的很大部分，在区域或国家政治、经济、社会、文化生活中占据明显优势的城镇。例如，根据 2020 年临沧市规模等级现状表数据（表 5-3），计算出临沧市域城镇首位度 S 为 2.50，稍微高于理想状态（城镇体系首位度理想状况下为 2），说明临沧市城镇规模存在集中趋势，但首位分布不明显；首位比 F 为 0.268，临沧市域城镇首位趋势不明显，城镇数量多，人口规模小。

首位度一定程度上代表城镇体系中的城镇人口在最大城市的集中程度，但不免以偏概全，因为只用 2 个城镇的人口数反映高层次城镇人口的集中程度难免存在局限，不能全面反映城镇体系中城镇人口在最大城镇的集中程度。为了说明问题，分别再计算 4 城镇指数和 11 城镇指数：

$$S_4 = 2P_1/(P_2 + P_3 + P_4)$$

$$S_{11} = 2P_1/(P_2 + P_3 + P_4 + P_5 + P_6 + P_7 + P_8 + P_9 + P_{10} + P_{11})$$

式中，$P_1 \sim P_{11}$ 为各城镇按城镇人口数从大到小排列所对应的城镇人口数。

计算得出，$S_4 = 2.12$、$S_{11} = 1.04$。按照位序规模原理，正常的 4 城镇指数和 11 城镇指数都应该是 1，表明临沧市城镇体系规模分布相对接近理想状态，首位分布并不明显，这也是上轮规划调整的结果。虽然接近理想状态，但从现状表（表 5-3）中可以看出，临沧市城镇体系规模中小城镇仍然发育不足，城镇人口规模小、分布较分散，一、二级城镇规模相差不大，二、三级城镇数量很少，四级城镇数量太大。

2）级别比重法

计算公式如下：

$$\alpha_i = r_i/R, \quad \beta_i = p_i/P, \quad K_i = r_i/r_{i-1} \quad (i=1,2,\cdots,n)$$

式中，n 为所有城镇按城镇人口规模大小划分的级别数；r_i、p_i 分别为第 i 级别城镇个数与城镇人口数；R、P 分别为区域内所有城镇数目与城镇人口数；α_i、β_i、K_i 分别为第 i 级别城镇的数目比重、人口比重和规模结构度。

正常情况下，$\alpha_1 < \alpha_2 < \cdots < \alpha_n$，随着级别的降低，城镇数目递增；规模越大的城镇数目越少，数目比重结构呈塔形；β_i 的起伏不剧烈，人口比重结构呈梯形、凹腰鼓形或凸腰鼓形；$k_i > 1$ 即低级城镇的数目总是大于其上一级城镇的数目，k_i 越大，递增率就越大。

根据 2020 年临沧市域城镇体系规模等级现状表（表 5-3），计算得到数目比重、人口比重和规模结构度，见表 5-4。随着级别降低，城镇数目递增；β 的起伏不剧烈，但是人口比重结构不呈梯形、凹腰鼓形或凸腰鼓形；K 值均大于 1，低级城镇的数目总是大于其上一级城镇数目，第四级别城镇数目较第三级别城镇数目增加较多。

表 5-4　级别比重法、首位城市比重、集中化指数计算结果

级别	α_i	β_i	K_i
1	0.013	0.268	—
2	0.026	0.1947	2.000
3	0.093	0.297	3.500
4	0.867	0.241	9.286

3）集中化指数法

$$I = \frac{100\sum_{i=1}^{n}C_i - 50(n+1)}{100n - 50(n+1)} \quad (i = 1, 2, \cdots, n)$$

式中，n 为城镇体系规模级别个数；i 为各级别按人口比重从大到小排序；C_i 为 i 级城镇人口比重累计值；I 为集中化指数（0~1），I 趋向于 1，城镇人口集中在少数规模级别中，规模结构集中程度高，I 趋向于 0，城镇人口比较均匀分布在各级别中，规模结构分散程度高。

根据 2020 年临沧市规模等级现状表数据计算，I 为 0.112，趋于 0，临沧市城镇人口比较均匀地分布在各个级别中，规模结构分散程度高。

4）顺序-规模分布模型法

顺序-规模分布模型法（陈彦光和刘继生，2001）公式为

$$P_r = K \times r^{-q} \quad (r = 1, 2, \cdots, n)$$

式中，n 为城镇数目；r 为各城镇按人口从大到小排列的序列；P_r 为第 r 号城镇人口数；K 为常数（一般可取首位城市的人口数）；q 为大于 0 的待定指数。

经回归分析计算，如果 $q \leq 1$，城镇体系规模分布相对均匀，规模结构呈序列型，q 越小，城镇规模的差异越小；$q > 1$，规模结构呈首位型，q 越大，首位城市的垄断性越强。

综合来看，临沧市域城镇体系规模等级结构有以下几个特征：

（1）首位比仅为 26.8%，表明区域正处于城镇化的初级阶段，城镇发育程度低。临翔区目前城镇人口规模较小，这与作为市域中心的地位极不相称，未能发挥其中心职能。尽管二级城镇一定程度上弥补了临翔区的不足，但其数量和规模仍然相对较小。

（2）城镇数量少、密度低，规模普遍偏小。临沧市目前共有 75 个建制镇，其中含 2 个街道办事处；高级别城镇数量少，城镇密度低，大部分城镇规模都很小，尤其是部分县域中心城镇（包括县城）规模均在 2 万人以下。

（3）规模结构集中程度低。城镇人口分布分散，区域性中心不发育。2020 年，集中化指数 I 仅为 0.112，四级规模乡镇中城镇人口仅为 19.06 万人，占总城镇人口的

24.1%，低级城镇数量多、规模小。这也说明临沧市一、二、三级城镇，尤其是一、二级城镇对人口的吸引力不强，导致人口无法集中，阻碍城镇化的推进。

（4）临沧市城镇体系属于"弱核单中心城镇体系"，城镇规模太小，集聚和扩散能力严重不足，难以适应城镇体系网络化、一体化发展的需要。

5.1.3 城镇体系规模等级结构规划

1. 规划内容

城镇的人口规模预测是规划的前提，因为城镇体系的规模等级结构规划是回答体系内每个城镇未来一定时期内的人口规模及其在体系中所处的层次等级。在对每一个城镇人口规模预测时应注意：

（1）与先期进行的城镇体系整体范围内的总人口、非农业人口、城镇人口及城镇化水平预测结果进行对比、反馈、协调。

（2）考虑每一城镇的职能地位、发展条件及发展趋势等因素对城镇体系内每个城镇规模等级的可能影响。

（3）参考近十年尤其是近五年各城镇的人口增长速度等特征。

（4）根据区域及城镇发展项目的布局设想，对各城镇的人口初步预测结果进行必要的调整。

城镇体系规模等级结构规划的具体内容包括：城镇体系规模等级结构的等级设置、各等级的人口规模确定、城市（镇）个数的确定、规划城镇人口数及占区域总人口的比例等。

城镇等级：从层次角度而言，我国城镇体系可分为五级，即首都、省会、地区中心或省辖市、县或县级市、建制镇。从规模角度而言，城镇等级以城镇人口的多少为主要依据，我国城镇等级规模系列可分为四个等级：全国性中心城市（100万～300万人）、区域性中心城市（20万～100万人）、地方性中心城市（3万～20万人）、小城镇（0.2万～3万人）。

2. 规划思路

（1）自上而下的城镇总人口分配法。在已经规划好的区域城镇化水平的前提下，根据各个城镇发展条件综合评价结果、城镇职能分工，把规划好的总城镇人口分配到各级城镇。

（2）自下而上城镇规划人口汇总法。以各城镇总体规划提出的人口规模为主要依据，参考各城镇的发展条件综合评价结果及其职能分工等因素适当调整，并汇总为区域城镇总人口数。

（3）确定等级规模规划方案。使以上两种方法调整的数据吻合，就可以列出不同阶段规模等级规划表。表的横栏包括等级序号、人口规模、城镇个数、各级城镇人口数、占城镇总人口比例和城镇名称等。

例如，2030年临沧市域城镇体系规模等级结构规划见表5-5和图5-2。

表 5-5 2030 年临沧市域城镇体系规模等级结构规划表

级别	规模/万人	城镇名称及城镇人口	数量/个	城镇总人口/万人
一	>15	临翔区（42.342）、沧江市（原云县，爱华镇，16.965）	2	59.307
二	6~15	凤庆市（原凤庆县，凤山镇，13.848）、永德县（德党镇，9.132）、镇康县（南伞镇，7.773）、孟定市（原孟定镇，6.274）、沧源县（勐董镇，6.534）、耿马县（耿马镇，6.994）	6	50.555
三	3~6	双江县（勐勐镇，5.655）、永康镇（3.877）、沙河乡（4.676）	3	14.207
四	<3	勐省镇（0.759）、凤尾镇（1.379）、小勐统镇（1.778）、勐库镇（1.059）、勐撒镇（1.698）、军赛乡（1.147）、勐佑镇（1.199）、幸福镇（1.579）、营盘镇（1.259）、勐永镇（0.979）、岩帅镇（0.839）、鲁史镇（1.059）、小湾镇（0.579）、涌宝镇（1.878）、章驮镇（0.672）、大寨镇（1.339）、茶房镇（0.420）、蚂蚁堆镇（0.531）、圈内镇（0.482）、勐捧镇（1.798）、勐堆镇（0.291）、洛党镇（0.639）、大朝山西镇（0.500）、忙怀乡（0.309）、邦东乡（0.332）、漫湾镇（0.839）、马台乡（0.286）、四排山乡（0.196）、雪山镇（0.699）、大文乡（0.179）、勐简乡（0.164）、大雪山镇（0.143）、忙糯镇（0.143）、勐角乡（0.120）、木场乡（0.104）、茂兰镇（1.599）、忙丙乡（0.102）、芒洪乡（0.114）、单甲乡（0.360）、后箐乡（0.102）、亚练镇（0.089）、勐板乡（0.089）、大山乡（0.089）、乌木龙乡（0.089）、栗树乡（0.095）、贺派乡（0.091）、平村乡（0.100）、邦丙镇（0.913）、大兴乡（0.079）、芒卡镇（0.979）、勐来乡（0.070）、崇岗镇（0.071）、班卡乡（0.071）、三岔河镇（1.639）、晓街乡（0.766）、大寺镇（0.084）、糯良乡（0.064）、新华乡（0.073）、诗礼镇（0.100）、班洪乡（0.050）、班老乡（0.032）、郭大寨乡（0.160）、腰街乡（0.300）、南美乡（0.021）	64	35.770

注：其中临翔区的城镇人口等于博尚镇、凤翔街道、忙畔街道城镇人口的总和。

综合人口预测数据的结果和区域实际发展状况，对 2030 年城镇规模等级进行修正，修正结果如下（表5-6）：

（1）将云县县城等级提升为市域次中心，并撤县建市，命名为沧江市。云县的地理区位良好，距离临翔区较近，资源丰富，现状经济发展要明显好于其他六个县，城镇综合条件评价结果列于体系第二，是发展最好的县城。

（2）将孟定镇等级提升为市域次中心，并且撤镇建市。主要原因是其重要的战略发展地位和人口发展规模。同时，孟定镇行政级别为副县级，高于一般乡镇。孟定镇为云南省临沧市耿马县辖镇，地处云南省西南部，与多个地方相邻，并且与缅甸滚弄交界，是重要的对外开放口岸，未来可以建设开放型口岸定位建市。

（3）将凤庆县撤县建市。凤庆县人口基数大，有良好的产业基础，将凤庆撤县建市符合临沧市的发展战略。目前，临沧市已经有过几次关于对凤庆县撤县建市的提议。

（4）永德县城虽然人口规模预测数据偏大，但是其发展水平和速度不足以使其发展到预测的人口规模，所以其人口规模仍限制为县域 6 万～10 万人。

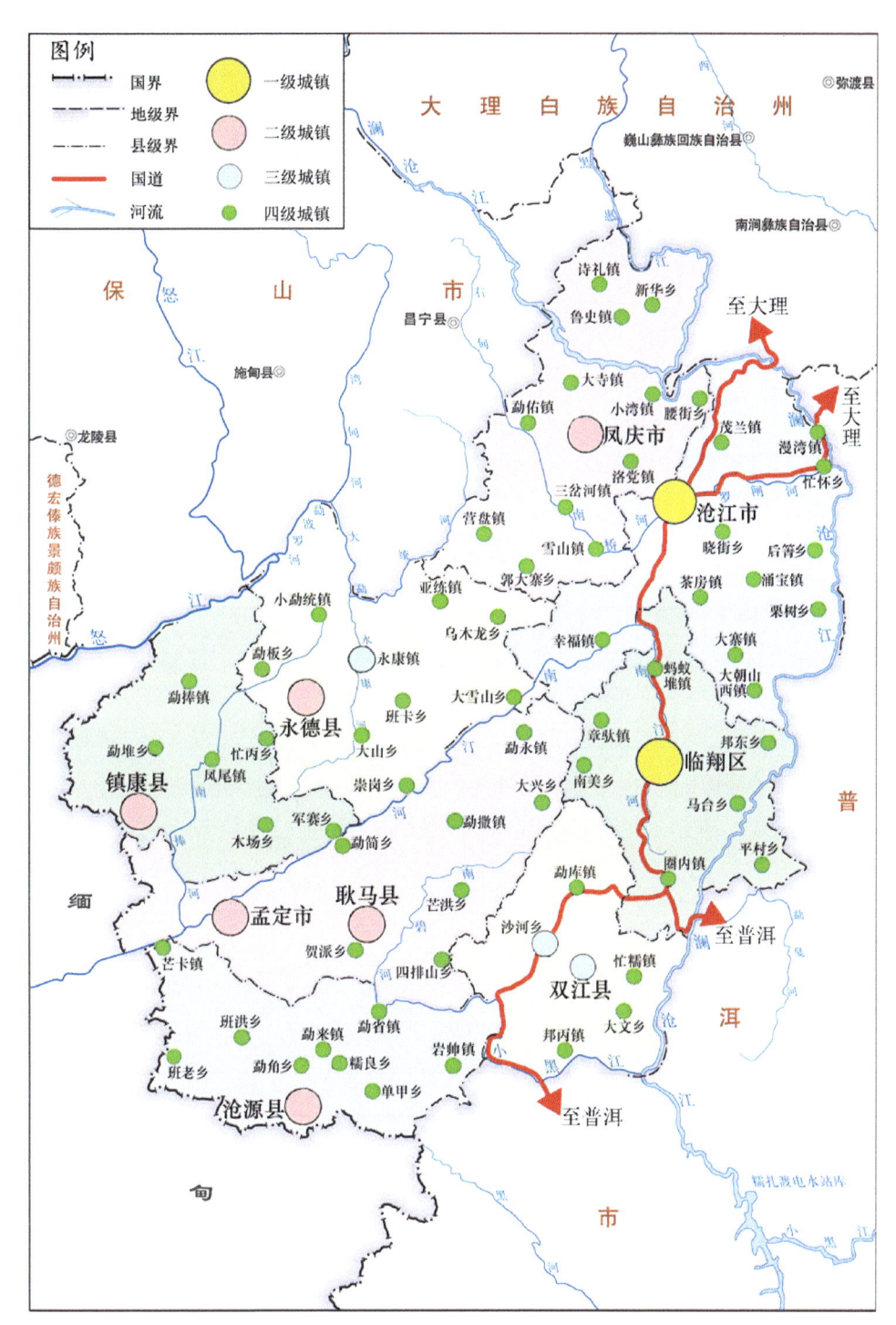

图 5-2　2030 年临沧市域城镇体系规模等级结构规划图

表 5-6　2030 年城镇规模等级分类表（修正）

城镇等级		个数/个	城镇名称	人口/万人
市域中心城市	中等城市	1	临翔区	40
市域次中心城市	小城市	2	沧江市（原云县）	10～20
			凤庆市（原凤庆县）	
县域中心	县域	5	德党镇	6～10
			南伞镇	
			孟定市（原孟定镇）	
			勐董镇	
			耿马镇	
	建制镇	3	勐勐镇	3～6
			沙河乡	
			永康镇	
中心城镇		14	凤尾镇	1～3
			小勐统镇	
			勐库镇	
			勐撒镇	
			军赛乡	
			勐佑镇	
			幸福镇	
			营盘镇	
			鲁史镇	
			涌宝镇	
			大寨镇	
			勐捧镇	
			茂兰镇	
			三岔河镇	
一般乡镇		50	其他乡镇	0～1

5.2　城镇体系职能结构现状分析及规划

5.2.1　城镇体系职能结构概况

1. 城镇性质与职能的含义

城镇的性质和职能反映城镇个体基础特征，表现为城镇在劳动地域分工中的地位和作用（何芳，1995）。城镇是地域经济发展的产物，它的职能类型反映了地域经济发展的特点；不同的地域发展条件、发展基础和发展过程导致了城镇体系内城镇职能类型组合的地域差异，进而形成了特定的城镇体系职能构成。

对于一个特定的城镇体系来说，城镇职能类型的组合，充分体现了该体系的地域分工总体特征，以及其在上一级体系中的地位与作用。同时，该体系城镇职能类型的分类又反映了体系内部各城镇之间相互联系与合作的关系。因此，科学合理的城镇体系职能类型和结构是形成外部整体统一、内部分工协作的高水平城镇体系的重要因素。

城镇的性质是指城镇在国家或地区政治、经济、社会和文化生活中所处的地位与作用，以及城镇的主要职能，即城镇的个性、特点和发展方向。

城镇职能是指城镇及城镇对它以外地区各方面所起到的作用，包括政治、经济、文化、交通枢纽、港口、旅游等各种功能，并随社会、经济、自然条件变化。现代化大城市常具有多种职能，小城镇或不发达地区的城镇职能则相对简单。城市的工业、交通运输、商业、行政、文化、教育、科学等企事业是城市职能构成的基础。城镇职能包括主要职能和辅助职能，主要职能是指当一个城镇多种职能并存时，其中必然有一个比较突出、对城镇发展起决定作用的职能，即城镇性质。城镇的主要职能是城镇形成和发展的决定因素，直接决定城镇的性质、发展方向及城镇在体系中的地位（何芳，1995）。只有确定了城镇的性质和职能，才能明确城镇建设和发展的方向，才能明确城镇重点发展项目及各部门比例关系，才能合理建立城镇体系分工。此外，城镇职能也是确定城镇规模和总体布局的主要依据。

2. 城镇职能类型

1）根据我国的行政体制划分

全国分为省、自治区、直辖市。

省、自治区分为地级市、自治州、县、自治县、县级市。

县、自治县分为乡、民族乡、镇。

直辖市和较大的市分为市辖区、县。

自治州分为县、自治县、县级市。

自治区、自治州、自治县都是民族自治地方。国家在必要时设立特别行政区。在特别行政区内实行的制度按照具体情况由全国人民代表大会以法律规定。

2）按城镇的经济与文化职能划分

广大农业地区的城镇：一般指县城及其以下的小城镇。它们分布在全国广大的农业地区，与农村经济、文化联系最为密切，是我国数量最多、分布最广的一类城镇。

专业化的工业城市（镇）：一般指以某种工业为城市的主导工业，配合主导工业相应发展一些综合利用和协作配套工业，形成性质比较单一的工业城市（镇）。

矿业城市（镇）：主要指开发利用当地矿产资源而发展起来的以采掘工业为主的矿业城市（镇）。

综合性工业城市：有主导工业和一系列配套工业，工业部门较为齐全，轻重工业都有一定的比重，具有加工能力；具有相当数量的科研技术力量和文化教育设施。因此，综合性工业城市往往也是地区以上的政治、经济、科学、文化中心。

交通枢纽城市：包括港口城市和在铁路枢纽上发展起来的城市。

水利枢纽城市：是指由于强大的水利资源的开发、大水坝的建设和对水资源的综合利用而形成的水利枢纽城市。

风景游览和休疗养城市：表现为保护风景文物、展现历史的文化传统，发展旅游事业或休疗养事业。

纪念性城市：具有重要历史或文化纪念意义的城市。

其他特殊性质的城市：如科学实验城市、边防城镇等。

5.2.2 城镇职能界定的定量方法

在实际规划工作中，城镇性质中类似"政治中心、经济中心、文化中心、交通中心"等内容，比较定性、直观和明显，容易取得一致的意见。而有关城镇行业特点的认识，由于人们所处的地位不同，观点和看法角度各异，常出现各持己见的局面。因此，需要用定量方法确定城镇的职能。以下是几种界定城镇职能的定量方法（黄以柱，1991）：

（1）多样化指数法。该方法可区分单一职能城镇和综合职能城镇。

$$m = 1 - \sum_{i=1}^{n} x_i^2 \div (\sum_{i=1}^{n} x_i)^2 \ (i=1,2,\cdots,n)$$

式中，n 为某城镇的就业部门数；x_i 为 i 部门的就业人数；m 为该城镇就业多样化指数，m 趋向 0，城镇职能单一，劳动力集中于较少数部门；m 趋向 1，城镇职能多样，劳动力较均匀地分布在各个部门。

（2）标准差倍数法。该方法将城市分为 7 类单一职能城市和 3 类复合职能城市，假如有这些职能城市类型：①工业城市；②交通运输城市；③商业城市；④教育城市；⑤科技城市；⑥政治城市；⑦旅游城市；⑧综合城市；⑨非综合城市；⑩一般城市。用标准差倍数法可对①~⑩类单一职能城市分类。

假设城镇体系有 n 个城镇，第 j（$j=1,2,3,\cdots,n$）城镇的职能参数共有 5 项（$i=1,2,3,\cdots,5$）：X_{1j} 为万人平均工业产值；X_{2j} 为万人平均客货运量；X_{3j} 为万人平均社会商品零售总额；X_{4j} 为万人平均中专以上在校学生数；X_{5j} 为万人平均中级职称以上科技人员数。

城镇体系第 i 项职能参数标准差 SD_i 为

$$SD_i = \sqrt{\frac{\sum_{j=1}^{n}\left[\frac{X_{ij}}{p_j} - \left(\sum \frac{X_{ij}}{p_j}/n\right)\right]^2}{n}} \ (j=1,2,\cdots,n)$$

式中，p_j 为第 j 城市人口数，则第 j 城市 i 项职能标准差倍数为

$$\mathrm{MOSD}_{ij} = (X_{ij} - X_i)/\mathrm{SD}_i$$

式中，X_i 为城镇体系所有城镇 i 项职能参数的平均值。如果 $\mathrm{MOSD}_{ij} < 0$，该区不具备第 i 种职能；如果 $\mathrm{MOSD}_{ij} > 0$，可将该区归为第 i 种职能类型的城市；如果 $\mathrm{MOSD}_{ij} \in 1\sim2$，该区职能的专门化程度较强；如果 $\mathrm{MOSD}_{ij} \geqslant 2$，该区专门化程度极强。

对于①～⑩类，如果某城市是某一级别行政机构所在地，则该城市可列为政治城市；如果某城市一年接待海外或海外华人游客的人数超过某一标准，则该城市可列为旅游城市。

在以上 7 种单一职能中，同时具备 3 种及以上专门化职能的城市为综合性城市；具备 1~2 种专门化职能的城市为非综合性城市；各职能参数均低于区域均值的城市为一般城市。

城镇职能和类型反映了地域经济发展的特点，不同的地域发展条件、发展基础和发展过程导致地域城镇体系内城镇职能类型组合的地域差异。例如，矿产资源丰富的地区，城镇体系一般以工矿型城镇为主；矿产资源缺乏，农业、技术发达的地带，可依靠水陆交通方便、地理位置优越的条件，发展以加工型为主的城镇；在水力、森林资源丰富的地区，城镇体系则以水力、森林资源开发为主等。

5.2.3 城镇体系职能结构现状分析

按照城镇体系职能等级、职能类型和职能名称三个要素，划分城镇体系职能结构现状。例如，临沧市城镇体系职能等级结构可划分为：市域中心城市、县域中心城镇、中心城镇、一般建制镇和乡 5 个等级（表 5-7、图 5-3）。

表 5-7　临沧市域城镇体系职能结构现状表（2020 年）

职能等级		职能类型	职能名称	数量
市域中心城市		小城市，具有地方特色工业体系的综合型市域中心。以热区生物资源加工、农特产品生产加工、机械制造、采掘冶金、旅游、轻工业、贸易和交通等为主要职能的区域政治、经济、文化中心	临翔区	1
县域中心城镇	重点县域中心城镇	经济发达、工业基础坚实、具有优势品牌的综合型县域中心，云南重要的酒业生产基地、水电基地、茶叶生产基地，临沧市重要交通门户	云县	1
		经济发达、工业基础坚实的综合型县域中心，云南重要的糖业生产基地。以发展蔗糖、橡胶、茶叶、香蕉等热区生物资源开发以及旅游、转口贸易加工、口岸经济为主的县域政治、经济、文化中心	耿马县	1
		综合型城镇。以茶、蔗糖、核桃、烤烟、林果等热区生物资源加工以及林纸、畜牧业和民族文化旅游业为主的县域政治、经济、文化中心，是世界著名的"滇红之乡""中国核桃之乡"	凤庆县	1

续表

职能等级	职能类型	职能名称	数量
县域中心城镇	一般县域中心城镇	口岸型城镇。中国佤族文化的荟萃之地，以发展热区生物资源加工、边境旅游、转口贸易为主的县域政治、经济、文化中心	沧源县、镇康县	2
		综合型城镇。以茶、蔗糖、核桃、烤烟、林果等热区生物资源加工以及林纸、畜牧业、矿电业、建材业、生物药业和民族文化旅游业为主的县域政治、经济、文化中心	永德县、双江县	2
中心城镇	交通要道、物资、农副产品集散中心	勐捧镇、凤尾镇、永康镇、勐库镇、勐省镇、孟定镇、小湾镇	7
一般建制镇	交通、物资、农副产品集散中心	勐撒镇、勐永镇、营盘镇、鲁史镇、岩帅镇、小勐统镇、大朝山西镇、三岔河镇、洛党镇、勐佑镇、雪山镇、漫湾镇、茂兰镇、幸福镇、大寨镇、涌宝镇、芒卡镇	17
乡	农工贸型，资源丰富、周围地域集贸中心	圈内乡等其余乡	43

从城镇空间布局现状、资源结构以及市域社会经济发展与城镇体系的关系来看，临沧市城镇体系职能结构具有如下特点：

1）城镇职能多元化特点突出

以茶、蔗糖、橡胶、香蕉等热区生物资源生产加工的农工贸型和水电型城镇特点比较突出。由于拥有世界著名的"滇红之乡"、"中国核桃之乡"和"中国佤族文化荟萃之地"等美誉，以及云南重要的蔗糖生产基地、云县澜沧江酒业集团有限公司和云南茅粮酒业集团等标志，享誉省内外的临沧酒业生产基地等优势品牌，临沧市在云南省劳动地域分工中占有极其重要的地位，工业基础坚实。同时，优越的区位条件在发展口岸经济上具有明显优势，并在云南对外开放空间格局中占有一席之地。

2）城（市）镇的集聚和辐射功能弱

目前，临沧市仅临翔区一个市域中心，辖凤翔街道、忙畔街道、博尚镇、蚂蚁堆乡、章驮乡、南美乡、圈内乡、马台乡、邦东乡、平村乡7乡1镇2个街道办事处，与其市域中心的地位极不匹配；同时城市服务职能不突出，区内产业结构存在不合理现象。城市（镇）的总体发展受市场、技术条件的制约，城市（镇）的生产、贸易、流通、金融等行业中低层次的加工业、服务业占较大比重，而城市中心管理效率和作用没有能充分发挥，缺少高新技术产业、高效率社会化的服务业等职能。

3）城镇间职能结构松散，联系不够紧密，没有形成有效的分工协作关系

受地理环境条件的影响，市域内交通不发达，公路等级低，产业地理集中受到一定程度的限制，城镇化进展缓慢，各城镇间的职能结构比较松散、联系不够紧密。由于市域中心城市临翔区规模较小，对各县的经济辐射力有限，同时区内缺乏次一级的小城

市，各级城镇对中心城市的传递、衔接较差，影响中心城市作用的发挥。虽然城镇职能的多元化特点突出，但各县产业门类单一、重复、小而全，工业基础薄弱，除孟定镇（口岸型）、漫湾镇、小湾镇和大潮山东镇（水电型）外，没有形成更多的专业型小城镇。此外，尽管区域资源极其丰富，但目前基本上没有形成有效的分工协作关系，且都是资源初级加工为基础的结构类型。

4）各级区域中心人口规模和经济总量小，城镇化水平较低

在发展轴线上，各区域中心的人口规模、经济总量、城镇化水平仍然很低，资源、区位和市场优势没能更好地发挥；农村聚落特征明显，城市（镇）的职能没有体现出来。同时，由于交通等基础设施建设滞后，城市（镇）区域化、一体化特征不明显。

从社会经济发展与城镇职能的关系上来看，目前临沧市城镇体系中除临翔区作为区域中心城市外，其余城镇职能并无明显的等级差别，相互之间缺乏紧密的经济联系。此外，城镇职能单一、聚集辐射能力有限，临翔区仅是作为行政区划的中心，各县之间没有形成产业链，而且经济关系很松散、经济相互独立、以内部自我循环为主，达不到充分、合理利用资源的目的，整个体系处于极核式集聚阶段。因此，临沧市城镇体系可以从以下方面发展：

（1）重点发展临沧中心城市。

重点发展临沧中心城区，把临翔区打造成云南省面向南亚、东南亚重要枢纽和商贸、旅游、物流集散中心。规划临沧中心城区人口要达到 40 万人以上，充分发挥中心城市的吸引和集聚作用。

（2）积极发展次中心城市和县城，择优培育重点镇。

规划期内建设云县及孟定两个市域次中心城市，要做强云县，做大孟定，做优凤庆、永德、镇康、耿马、双江及沧源等县城，合理发展一般城镇。同时，选择区位和建设条件好、人口规模较大、发展潜力大的城镇作为重点镇，使它们成为片区范围内的人口和产业集聚中心。其他一般镇作为周边农村地区的人口集聚和多功能服务中心发展，以发挥次级中心城市的集散作用、减轻中心城市的压力、提高中心城市的生活环境为目的，同时带动其他落后地区的经济发展。

（3）大力发展城镇经济。

提高城镇的集约程度，培育城镇特色经济和支柱产业，努力提高各城镇服务水平和服务能力，使之成为乡村地区的综合性服务中心。以特色经济和支柱产业带动当地发展，提高产业的集约程度，促进当地经济社会水平的发展。

（4）改善投资环境。

临沧市是连接太平洋和印度洋最近的陆路通道，是南北连接渝新欧国际大通道、长江经济带和海上丝绸之路的"十字构架"，是国家"一带一路"倡议的重要节点；作为辐射南亚东南亚的前沿窗口，其区位优势无可替代。

国际区域合作政策。具有面向南亚东南亚辐射中心（"一带一路"）、孟中印缅经济走廊、中国-东盟自贸区、大湄公河次区域等经济合作政策。

国家支持政策。新一轮西部大开发、沿边开发开放、兴边富民、广西云南沿边金融综合改革试验区、国家级边境经济合作区、沿边重点地区开发开放等国家层面政策。

临沧市相关政策。2019年8月16日，云南省人民政府办公厅印发《支持临沧市建设国家可持续发展议程创新示范区若干政策的通知》，重点支持创新示范区各项重大项目，改造提升传统产业，支持创新示范区加快实施各项行动和工程。

同时，对入驻临沧的符合国家政策导向的招商引资重点项目，将按照一事一议、一企一策和特事特办的原则，实行更加优惠的政策，打造"五低一高"的投资环境。其中，"五低"是指低物流、低税费、低要素、低物业、低融通，"一高"是指高度重视营商环境建设。良好的投资环境不仅为临沧市的发展提供了强有力的内促作用，同时也为其提供外拉作用，从而在资金上促进城镇发展。

（5）加强交通设施建设。

由于得天独厚的区位优势，并拥有较长国境线及国家级口岸，作为云南"五出境"国际大通道之一，沿边境一线拥有国门、界碑、边民互市点以及"一家属两国""一洞跨两国""一城连两国""一脚踏两国"等边境奇观，临沧市在国家"一带一路"、长江经济带、中缅经济走廊建设战略中的作用愈加凸显，在辐射中心建设中的地位极其重要，区位优势无可替代。例如，临沧市市政府驻地距省会昆明598km，是昆明通往缅甸仰光的陆上通道。从广西防城港至临沧清水河出境到缅甸的皎漂港全长2277km，是中国和缅甸陆上连接两大洋最近的通道，要比从水路经上海或陆路经广西防城港过马六甲海峡进入印度洋的线路近。

围绕"一轴两城三带"的发展空间格局，以昆孟国际大通道临翔至清水河通道为主轴，以临沧中心城区和孟定新城为重要支点，以沿边、沿澜沧江和沿南汀河地区为重点发展区域，辐射带动全市经济社会跨越发展。加快推进云南清水河出境国际通道建设，全力构建以航空为先导、铁路和高速公路为主骨架、水运为补充的立体综合交通网络，将孟定建设成为我国内陆地区连接皎漂港、通达印度洋的综合交通运输枢纽城市，把临沧建设成为"一带一路"、孟中印缅经济走廊、面向南亚东南亚辐射中心和云南东西国际大通道的重要战略支撑点。

第一步，打通昆明至清水河大通道、攀枝花至清水河的国家"一带一路"与长江经济带战略通道连接线、沿边贯通的铁路和高速公路，实现县县通高速公路。第二步，推动境外段铁路和高速公路前期工作并尽早开工建设，推进与周边国家铁路和高速公路互联互通。总体上，构建起以昆明（玉溪）至清水河通道为燕躯，大理至临沧通道、临沧至普洱通道为燕翼，沿边通道为燕首，由昆明向着南亚东南亚和印度洋展翅飞翔的"飞燕型"综合交通网络（图5-4），以促进和带动整个体系的发展。

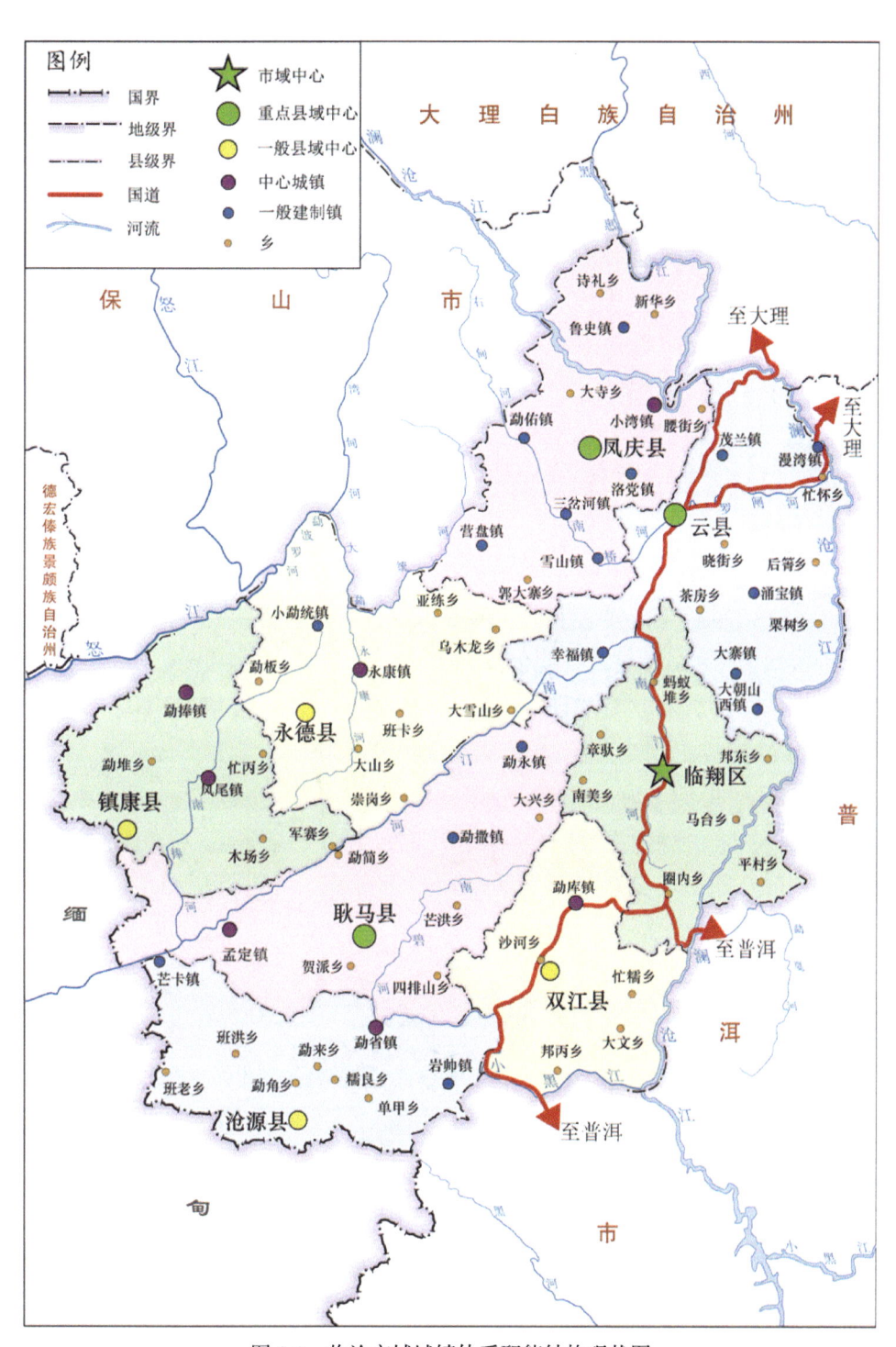

图 5-3 临沧市域城镇体系职能结构现状图

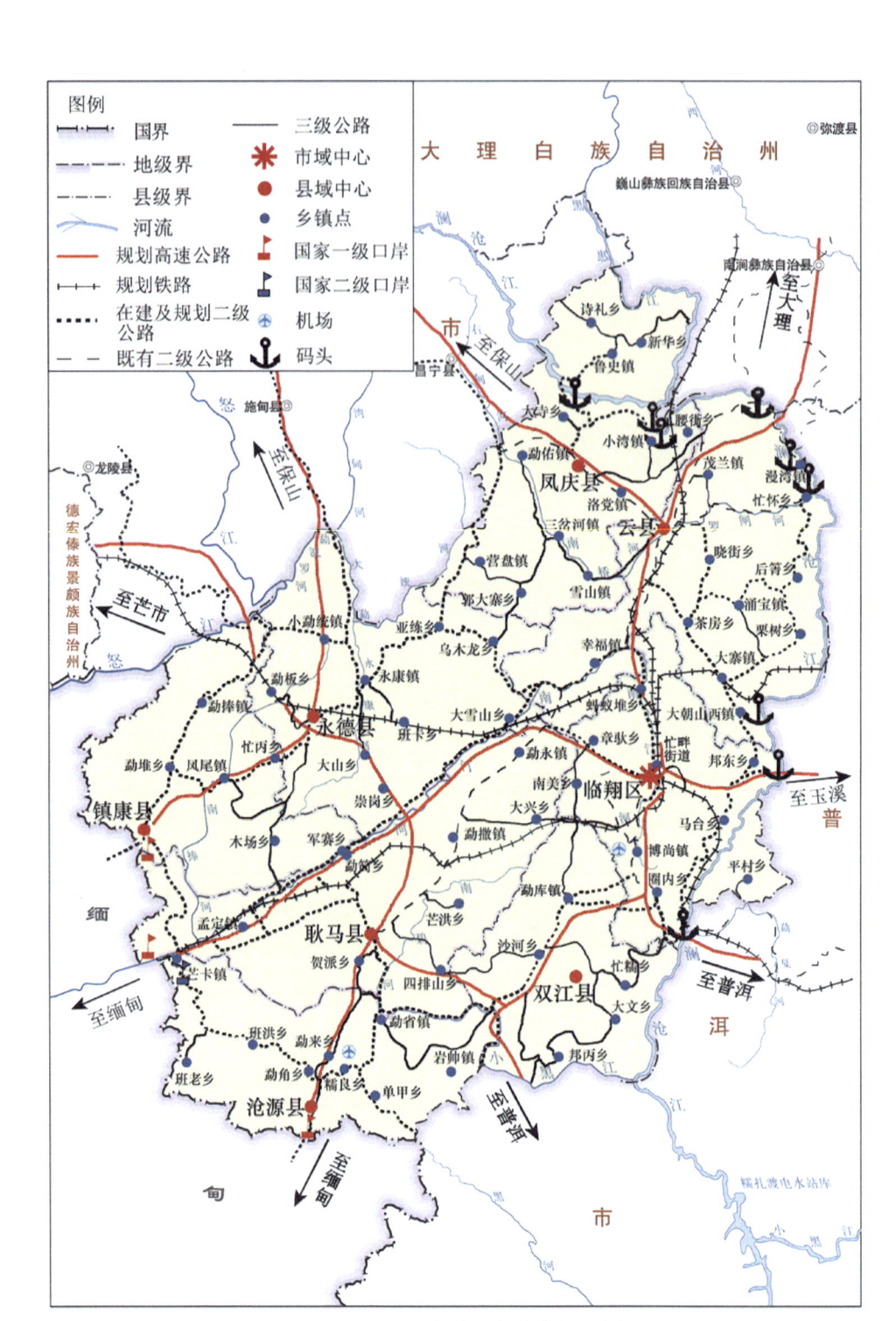

图 5-4　2014~2030 年临沧市综合交通规划图

（6）大力发展旅游产业。

临沧市是一个旅游资源富集之地，有着"中国十佳绿色城市"、"中国恒春之都"等美誉，是宜居养生的美丽家园，是云南"动植物王国""有色金属王国""水电富矿""药物宝库""天然花园"的缩影，是世界茶树和普洱茶的原产地。临沧市境内旅游资源分布广泛、类型丰富、组合度好，旅游资源点有 500 余处，拥有沧源崖画、沧源广允缅寺、南滚河国家级自然保护区、临沧五老山国家森林公园、耿马石佛洞遗址和永德大雪山国家级自然保护区 6 项国家级旅游资源，打造了中国佤族司岗里"摸你黑"狂欢节、云县澜沧江啤酒狂欢节、耿马水文化旅游节等一批文化旅游节庆品牌。同时，临沧发展生态观光、休闲度假、养生养老和文化体验等旅游产业，具有得天独厚的优势资源和有利条件。因此，随着交通设施的改善和发展，积极发展旅游产业，合理组织和开发旅游资源，依靠旅游业带动当地其他产业的发展，是城镇发展的一大推力。

（7）实行特色农业品牌效应，带动城镇发展。

临沧市的城市化发展虽然整体上已进入中期阶段，但农业在国民生产总值中依然占较大的比重，农业发展在推动经济水平的提高上依旧起着重要作用。临沧有许多特色农业产品，可以通过发展特色农业，发挥品牌带动效应。例如，对滇红茶、冰岛茶、澳洲坚果、核桃等农产品发展品牌。

5.2.4　城镇体系职能结构规划

1. 规划内容

通过对现状城镇职能结构特点与存在问题的分析，提出城镇体系职能结构的发展方针，以便使城镇职能结构的发展有一个明确的目标。划分职能结构的等级序列与职能类型，是城镇体系职能结构规划的主要内容。其中，等级序列是为了使职能结构层次分明、分工明确；职能类型是为明确城镇体系中每一城镇位于哪一等级、职能类型是什么等级，使它的发展方向明确。为体现集中力量的原则，把有限的力量放在城镇体系的关键点上，应在城镇体系内选择重点发展城镇、确定主要城镇职能性质与发展方向。

2. 规划思路

（1）针对城镇体系现状职能结构的特点和存在问题，根据区内外劳动地域分工的原理以及区域发展战略，建立新城镇职能分工体系，充分发挥各类城镇的优势和特色。

（2）完善城镇的职能层次分级。例如，地级市城镇体系层次分级呈市域中心城市—市域副中心城市—县域中心城市—县内片中心城镇—职能分工小城镇—发展水平低的乡集镇的层次。

市域中心城市：与省会城市和大区域中心城市接轨，它的优势专业化职能作用要尽可能扩展覆盖到周边地区或更大地区。

市域副中心城市：它的部分职能具有超出辖区范围、影响到几个县的作用；需要有较明确的优势专业化职能和比较齐全的基础设施及社会服务设施，以分担市域中心城市的部分职能。

县域中心城市：具有专业部门的县级市。

县内片中心城镇：影响范围一般达几个乡镇，既有突出的专业化职能，又有一定的综合职能。

职能分工小城镇：专业化城镇。

乡集镇：规划期发展缓慢，难以形成专业化职能部门。

根据各城镇的现状经济与人口特征、市域空间布局调整及城镇体系发展与战略需要，将临沧市城镇职能等级分为市域中心、市域次中心、县域中心、中心城镇、一般建制镇和乡6个等级。规划远期将对市域次中心城市云县和凤庆县进行撤县改市，更名为沧江市和凤庆市；孟定镇由于其特殊的行政级别和区位条件且资源富集，在行政级别上要高于其他建制镇。加之社会经济综合发展水平较高、城镇人口规模也相对较大等因素，规划到2030年将其发展为口岸型小城市——孟定市，作为临沧市沿边经济带的一个重要中心。2030年临沧市域城镇体系职能结构规划结果见表5-8和图5-5。

表5-8 临沧市域城镇体系职能结构规划表（2030年）

职能等级	职能类型	城镇名称	数量/个
市域中心	综合型中等城市，滇西南经济区次中心。G214上重要节点，云南面向南亚、东南亚重要枢纽，工业研发基地和商贸、旅游、物流集散中心，对外贸易进出口通关检疫中心，以热区生物资源和农特产品生产加工、冶金、旅游、贸易、物流、服务业和交通等第三产业为主要职能的市域政治、经济、文化中心	临翔区	1
市域次中心	综合型小城市。市域次中心，经济发达、工业基础坚实、具有优势品牌的综合型县域中心，国家水电基地、云南重要的酒业生产基地、茶叶生产基地，澜沧江文化旅游区，临沧市商贸服务中心和重要交通门户	沧江市（原云县）	3
	综合型小城市。凤庆是世界著名的"滇红之乡""中国核桃之乡"。以茶、蔗糖、核桃、烤烟、林果等热区生物资源加工以及畜牧业、矿业、建材业、生物药业和民族文化旅游业为主的县域政治、经济、文化中心	凤庆市	
	口岸型（旅游型）小城市。国家一类口岸。沿边经济带的中心，以发展边境旅游业、口岸加工业、转口贸易、农特产品加工业为主的西南部小城市	孟定市	
县域中心（含县级市）	综合型小城市。西南部区域中心，云南重要的糖业生产基地。以发展蔗糖、橡胶、茶叶、香蕉等热区生物资源开发以及旅游为主的市域政治、经济、文化中心，连接区内各城镇的重要枢纽和中心	耿马县	5

续表

职能等级	职能类型	城镇名称	数量/个
县域中心（含县级市）	口岸型。西北部区域中心。以发展口岸加工业、转口贸易、热区生物资源开发为主的区域中心	镇康县	5
	综合型。以茶、蔗糖、核桃、烤烟、林果等热区生物资源加工以及林纸产业、畜牧业、矿电业、建材业、生物药业和民族文化旅游业为主的县域政治、经济、文化中心	永德县	
	综合型。以矿产资源开发，农特产品生产加工、茶叶等为主的县域政治、经济、文化中心	双江县	
	口岸型。中国佤族文化的荟萃之地，以发展热区生物资源加工、民族风情、边境旅游、转口贸易为主的县域政治、经济、文化中心	沧源县	
中心城镇（乡）	交通、工贸型。交通要道，物资、农副产品、旅游集散中心	勐库镇、勐永镇、涌宝镇、蚂蚁堆镇、章驮镇、圈内镇、凤尾镇、小勐统镇、崇岗镇、洛党镇、忙糯镇、沙河乡、勐堆乡、军赛乡、忙怀乡	15
	水电、旅游综合型城镇	漫湾镇、小湾镇	2
	工业型小城镇	永康镇、勐省镇、勐捧镇、幸福镇、勐佑镇	5
	旅游型	鲁史镇、勐撒镇、勐来镇、乌木龙乡	4
	口岸型	芒卡镇	1
一般建制镇	水电、旅游综合型城镇	大朝山西镇	1
	旅游型	茂兰镇	1
	农工贸型。资源丰富，交通要道，周围地域物资、农副产品集散中心	营盘镇、岩帅镇、雪山镇、亚练镇、茶房镇、大寺镇、诗礼镇、三岔河镇、邦丙镇、大寨镇、邦东乡	11
乡	口岸型	班老乡	1
	农工贸型。资源丰富，周围地域物资、农副产品集散中心	平村乡、郭大寨乡、新华乡、糯良乡、班洪乡、单甲乡、四排山乡、大兴乡等	25

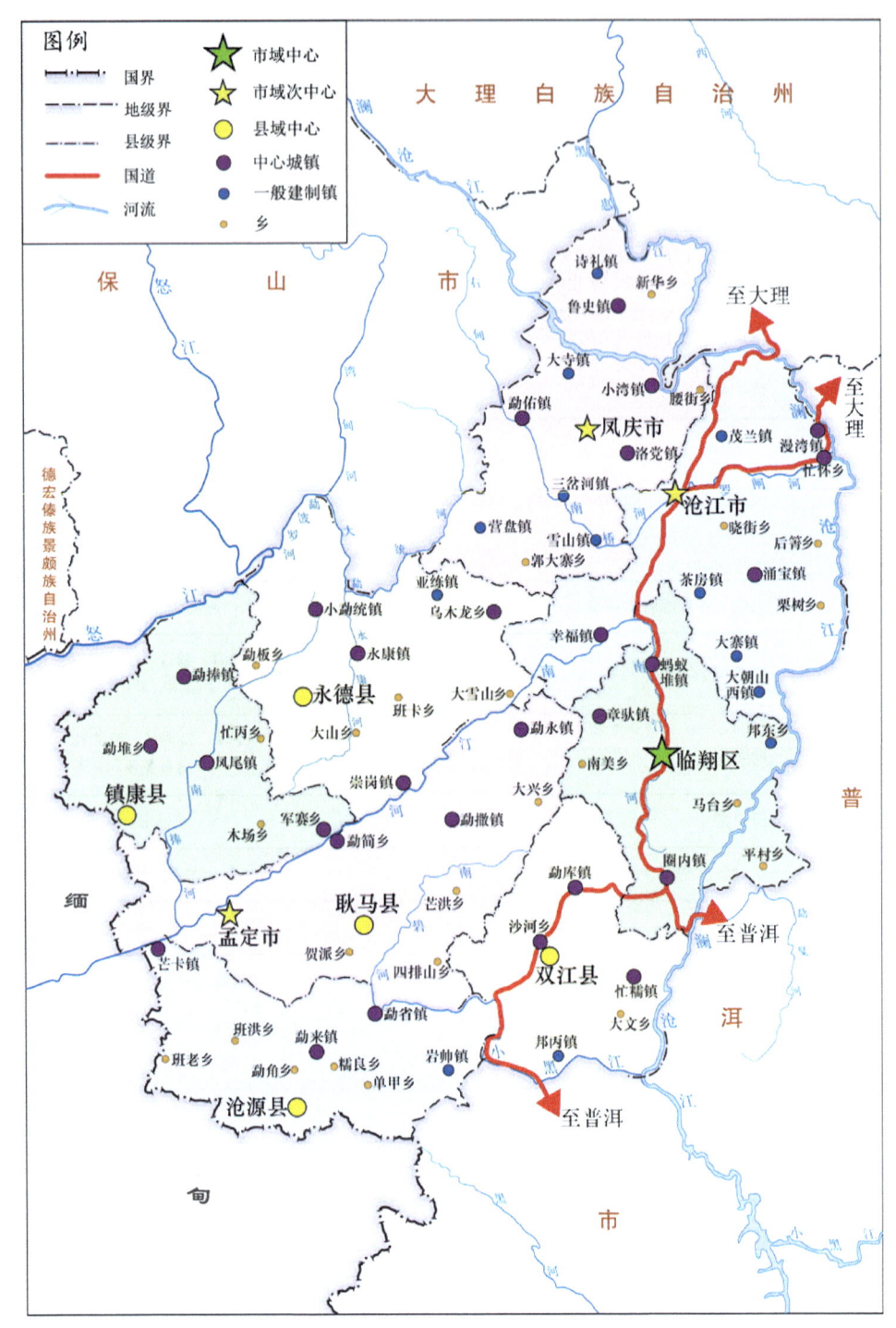

图 5-5 2030 年临沧市域城镇体系职能结构规划图

5.3 城镇体系空间结构现状分析及规划

5.3.1 城镇体系空间结构概况

城镇体系的地域空间结构是指城镇体系内各个城镇之间的空间组合形式，是城镇体系规模等级结构和职能结构在空间上的投影。由于城镇体系的发展机制表现为集聚与分散两个方面，城镇体系空间布局围绕集聚与扩散来体现。

集中的城镇体系空间结构重点扶植区域经济发展的增长中心或增长轴，它的发展是核心城市扩大的关键。随着近远郊工业区和工业交通城镇的增加，城市用地集中而封闭，中心城市相对稳定，同时，还包括以集中为主、集中又注意分散中心城市压力的空间结构。当某一城市 GDP 的增长连续几年超过 10%，人口迁入量连续几年超过 5%，郊区与城区的地价差达到一定比例时，就会产生跨越式发展的势头。此时如果能够通过城镇体系规划合理安排卫星城或卫星镇，实现大城市的有机疏散，就可以防止城市"摊大饼"式发展，形成分散的城镇体系空间结构。

城镇体系地域空间结构规划布局采取哪一种空间结构形态，需根据不同城镇体系的地理条件、经济和社会发展基础、生产力水平和各类城镇的性质与规模等因素进行具体的分析。

5.3.2 城镇体系空间结构现状分析

1. 城镇分布的表现形式

1）城镇分布

城镇分布可以用城镇密度加以度量，城镇分布的疏密状况反映空间布局结构特点。可用城镇密度 P 及其在区内、区外的差异来描述疏密状况：

$$P = r / R$$

式中，r 为城镇个数；R 为区域面积。为了表现大小城镇的分布密度，r 可取不同规模级别的城镇个数；为了表现城镇密度的不同基础，R 可取区域面积、区域耕地面积、总人口或社会总产值等。

城镇体系的空间疏密状况一般有 3 种情况（图 5-6）：

（1）均匀型。每个城镇同它最近邻城镇间的距离大致相等。

（2）随机型。有的城镇距离较近、有的城镇距离较远。

（3）集聚型。所有城镇可分为若干组群，每组群内各点与其最近邻点间的距离都很小，而组群间地域内则没有。

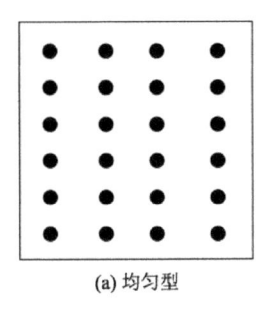

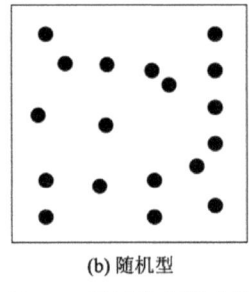

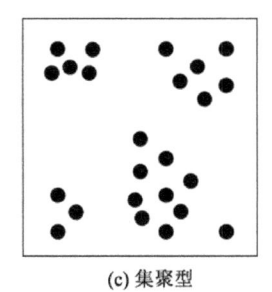

图 5-6 城镇分布形式图

(a) 均匀型 (b) 随机型 (c) 集聚型

2）疏密状况

采用"D 距离内邻点平均数法"分析城镇体系空间分布特点及类型。D 距离是指随机分布的每一城镇到其最近邻城镇的平均距离，计算公式为

$$D = 0.5 \times \rho^{-0.5}, \rho = N/S$$

式中，D 为随机分布的每一城镇到其最邻近城镇的平均距离；ρ 为以区域面积为基数的城镇密度；N 为该区域的镇一级行政单位个数；S 为该区域面积。

计算 D 值后，分别以每个城镇为圆心、D 为半径画圆，计算落在每个圆内的城镇数 i，然后统计出 i 出现的频率 f_i，则 D 距离内邻点平均距离 γ 为

$$\gamma = \frac{\sum(i \times f_i)}{\sum f_i}$$

式中，当 γ 趋近于 1 时，城镇分布属随机型；当 $\gamma<1$ 时，城镇分布属均匀型；当 $\gamma>1$ 时，城镇分布属集聚型。

例如，对临沧市城镇体系空间结构现状分析，分别以 25 个建制镇、75 个乡镇两种情况，按上述公式进行计算，结果为

$$\rho_1 = N/S = 25/24469 = 0.1022\%, \quad D_1 = 0.5 \times \rho_1^{-0.5} = 15.6$$

$$\rho_2 = N/S = 77/24469 = 0.3065\%, \quad D_2 = 0.5 \times \rho_2^{-0.5} = 9.0$$

以 D_1、D_2 为半径，分别以各建制镇、乡镇的几何中心为圆心作圆（图 5-7 和图 5-8），每个圆内所包含的城镇数 i 见表 5-9 和表 5-10。根据上表统计圆内所含城镇数 i 出现的频率 f_i，计算 D 距离内邻点平均数 γ，结果见表 5-11。

从第一种方法的结果分析可知，$\gamma_1=2.96$ 大于 1，故临沧市 25 个建制镇的疏密分布状况整体上属于集聚型分布，而且偏离 1 的幅度较大，乡镇分布的集聚程度较强；从第二种方法的结果分析可知，$\gamma_2=1.05$，趋于 1，临沧市 75 个乡镇的疏密分布状况整体上属于随机型分布。

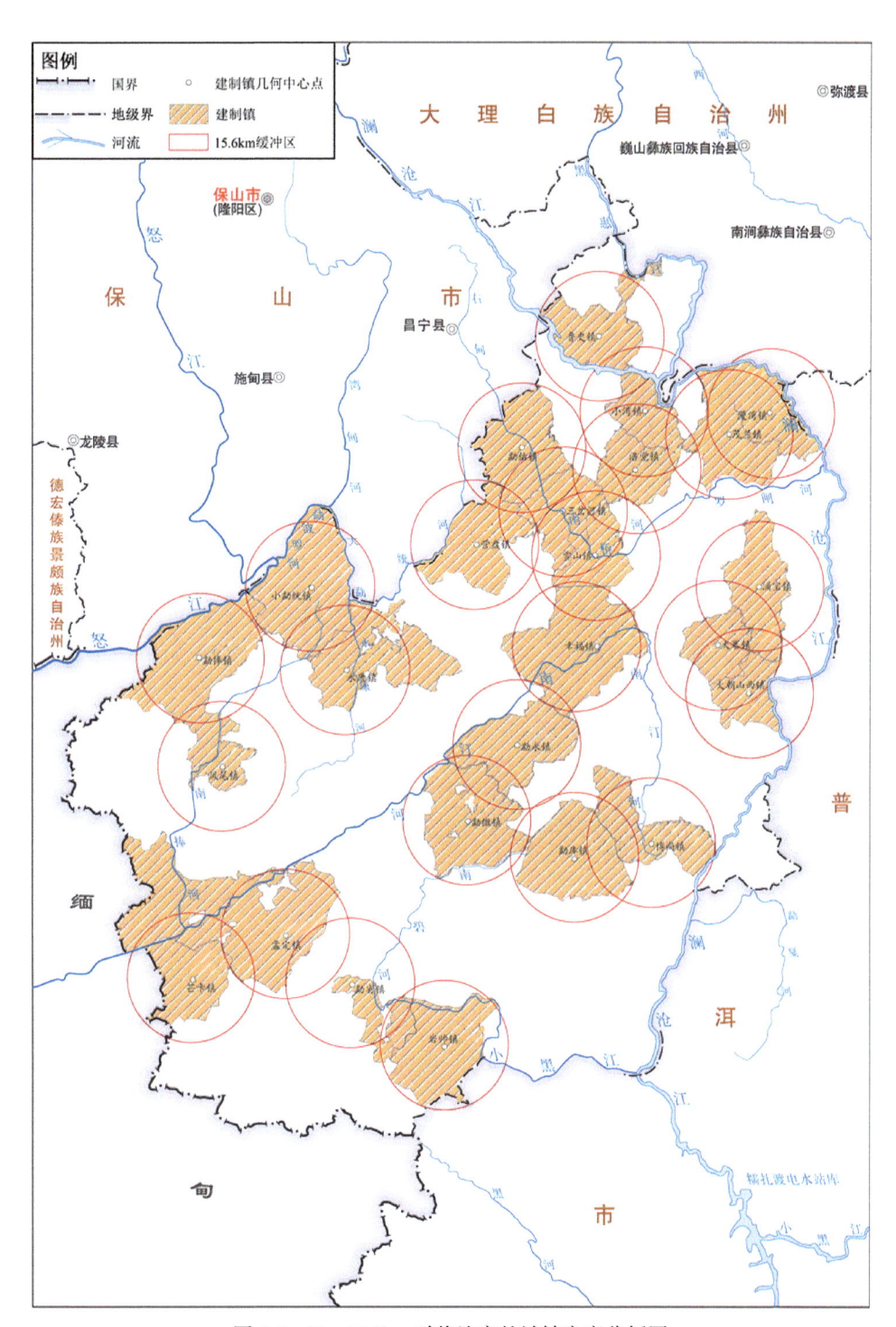

第 5 章　山地城镇体系结构现状分析及规划　　135

图 5-7　D_1=15.6km 时临沧市的城镇密度分析图

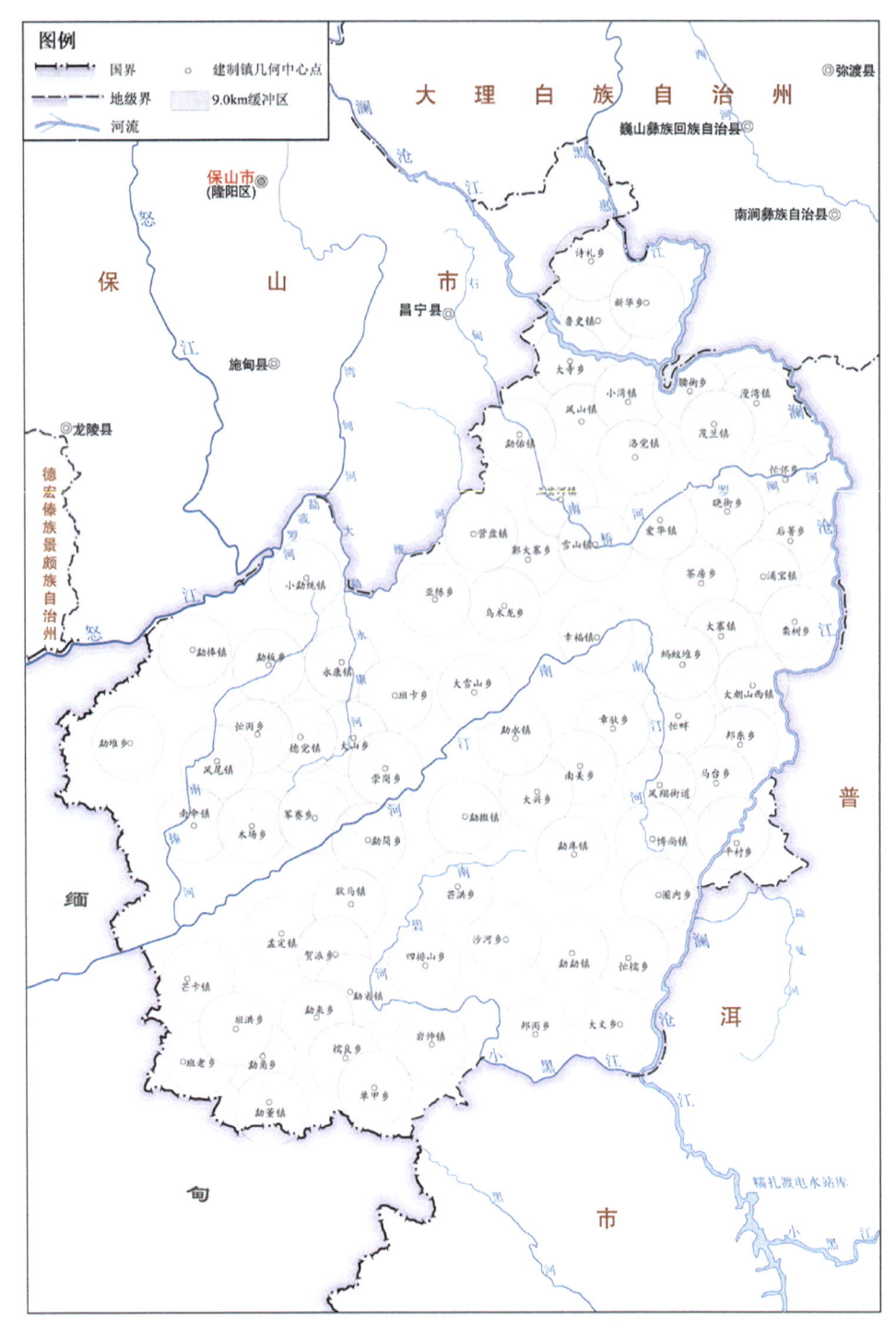

图 5-8　$D_2=9.0$km 时临沧市的城镇密度分析图

表 5-9 临沧市各建制镇半径为 D_1 的圆内所含城镇数统计 （单位：个）

建制镇名称	建制镇数 i	建制镇名称	建制镇数 i	建制镇名称	建制镇数 i
芒卡镇	2	营盘镇	3	大寨镇	3
岩帅镇	2	孟定镇	3	漫湾镇	2
勐省镇	3	勐永镇	3	茂兰镇	4
三岔河镇	5	小勐统镇	3	博尚镇	2
鲁史镇	2	永康镇	2	勐库镇	3
洛党镇	6	涌宝镇	3	凤尾镇	2
勐佑镇	3	幸福镇	3	勐捧镇	2
小湾镇	4	大朝山西镇	3	勐撒镇	2
雪山镇	4				

表 5-10 临沧市各乡镇半径为 D_2 的圆内所含城镇数统计 （单位：个）

乡镇名称	城镇数 i	乡镇名称	城镇数 i	乡镇名称	乡镇数 i
班老乡	1	勐简乡	1	凤翔街道	1
班洪乡	1	勐永镇	1	马台乡	1
单甲乡	1	耿马镇	2	蚂蚁堆乡	1
芒卡镇	1	班卡乡	1	忙畔街道	1
勐董镇	1	崇岗乡	1	南美乡	1
勐角乡	1	大山乡	1	平村乡	1
勐来乡	1	大雪山乡	1	圈内乡	1
糯良乡	1	德党乡	1	邦丙乡	1
岩帅镇	1	勐板乡	1	大文乡	1
勐省镇	2	乌木龙乡	1	忙糯乡	1
三岔河镇	1	小勐统镇	1	勐库镇	1
大寺乡	1	亚练镇	1	勐勐镇	1
凤山镇	1	永康镇	1	沙河乡	1
郭大寨乡	1	涌宝镇	1	凤尾镇	1
诗礼乡	1	幸福镇	2	军赛乡	3
鲁史镇	1	爱华镇	1	忙丙乡	1
新华乡	1	茶房镇	1	营盘镇	1
洛党镇	1	大朝山西镇	1	孟定镇	1
勐佑镇	1	茂兰镇	1	大兴乡	1
小湾镇	1	晓街乡	1	四排山乡	1
雪山镇	1	章驮乡	1	贺派乡	2
腰街乡	1	邦东乡	1	大寨镇	1
芒洪乡	1	博尚镇	1	后箐乡	1

续表

乡镇名称	城镇数 i	乡镇名称	城镇数 i	乡镇名称	乡镇数 i
栗树乡	1	勐堆乡	1	南伞镇	1
漫湾镇	1	勐捧镇	1	勐撒镇	1
忙怀乡	1	木场乡	1		

表 5-11　D_1、D_2 距离内邻点平均数计算结果

城镇数 i	频数 f_i		$i \times f_i$		平均数	
	D_1	D_2	D_1	D_2	D_1	D_2
1	—	71	—	71		
2	9	4	18	8		
3	11	—	33	—		
4	3	—	12	—	$\gamma_1=2.96>1$	$\gamma_2=1.05\approx1$
5	1	—	5	—		
6	1	—	6	—		
∑	25	75	74	79		

2. 空间分布特点

从上述计算结果可知，临沧市域城镇体系空间分布具有以下特点：

（1）乡镇分布类型属于集聚型，而临沧市城镇分布呈现随机分布。

全市共有 75 个乡镇，从整体上看临沧市的乡镇主要集中分布于凤庆县—云县—临翔区、镇康县—永德县—耿马县交界处、沧源县。对比《临沧市市域城镇体系规划（2017—2035 年）》，建制镇依旧集中分布在凤庆县与云县，城镇由周边向中心地区随机分布。

（2）由于地形阻隔，临沧市乡镇多沿公路分布。

全市 8 个县域中心城市，除勐勐镇不在省道或者国道上，其他县域中心城市都分布于省道及国道上；25 个建制镇中，有 22 个分布于省道及国道上；其他建制镇则至少由县级公路连接。G214 线在临沧市自东北方向向西南方向延伸，自漫湾镇起，最终延伸到普洱市。G214 新增两条，第一条路段由大理市南涧彝族自治县（简称南涧县）起，至云县与旧国道 G214 会合；第二条新增路段在博尚镇至勐库镇之间，缩短了两镇之间的通行距离。G323 线自临翔区向东延伸至普洱市，以 G214 线为侧轴，向西延伸出 S312、S313、S319、S314 线。在临沧市的西北方向有从保山市延伸过来的 S231 线和 S232 线，最终到达镇康县南伞镇与耿马县的勐撒农场，与省道 S319 交会。在临沧市的东北方向有自大理市延伸过来的至凤庆县勐佑镇的 S217 线。总体上，全市干道公路呈五横四纵的分布格局，五横即 S319、S313、S312、S314、S217，四纵即 G214、G323、S232、S231，其中 95%的乡镇沿不同等级的公路分布（图 5-9）。

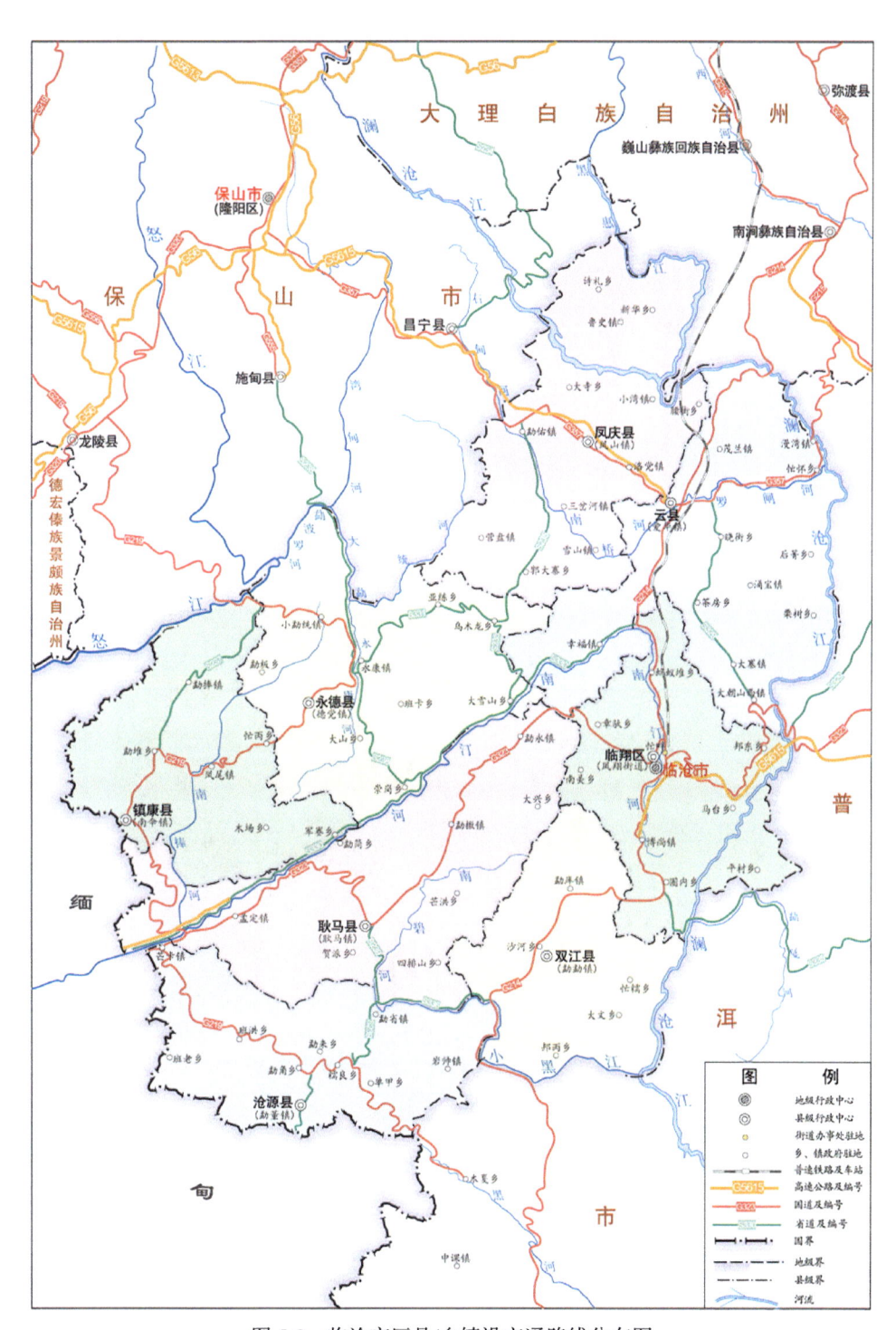

图 5-9 临沧市区县/乡镇沿交通路线分布图

（3）主要零散分布于山间坝区。

坝区自然条件好，城镇发展较快，城镇化水平相对较高，所以临沧市城镇大多数分布于山间坝区较平缓地带，少量城镇分布在海拔较高的山区。8 个县域中心城市全部分布于山间坝区，25 个建制镇中有 20 个分布于山间坝区或坝区边缘，55 个乡镇（除建制镇和县域中心城市）中有 38 个分布于山间坝区或坝区边缘（图 5-10）。由此可见，城镇发展受自然条件的严格限制，既不利于城镇本身的发展也不利于城镇间的联系，更不利于中心城镇向外辐射和带动周边城镇的发展。

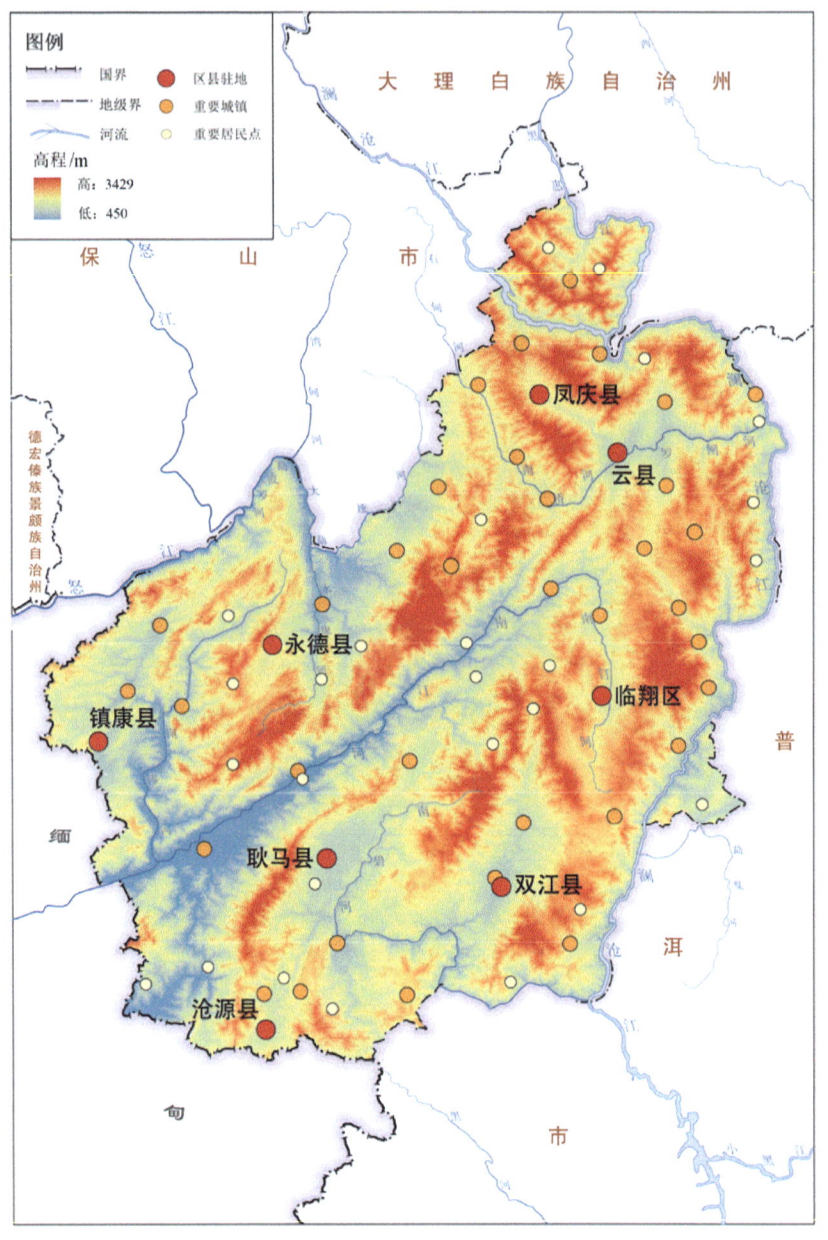

图 5-10　临沧市区县/乡镇沿地形分布图

5.3.3 城镇体系空间结构规划

1. 调整城镇体系空间布局结构的原则

在调整城镇体系空间布局结构时,通常考虑以下原则:

(1)在自然和经济基础差异较大或处于经济开发早期的区域,城镇空间布局可采取集中式构型,允许城镇的分布有差异、发展有先后。

(2)在条件均一或经济发展比较成熟的区域,空间布局可采取分散式构型,城镇升级应着眼于修残补缺。

(3)充分考虑资源开发前景和交通布局趋势,重点发展或新建的城镇应有资源基础和交通保证。

城镇体系空间规划集中体现了城镇体系规划的思想和观点,是整个成果的综合和浓缩,它是规模等级结构和职能类型结构在区域内的空间组合与表现形式。城镇体系的空间结构没有统一、固定的模式,但可以通过规划框架,确定规划期城镇体系的空间结构模式。

2. 城镇体系空间布局结构规划内容

我国城镇体系空间布局规划的总体模式框架是"点—圈—区(带)—线"相结合,实施区域经济发展增长极、重点发展城镇、促进发展城镇、一般发展城镇相协调(崔功豪等,2006)。

(1)点:指一个具体的城镇。①明确区域的若干经济增长极核城市,这类城市主要指区域中心城市、副中心城市和可能出现的新城市。②重点发展的城镇。一般在地市级区域城镇体系规划中,县级市市区和县城自然是重点发展城镇。此外,一些交通区位条件优越的城镇、资源开发前景好的城镇、已经具有较强经济实力并为进一步发展打下良好基础的城镇,都应列入重点发展城镇。重点发展城镇的选择数以不超过城镇总数的 1/4 为宜。③对一些现有发展水平不高,但区位条件好、资源开发有较大优势、在规划期交通条件有重大改善、有条件可能布局重大项目的城镇,可以定为促进发展的城镇,这类促进城镇数量也以不超过 1/4 为宜。

(2)圈:指中心城市圈和经济发展水平较高的副中心城市圈。大城市圈的范围一般以城区中心或副中心到外围 1h 的单程通勤距离为半径。我国规划 50 万人以上的大城市也会有一个城市圈,其地域结构由内向外为城区、近郊区、中郊区、远郊区。城区是连片的、完全市街化的建成区。近郊区既有沿公路分布的带状建成区,也有交错分布的农田、林地,呈半乡村景观;近郊的农业区基本应形成蔬菜、花卉、部分畜禽产品等的专业化生产区域。中郊区菜粮兼作,会转化为城区或近郊区。远郊区种植业以粮经作物为主,特大城市的卫星城多在此规划建设。大城市圈的范围是不断变化的,一方面是由于主城不断向外扩展，另一方面随着城郊之间的快速交通发展，空间距离被"缩短"了，1h 左右的通勤距离不断减小，大城市圈也就越来越大。

（3）区（带）：指城镇密集区（带）。该区域经济发展水平较高，城镇密度也较大，地域范围要超出城市圈，可有若干个大中城市在其中起核心作用。

（4）线：指沿着交通干线形成的区域产业带和城镇发展轴线。一般省域和地市域可划出 2~3 个级别的城镇发展轴线。一级发展轴线以区域内最重要的国道、高等级公路、铁路、重要的内河航道等为轴线，沿线应包括大多数县城及其以上的中心城市，还包括多数规模较大、比较重要的城镇。二级发展轴线多以省道、一二级公路、内河航道等为轴线，包括部分重点发展和促进发展城镇。三级发展轴线大多是县域内城镇发展轴线，主要以二级公路为轴线。重点发展的轴线不宜过多，以免重点不突出。

以临沧市域城镇体系空间结构规划为例：

1）城镇体系发展模式的选择

城镇体系是一个复杂的巨系统，它的发展必须与城镇以外的区域发生物质、能量和信息等的交流，是一个开放系统。在现代社会化大生产和大规模商品市场经济条件下，城镇体系空间布局要打破自求平衡、自成体系、条块分割和互相封闭的传统体制，使城镇体系与外部环境之间、体系内各城镇之间，形成一种不断交换物质、能量和信息的内在机制。这就是所谓的中心城市和经济区域的关系，前者作为"点"，后者作为"面"，通过各种交通线和通信线等"轴"线全面交流和协作，形成"点—轴—面"的稳定有序的城镇体系空间结构。

临沧市位于云南省西南边境地区，地处横断山系怒山山脉南延部分，地形起伏大，城镇的发展受到自然条件的严格限制，无法大面积均衡发展；且经济发展水平较低，只能优先发展区位条件较好的地区，并将其作为重要发展点，依靠主要交通网络作为发展轴，带动其他地区发展。根据对临沧市城镇体系社会经济发展水平、产业发展和经济区划、城镇体系发展综合条件评价，确定临沧市的发展模式为"点—轴"发展模式。首先，将具有良好发展条件和潜力的线状基础设施经过地带确定为发展主轴，有序重点开发。其次，将有限的资金和资源优先用于发展轴上条件优越的城镇（点），影响与带动周围市县的经济发展。最后，确定"点"和"轴"的等级体系，形成不同等级的"点—轴"系统带动整个城镇体系的发展。

A. 点—轴发展模式

以临翔区为市域中心，沧江市（原云县）、凤庆市（原凤庆县）和孟定市（原为孟定镇）为市域次中心，南伞镇、勐董镇为对外重要窗口，其他县城为重点城镇，沿交通主轴线乡镇为节点，纵横国道和省道为一、二级发展轴线，形成临沧城镇体系空间布局模式（图 5-11）。

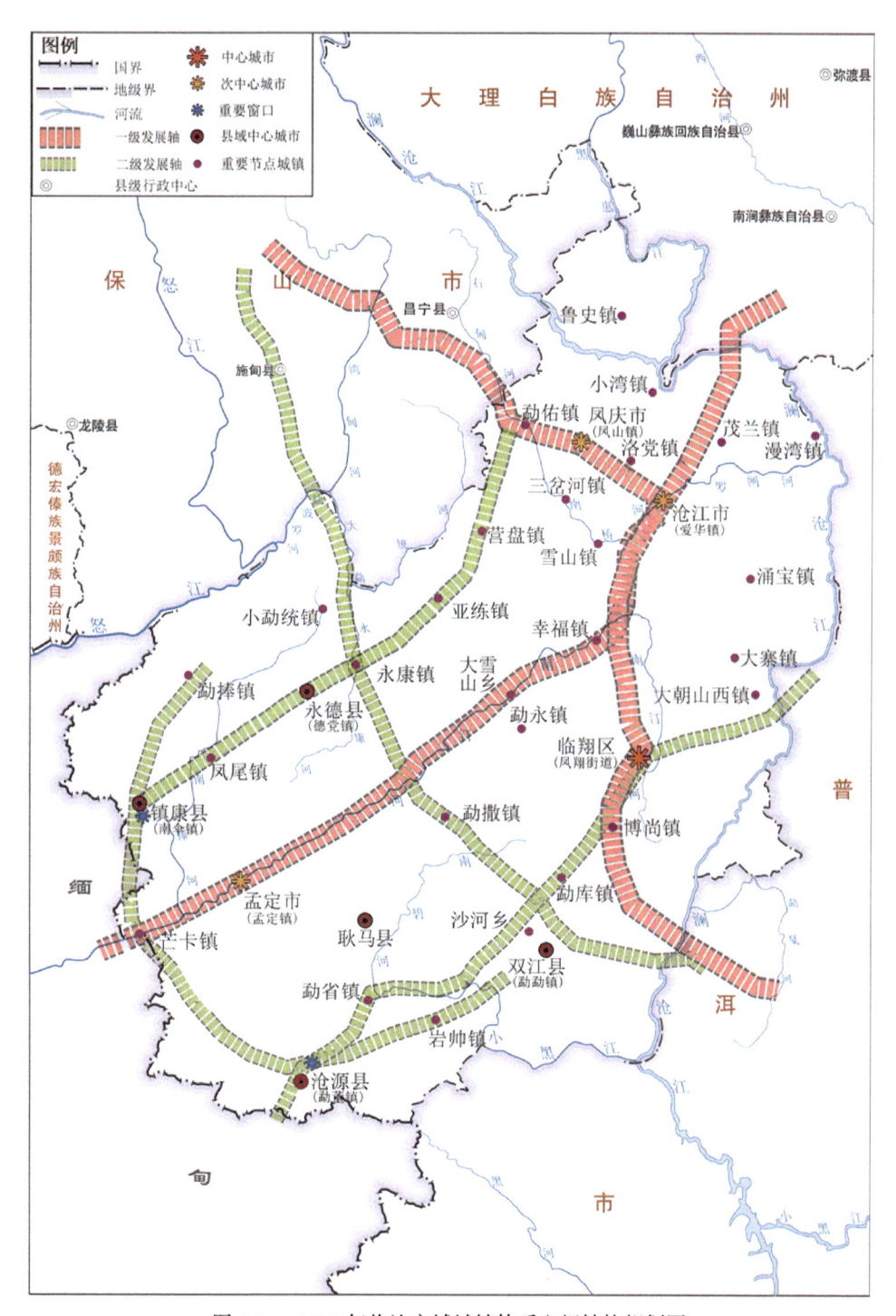

第 5 章　山地城镇体系结构现状分析及规划

图 5-11　2030 年临沧市域城镇体系空间结构规划图

一级发展轴线：①保山昌宁—凤庆市（原凤庆县）——沧江市（爱华镇）—临翔区—普洱市景谷；②大理白族自治州（简称大理州）南涧—爱华镇—幸福镇—大雪山乡—孟定镇—芒卡镇—缅甸。

二级发展轴线：①普洱景东—临翔区—勐库镇—沙河乡—勐省镇—勐董镇—缅甸；②勐佑镇—营盘镇—亚练镇—永康镇—德党镇—凤尾镇—南伞镇；③勐捧镇—南伞镇—芒卡镇—勐董镇—岩帅镇；④保山施甸—永康镇—勐撒镇—勐库镇—勐勐镇—普洱景谷。

B. 发展时序

近期：通过临沧市城镇体系发展条件的综合评价（图 2-8），可知一级发展轴线中的纵线发展已经初见成效，但是一级发展轴线中横线发展还有较大提升空间。纵线上的重点城镇凤庆市（凤庆县）、沧江市（云县）、临翔区保持快速发展的态势；横线上的孟定、耿马、镇康、永德加大发展力度，依靠其地理优势，扩大发展规模，增强城镇吸引力和凝聚力，通过极化效应带动其他县域中心的发展，初步形成"X"形一级发展轴线，着重发展二级轴线，加强县域之间的联系。凭借优先发展实力较强的城镇（沧江、凤庆、临翔）带动永德、镇康、双江、沧源，分别形成两条横向的二级发展轴线。其次，加强南伞和勐董的对外口岸建设，形成以镇康、耿马、沧源为主要对外发展点的边境二级发展轴线，初步形成临沧市的空间发展框架。

远期：随着各级发展轴线的发展、基础设施的建设、主要公路网络的形成，强化沧江市（云县）和临翔区作为重要节点的集聚和扩散功能，进一步完善临沧市空间发展框架。加强临沧市西部地区与东南地区的联系，建设永德至双江的直通道路，在较落后的地区形成完善的道路交通网络，增强整个区域的经济联系，使临沧市城镇体系向均衡方向发展，逐步形成临沧"三横三纵"的空间发展格局。同时，向外充分发挥口岸优势，增加进出口贸易，使其成为全市乃至云南省的主要对外贸易口岸，形成临沧市全面对外开放的新格局。

2）临沧市城镇空间布局模式："一个中心三个次中心""三横三纵"

一个市域中心：临翔区。

三个市域次中心：沧江市、凤庆市和孟定市。

三横：大理州南涧—爱华镇—幸福镇—大雪山乡—孟定镇—芒卡镇—缅甸；勐佑镇—营盘镇—亚练镇—永康镇—德党镇—凤尾镇—南伞镇；普洱景东—临翔区—勐库镇—沙河乡—勐省镇—勐董镇—缅甸。

三纵：保山昌宁—凤庆市—沧江市（云县）—临翔区—普洱景谷；勐捧镇—南伞镇—芒卡镇—勐董镇—岩帅镇；保山施甸—永康镇—勐撒镇—勐库镇—勐勐镇—普洱景谷。

3）近期规划布局思路

从临沧市城镇空间结构现状和发展条件来看，目前临沧市基本形成以临翔区和沧江市（云县）为发展中心，向西北、东南方向延伸；同时以沧江市（云县）为中心向东北、西南方向辐射的布局。近年来，从市内社会经济发展现状和发展趋势来看，沧江市

（云县）经济发展迅速，其经济发展水平已经与临翔区经济发展水平相当，甚至略强于临翔区。从临沧市各县区综合发展条件来看，临翔区排名第一，但因地形条件限制，其辐射能力较弱。所以把综合发展条件仅次于临翔区的沧江市作为共同区域增长中心，把综合发展条件排名第三的凤庆市也作为次级增长中心。

城镇规划布局：临沧市城镇发展最终将形成以临翔区和沧江市（云县）为全市发展中心、以凤庆市为次级增长中心的发展格局。将临翔区和沧江市发展成为面向全省及南亚、东南亚的交通中心和经济中心；把凤庆市发展成为区域政治、文化中心和外向型经济区。同时，增强沧江市、临翔区与凤庆市之间的联系，带动沿 G214、S319 和 S312 沿线各级城镇的发展，使周围城镇与中心城市的社会经济联系更加紧密。临沧市虽作为云南省乃至全国面向南亚、东南亚的重要联系地带，但全市的发展重点主要分布在东北地区，西南地区急需一个区域中心来增强与东北地区的联系。孟定镇综合发展条件好，可以作为凝聚西南地区的区域中心。

发展轴：临沧市近期发展的轴线为"保山昌宁—凤庆市—沧江市（云县）—临翔区—普洱景谷"和"大理州南涧—爱华镇—幸福镇—大雪山乡—孟定镇—芒卡镇—缅甸"两条一级发展轴线，以及"普洱景东—临翔区—勐库镇—沙河乡—勐省镇—勐董镇—缅甸""勐佑镇—营盘镇—亚练镇—永康镇—德党镇—凤尾镇—南伞镇""勐捧镇—南伞镇—芒卡镇—勐董镇—岩帅镇"三条二级发展轴线。通过充分利用国道与省道、省道与省道之间的联系，重点发展沿边国家级口岸南伞镇、孟定镇、勐董镇，从而加强与缅甸等南亚、东南亚国家的联系。同时，形成"勐佑镇—营盘镇—亚练镇—永康镇—德党镇—凤尾镇—南伞镇"二级发展轴线，增强临沧市西部各建制镇之间的联系，尤其是勐佑镇与永康镇之间的联系。

近期通过一级发展轴线与二级发展轴线的联系，初步形成"一个中心两个次中心"与"两横三纵"的空间发展模式。

4）远期规划布局："一个中心三个次中心""三横三纵"

重点发展点：规划远期，临沧市将形成以临翔区为中心，沧江市、凤庆市和孟定市为次中心，南伞镇、勐董镇为重要的对外窗口，永德县城、镇康县城、耿马县城、双江县城、沧源县城为五个县域中心，沿交通轴线分布的乡镇为节点的临沧城镇体系空间发展模式。

发展轴：在规划近期形成的一二级发展轴线基础上，新增建设以临翔区为起点经过马台乡至普洱景东的交通干道，加强临翔区与普洱市的联系，缩短两地之间的通行时间，为临翔区与周边地区的共同发展提供更多可能，凸显临翔区作为市域中心的地位。同时，在现有二级发展轴线的基础上，新增"保山施甸—永康镇—勐撒镇—勐库镇—博尚镇"的二级发展轴线，加强永德、耿马、双江三个县城之间的联系，并连通保山、临沧、普洱，方便临沧市与周边市的合作与交流，将临沧市纳入云南省的发展主轴，完善临沧市西南地区的经济网络。通过将临沧市的城镇体系布局推向网络发展，最终形成"三横三纵"的网络发展模式（图 5-11）。

参 考 文 献

崔功豪, 魏清泉, 刘科伟. 2006. 区域分析与区域规划. 北京: 高等教育出版社.
陈彦光, 刘继生. 2001. 城市系统的异速生长关系与位序-规模法则——对 Steindl 模型的修正与发展. 地理科学, 21(5): 412-416.
何芳. 1995. 区域规划. 上海: 百家出版社.
黄以柱. 1991. 区域开发与规划. 广州: 广东教育出版社.
许学强, 周一星, 宁越敏. 2022. 城市地理学（第三版）. 北京: 高等教育出版社.

第6章 山地城镇体系空间管制

6.1 空间管制的概念、内涵及作用

空间管制是为制约人类几乎无限的开发建设欲望，对空间资源施以的管理或管制（汪劲柏和赵民，2008），其综合运用地理学、生态学、公共管理学和区域规划学等理论与方法，遵循区域可持续发展、强制性和控制性并存、空间准入的可操作性及其与相关规划协调等准则（郑文含，2005），基于城乡协调、生态承载力相对稳定与社会经济可持续发展相统筹的规划理念，通过划分空间类型、提出分区比例和制定管理策略，协调开发与保护的矛盾，实现公共空间资源的合理配置，是合理利用与保护空间资源、促进空间高效利用、协调多方主体利益的重要手段（孙斌栋等，2007；金继晶和郑伯红，2009；刘洁敏，2017；陈小璇，2019）。

空间管制是一种有效而适宜的城乡空间资源配置方式，对引导和促进区域城乡建设和发展，优化城乡空间布局及其资源配置，促进区域资源开发、环境保护与可持续发展有显著作用。作为一种有效的公共管理手段，空间管制已被纳入相关法律和规章制度，成为我国城乡规划中各级各类规划的一项强制性内容。空间管制的有效实施，是以建立"空间准入"制度为核心，为各类开发建设活动设定"准入门槛"，达到引导控制目的；是依据不同的地域功能、空间资源特色、开发潜力，从空间范围上划定不同的管制区域，制定相应空间利用引导对策和限制策略（郑文含，2005），而落实区域空间管制政策是为了在快速城镇化进程中解决建设开发与生态保护的矛盾，协调区域发展，从而合理配置区域资源（王京海等，2016）。因此，空间管制既体现了城镇体系规划的整体性和系统性，也为未来城乡人口、社会经济发展和生态环境保护做好时空上的科学合理安排，严格规避灾害区域与生态脆弱区，明确人口、产业城乡发展的可集聚、可开发建设区域，并以此制定政府调控和引导城镇体系人口、资源、环境与发展优化配置的空间政策。

6.2 空间管制的依据与内容

传统城镇体系规划以确定各级各类城镇的规模、职能和空间三大结构为核心，强调生

产力布局和城镇体系空间格局，并以高等级城镇作为区域经济中心，划分经济区。然而，面对城乡建设发展面临的日益严峻的资源过度消耗、生态破坏、环境污染、区域开发建设混乱无序、多元主体利益难以协调等问题，空间管制作为一种有效空间资源配置模式和一项重要规划内容，已深入城乡规划体系各类型规划编制中，具有明确的法定地位。

制定空间管制能够更好地协调人文与自然资源的保护与开发，走资源节约型、环境友好型、生态可持续的新型城镇化道路；同时，能够更加突出保护生态与环境、水土资源以及自然历史文化遗产的重要性。目前，城镇体系空间管制的依据主要体现在各类通知、办法和法律法规等方面（表6-1）。

表6-1 空间管制的相关法律法规与强制性内容

法规	年份	内容
《关于加强省域城镇体系规划工作的通知》	1998	将"区域开发管制区划"列为省域城镇体系规划中"需要补充和加强的规划内容"之一
《县域村镇体系规划编制暂行办法》	2006	第十六条：县域村镇体系规划应突出"确定生态环境、土地和水资源、能源、自然和历史文化遗产等方面的保护与利用的综合目标和要求，提出县域空间管制原则和措施。" 第十八条："编制县域村镇体系规划，应当对县域按照禁止建设、限制建设、适宜建设进行分区空间控制。对涉及经济社会长远发展的资源利用和环境保护、基础设施与社会公共服务设施、风景名胜资源管理、自然与文化遗产保护和公众利益等方面的内容，应当确定为严格执行的强制性内容。"
《城市规划编制办法》	2006	第三十条 市域城镇体系规划应当包括"确定生态环境、土地和水资源、能源、自然和历史文化遗产等方面的保护与利用的综合目标和要求，提出空间管制原则和措施"
《国土资源"十三五"规划纲要》	2016	第九节 建立国土空间用途管制制度。以土地用途管制为基础，将用途管制扩大到所有自然生态空间，构建以空间规划为基础，以用途管制为主要手段的国土空间开发保护制度
《中华人民共和国城乡规划法》（2019年修正）	2019	第十七条 "城市总体规划、镇总体规划的内容应当包括：城市、镇的发展布局，功能分区，用地布局，综合交通体系，禁止、限制和适宜建设的地域范围，各类专项规划等
《关于建立国土空间规划体系并监督实施的若干意见》	2019	健全用途管制制度。以国土空间规划为依据，对所有国土空间分区分类实施用途管制。在城镇开发边界内的建设，实行"详细规划+规划许可"的管制方式
《关于加强和规范规划实施监督管理工作的通知》	2023	经依法批准的国土空间规划是开展各类国土空间开发保护建设活动、实施统一用途管制的基本依据。总体规划和详细规划是实施城乡开发建设、整治更新、保护修复活动和核发规划许可的法定依据 不得将国土空间总体规划和详细规划管控要求之外的非空间治理内容纳入规划条件，不得违反国家强制性标准规范设置规划条件
《关于在经济发展用地要素保障工作中严守底线的通知》	2023	严控新增城镇建设用地。各地要充分发挥城镇开发边界对各类城镇集中建设活动的空间引导和统筹调控作用。坚决杜绝擅自突破年度计划指标、破坏自然和历史文化遗产资源等各类建设行为

空间管制的相关法律法规中已明确的强制性内容包括：①城市总体规划中，需要合理确定区域开发管制区域，划定优先发展和鼓励发展的地区，需要严格保护和控制开发的地区，以及有条件许可开发的地区，并提出相应的开发标准和控制的措施作为政府进行开发管理的依据；②城镇体系规划中，确定生态环境、土地和水资源、能源、自然和历史文化遗产等方面的保护与利用的综合目标和要求，提出空间管制原则和措施；③中心城区规划中，要求划定禁止建设区、限制建设区、适宜建设区和已建区，并制定空间管制措施，研究空间增长边界，确定建设用地规模，划定建设用地范

围，突出对人文资源、自然资源和生态环境的保护。

6.3 空间管制规划的思路和方法

城镇体系规划中空间管制规划的基本思路为：依据区域空间资源属性与特征，分析空间资源开发利用中的主要问题和障碍性因素，明确空间管制的方向和目标。按照现有空间类型，以优化空间结构与完善空间功能为目标，提出不同类型功能空间管制内容和策略。空间管制规划的主要流程如图6-1所示，主要分为3个步骤。

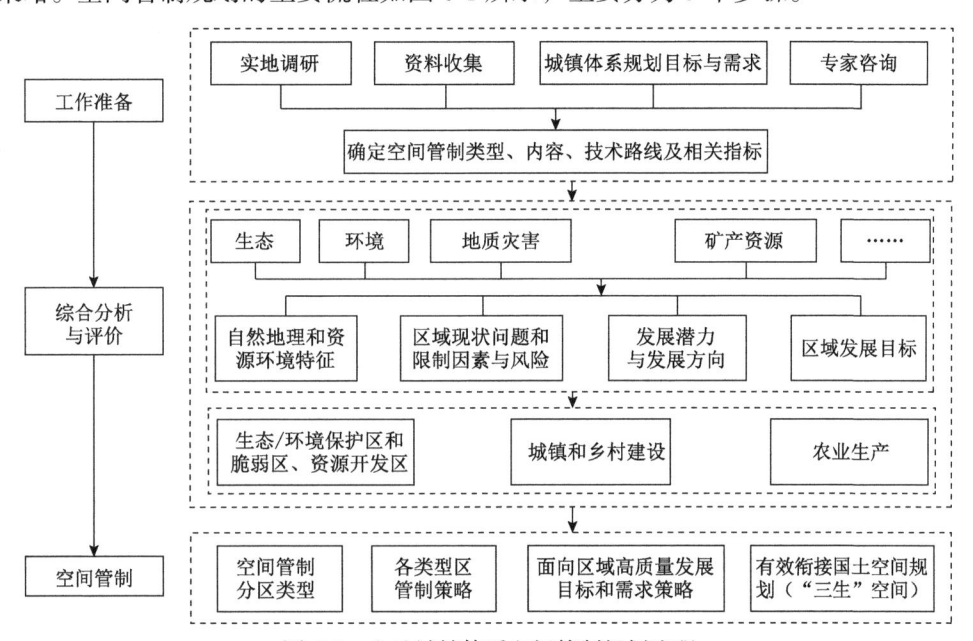

图6-1 山地城镇体系空间管制规划流程

1）工作准备阶段

重点是依据城镇体系规划的目标和需求，收集整理基础数据，确定空间管制的内容、影响因素和相关指标体系。基础数据如下。

（1）自然地理环境因素：地形地貌、水文、气候、生物资源；

（2）人文社会环境因素：历史文化资源、基本农田、城镇（市）建设区、基础设施和公共服务设施、区位交通、产业布局、人口、国内生产总值；

（3）生态环境要素：湿地、林地等生态用地、河网水系、生态敏感区、生态脆弱区、风景名胜区、自然保护区、森林公园。

2）综合分析与评价阶段

通过对区域自然、人文、生态等要素的综合分析，确定自然地理和资源环境特征，分析区域存在的问题，识别社会经济发展的限制性因素和存在的风险，研究区域发展潜力和发展方向，从而确定区域发展的目标。在此基础上，划分生态/环境保护区和脆弱区、资源开发区，城镇和乡村建设、农业生产发展的范围。综合评价方法主要采用系统分解法，将评价系统分解为若干子系统，再根据适宜的评价指标对各子系统进行定量评价，最后通过叠加各子系统评价结果，确定整个系统的评价等级，以此作为空间管制的依据。当前的系统多以分解的"自然-经济-社会-生态"子系统为主，也可利用"压力-状态-响应"框架建立指标体系。从评价模型方法看，一方面，当前应用较广泛的技术方法主要包括系统聚类法、层次分析模糊评价法、Q 型系统聚类和主成分分析法、层次分析法与 GIS 技术方法（郝晋伟等，2012；黄焕春等，2013；张远敏等，2015；陈孝等，2017；金志丰和王静，2019）、最小阻力模型（刘剑，2014；储金龙等，2016）、生态安全格局方法（彭瑶玲和邱强，2009；储金龙等，2016；陈小璇，2019）等。另一方面，空间管制区划尽管有较为明确的法规界定，但就其技术基础而言仍较薄弱，尚缺乏严谨的划分方法、标准以及基于深入研究的理论支撑。在规划过程中，较多规划成果仍然基于经验判断确定。由于城乡规划本身的价值特征及空间决策依据的多元性，这些基于经验的推理性行为也具有不可替代的作用（汪劲柏和赵民，2008）。因此，先进的技术方法与经验判断相结合，将有助于提高空间管制规划的合理性和科学性。

3）空间管制阶段

以第二阶段综合评价结果为依据，明确划分空间管制分区类型，在面向区域高质量发展目标和需求的同时，进一步提出各类分区的管制策略。同时，该成果在数据库建设标准、各类型分区及规划引导方面应与各级国土空间规划相衔接。

6.4 空间管制的分区类型和管制策略

如前文所述，空间管制主要通过划定区域内不同发展特性的类型区，制定分区开发标准和控制引导措施，进而协调社会、经济与环境可持续发展。空间类型通常分为政策分区和建设分区（陈晨，2009；王宝强和李萍萍，2019）。政策分区是进行空间管制的前提，是指根据区域经济、社会、生态环境与产业、交通发展的要求，结合行政区划进行次区域政策分区，在不同政策分区中实施不同的管制对策和控制及引导要求，该分区通常以经验分析方法为主；建设分区通常分为禁止建设区、限制建设区、适宜建设区三类，在城镇体系规划中应用较广。一般来说，空间管制建设性分区分为已建区、禁止建设区、限制建设区和适宜建设区四类，各分区制定不同的开发、建设和管制要求指导城市开发建设。通过两种方法相结合，划分出的四类空间管制类型及其内容和策略如下。

1）已建区

（1）管制范围：现状城镇（市）建成区。包括现状居住、公共设施、市政公用设施、工业、仓储、对外交通、道路广场、城市绿地和农村居民点。

（2）管制策略：对现状城镇建设用地应整合用地，积极推进旧城区有机更新，提高土地利用效率；完善市政基础设施、公共服务设施和交通基础设施，改善居住环境。

2）禁止建设区

（1）管制范围：禁止建设区通常是需要保护的区域，包括地质灾害极易发区和高易发区、地下采空区、基本农田保护区、文保单位的绝对保护区、河流水系、地表水源一级保护区、地下水源核心保护区、公共绿地、组团生态隔离绿地、坡度大于 35°的高大山体、基础设施廊道（高速公路防护绿带、高压走廊、排水干渠、道路两侧绿带等）等。

（2）管制策略：禁止在该区域内进行有损生态环境的各种活动，城市建设不得占用该区域范围内的任何用地，对区内的农村居民点和企业应予以搬迁并做好生态恢复工作。开发建设占用基本农田需要经过严格的审批程序，并要进行耕地补偿。对于基本农田，应当划定保护红线，实行最严格的土地管理政策进行严格保护，禁止一切城镇建设活动。

3）限制建设区

（1）管制范围：是指可以适当地进行建设活动的区域，主要包括地质灾害中易发区和低易发区、地表水源二级保护区、地下水源防护区、文保单位的建设控制地带、工程地质条件较差的三类用地和坡度在 25°～35°的山体等。

（2）管制策略：原则上以保护为主，可以适度有选择地进行城市建设活动，但要同时兼顾生态保护。对于非农田区域，控制大规模的城镇开发项目，严格控制线性基础设施和独立建设新增用地；鼓励建设生态廊道、生态隔离带等生态基础设施；对于一般农田，禁止占用耕地的非农建设。

4）适宜建设区

（1）管制范围：是指需要加大开发力度和有待开发的区域。

（2）管制策略：区内一切建设活动必须符合总体规划和控制性详细规划的要求，合理利用土地资源，严格控制用地指标，保护生态环境和历史文化。

城镇体系规划将城乡空间分为上述四大区，其目的是将规划中适合于不同区域建设发展和保护的相关项目有针对性地进行落实，以保证城乡统筹发展、城乡一体化发展和城乡空间资源可持续利用。

针对不同的空间管制区域提出不同的发展与管制策略，因地制宜地实施保护或建设计划，使管制目标更加明确，可以有效避免对某些区域"过严"或"过宽"的强制性"一刀切"政策，更好地实现城乡统筹和有序发展。其管制策略重点包括：统筹城乡建设用地的规模、布局和管理体系；提出各类空间的规划建设管控要求，划定生态保护红线；城镇空间包括工业发展空间、城镇居住空间及服务业聚集空间，明确城镇（市）集中建设区范围；农业空间是以田园风光为主，科学分布一定数量的村庄和集镇；生态空间包括各类自然保护区、水源保护区和林地，并落实永久基本农田保护线。

6.5 山地城镇体系规划中的空间管制案例

6.5.1 东川区现状分析

1. 区域概况

东川区位于云南省东北部和昆明市最北端，地处 102°47′E～103°18′E，25°57′N～

26°32′N，隶属昆明市。东川区东部邻近云南省曲靖市会泽县，西部靠近昆明市禄劝彝族苗族自治县（简称禄劝县），北连云南省昭通市巧家县，南接昆明市寻甸回族彝族自治县（简称寻甸县），并与四川省凉山彝族自治州（简称凉山州）会理市和会东县隔金沙江相望，总面积为1858.79km²（图6-2）。

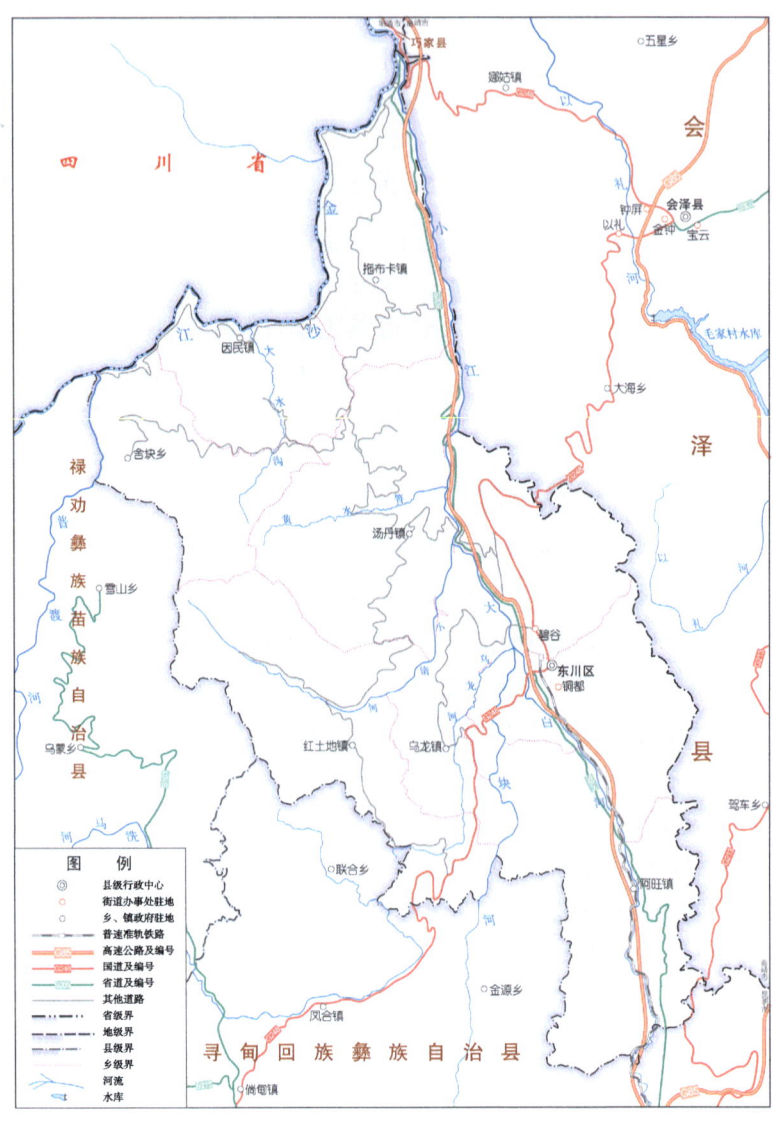

图6-2 东川区区位图

1）区域生态环境

A. 地形地貌

东川地处云贵高原北部边缘，属川滇经向构造带与华夏东北构造带接合过渡部位。南北最大纵距84.6km，东西最大横距51.2km。境内山高谷深，地势陡峻，以小江为界，东侧为乌蒙山系，最高峰"牯牛寨"海拔4017.3m；西部为拱王山系，最高峰

"雪岭"海拔 4344.1m，为"滇中第一峰"。东川境内金沙江与小江交会处的小河口，海拔仅为 695m，系昆明市海拔最低点。由于东川境内为世界深大断裂带，地质侵蚀强烈，形成典型的深、中切割的高山峡谷地貌。

B. 气候

东川区位于我国长江流域，属于中亚热带湿润地区。年平均气温为 14.9℃，最高气温 42℃，最低气温–7.8℃。降雨主要集中在 5～9 月，年平均降水量约为 1000.5mm，月最大降水量 208.3mm，日最大降水量 153.3mm。相对湿度较大，为 76%。年日照时长较长，为 2327.5h，年蒸发量 1856.4mm。最大风速 40m/s，盛行西南风。东川区立体气候特征明显，境内植物、气温和土壤空间差异较大，形成了"一山分四季、十里不同天"的立体气候。

C. 水能资源

东川区境内的河流多发源于高山峻岭，平均落差 413m，平均流量 4.3m³/s。水能总量 49.17 万 kW，人均占有 1.8kW。其中，小江格勒坪子蕴藏量为 18.36 万 kW，占全区总量的 37.3%；小清河蕴藏量为 13.13 万 kW，占全区总量的 26.7%，受地质、地形的条件限制及泥石流等灾害的影响，水能可开发量仅为 13.27 万 kW，低于全国和全省的平均水平。

D. 环境质量

东川区土壤按其理化性状分共 8 级。其中，4～6 级地分布在中、高山地区，土壤多含砾石、卵石、粗砂，质地差，易受旱、涝影响，侵蚀重，是水土流失主要发生地。同时，由于高山峡谷特有的立体气候，植被种类多样，但小片分散，数量有限，且多属次生性植被。由于特殊的地质、地貌和气候条件，加上历史上大规模的开矿和伐薪烧炭炼铜，以及长期以来为燃料、建筑伐木，以致森林植被破坏严重，水土流失严重，生态恶性循环。自然生态系统所形成的格局和各种自然灾害的频繁发生，加之人为的过量不合理生产活动，如乱采乱挖、毁林、陡坡开荒，致使农业生态环境恶化（马槽和张正川，2014）。

2）区域经济社会

A. 行政区划、人口

东川区辖铜都街道、碧谷街道 2 街道，汤丹镇、因民镇、阿旺镇、乌龙镇、拖布卡镇、红土地镇 6 镇，舍块乡 1 乡，设 40 个社区，130 个行政村。第七次全国人口普查数据显示，全区常住人口 26.07 万，户籍人口 31.6 万人，少数民族人口约 2.6 万人，占户籍人口比例为 8.23%。民族以汉族为主，世居少数民族主要有彝、回、苗和布依族，有少数民族 38 个，少数民族中彝族 12952 人占 49.82%、回族 5054 人占 19.44%、苗族 3423 人占 13.17%、布依族 1441 人占 5.54%。

B. 交通状况

东川区境内和周边分布着 G85 渝昆高速、S23 昆明至巧家高速，国道有 G245

线、G213 线、G248 线，省道有 S101 线、S219 线、S308 线。东川区境内现状铁路线为东川支线，东川铁路支线全长 92.599km。长水国际机场作为东川区依托的航空港，可通过渝昆高速、双龙至机场高速一小时之内到达，人员、货物可通过长水国际机场顺利、快捷地转运到全国和世界各地。"十四五"期间，东川区将规划建设覆盖公路、铁路、水运、民航的综合交通基础设施。水运方面，东川港开展前期规划设计工作，依托乌东德电站和白鹤滩电站布局，构建东川通江达海的航运通道。白鹤滩库区东川区境内建设选址完成，将建 4 个码头、6 个停靠点及部分航道工程。航远方面，拟建的东川通用机场为 A1 级通用机场，飞行区等级指标为 2B，规划 1 条1600m 跑道。

C. 经济总体状况

"十四五"以来，东川区经济发展稳步上行，地区生产总值显著增长。《昆明市东川区 2020 年国民经济和社会发展统计公报》显示，2020 年，东川区实现地区生产总值 125 亿元，同比增长 4%。一般公共预算收入完成 6.23 亿元，同比增长 6%；一般公共预算支出 37.56 亿元，同比增长 2.5%。规模以上工业增加值增长 15%，固定资产投资完成 89 亿元。三次产业结构比调整为 8∶26∶66。社会消费品零售总额 46 亿元，同比增长 1%。城镇常住居民人均可支配收入 36681 元，增长 4%，农民常住居民人均可支配收入 10242 元，增长 8.8%。年末金融机构人民币各项存款余额 155.55 亿元，增长 9.07%；各项贷款余额 109.63 亿元，增长 6.73%。

2. 区域发展条件与问题

1）区域外部条件

（1）云南省政府于 2004 年召开"建设东川再就业特区"工作会议指出，省区市各级政府和部门要创造条件，形成合力，共同为加快建设东川提供保障支持。

（2）从经济地理与交通环境因素出发，昆明市地处我国西南区域的"南丝绸之路"经济纽带，与湄公河次区域经济圈及成渝经济圈的联系密切。东川位于滇川两省交会处，受到滇中发展极和滇东北经济圈的影响，以矿产经济和旅游经济为特色，与周边地区形成叠加效益或专业化分工。

（3）东川区拥有丰富的矿产资源。随着区域交通区位条件的改变，东川不仅仅是资源的提供地区，而且将大力发展资源的加工工业，在云南省和昆明市大力推进工业化进程中具有至关重要的作用。

2）区域内部条件

A. 矿产资源丰富

东川区具有比较优势的矿种主要有铜、磷、铁、黄金、铅锌、河沙、汉白玉、墨玉和石灰石。其中，铜矿累计探明储量 312.91 万 t 金属量。东川矿产资源种类多而且分布广，遍及东川区 9 个乡（镇）。①铜矿：东川境内铜的地质储量居全国第二位，精矿含铜量居全国第三位。②铁胆石：东川铁胆石由于其特有的金属亮色、硫化铁结晶的多样性及晶体构成纹理图案的丰富性，成为云南石胆中最具观赏性的一个种类。③其他矿产：在拖布卡-播卡 180km² 的区域内黄金储量已达大型金矿床储量。铁矿累计量约 1 亿 t，主要有包子铺和铁架山 2 个中型铁矿，拖布卡-播卡一个中型铁矿带和零星 24 个小矿点；铅锌有近 10 万 t 的储量。非金属矿有近 1 亿 m³ 的河沙资源，近 100 万 m³ 的墨玉储量，近 100 万 m³ 的优质"牡丹红"花岗岩装饰石材和近千万吨的优质石灰石等。磷矿有近 4 亿 t 的资源量；在罗家村、活龙-观音岩各有近 1 亿 t 资源量的磷矿带，南部阿旺镇白龙潭村有近 1 亿 t 资源量的磷矿带，西部新桥-九龙有近 1 亿 t 资源量的磷矿带。

B. 立体气候特征明显，旅游资源多样

东川区山脉河谷南北纵横，其境内植物、土壤和气温等方面的差异较大，形成了典型的"一山分四季、十里不同天"的立体气候，境内自然景观丰富、旅游资源种类繁多，包括太阳谷文化园、汤丹文化园、红土地、轿子雪山等旅游胜地。

3）现状问题

A. 土地利用空间差异较大

东川区有林地、耕地、园地、草地、建设用地等用地类型，以林地、草地和耕地为主，其中林地主要分布在汤丹镇、铜都街道、阿旺镇、因民镇和红土地镇，耕地主要分布在汤丹镇、红土地镇、阿旺镇及铜都街道，园地主要分布在铜都街道。耕地减少的主要原因为金沙江支流小江、大白河和块河流域泥石流、洪水等灾害导致的耕地损毁。

B. 水资源利用率较低

东川区水资源总量达 16.69 亿 m³，其中年均地表水总量 9.32 亿 m³，年均境外流入客水总量 7.37 亿 m³，流出境外水量 16.21 亿 m³，净耗水量 4793 万 m³，其中净耗客水量 1362 万 m³。东川区灌溉技术落后，水资源浪费严重，导致水资源利用效率不高。随着经济社会水平的发展和工业化、城市化进程的加快，工业用水和居民生活用水量大幅增加，农业、工业和城镇居民生活用水之间的矛盾将进一步激化。

C. 矿区生态破坏问题严重

东川区采矿历史悠久，矿区生态问题严重。东川铜矿历史采区经过数十年的开采，出现山体采空问题，已经形成了地质灾害隐患。

D. 经济增长方式单一

整体来看，东川区经济发展水平不高，产业结构不合理，产业体系不完整，第三产业发展水平偏低。

6.5.2 生态敏感性评价

1. 生态敏感性评价指标体系构建

生态敏感性因子的选取既包含基础性因子，又要根据区域特点选取差异化生态敏感性因子。

1）高程

高程是影响生态敏感性的重要因素。不同高程的生态系统，抗干扰能力和恢复能力不同。随着高程的增加，生物多样性会逐渐降低，生态系统也会更加脆弱，生态敏感性也会提高。东川区北部边缘地带以及东川区中部有明显的山脉，而西部地势较为平坦，按照高程对其敏感性进行分级并赋值，见表6-2和图6-3（a）。

表6-2　东川区高程敏感性分级

	高程/m				
	<1500	1500～2000	2000～2500	2500～3000	≥3000
分级	不敏感	轻度敏感	中度敏感	高度敏感	极敏感
分值	1	3	5	7	9

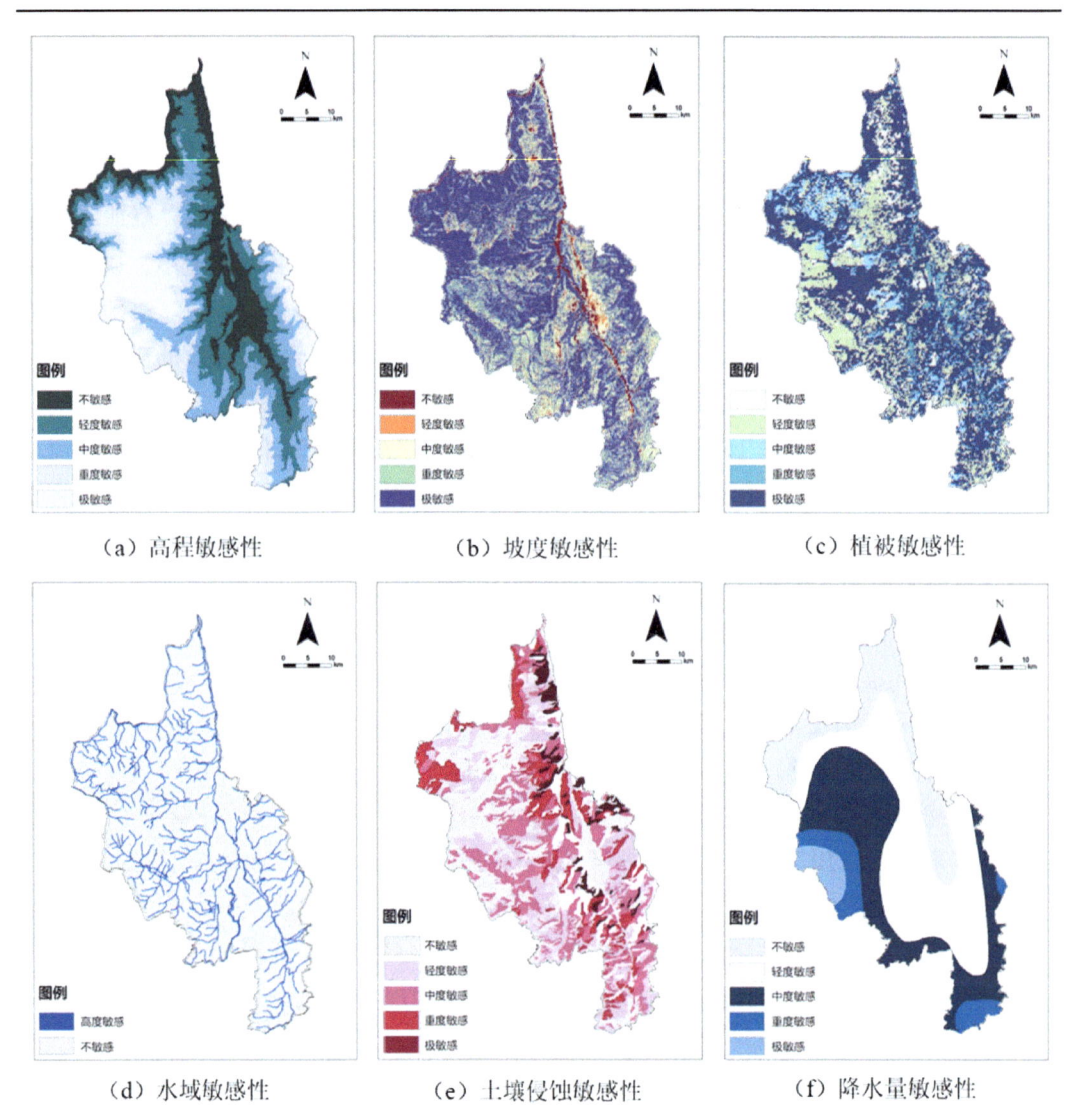

（a）高程敏感性　　（b）坡度敏感性　　（c）植被敏感性

（d）水域敏感性　　（e）土壤侵蚀敏感性　　（f）降水量敏感性

图6-3　东川区生态敏感性各因子评价分级图

2）坡度

坡度是描述地势陡峭状况的指标。坡度越低，地面相关的生态系统可以接收到的能量就会越多，生态系统的稳定性也会有所增加，不易发生环境破坏和土壤侵蚀等问题，生态环境的敏感性越低，反之亦然。东川区大部分区域的坡度较大，属于国家禁止开垦区，坡度敏感性分级见表6-3和图6-3（b）。

表6-3 东川区坡度敏感性分级

	坡度/（°）				
	<3	3～5	5～15	15～25	≥25
分级	不敏感	轻度敏感	中度敏感	高度敏感	极敏感
分值	1	3	5	7	9

3）植被

植被是影响生态系统稳定性的重要因素。植被种类丰富的地区生态系统的稳定性越好，生态敏感性越低。东川区大部分区域只适宜草地植被的生长，植被种类较为单一，生态系统稳定性较差，生态敏感性较高，植被敏感性分级见表6-4和图6-3（c）。

表6-4 东川区植被敏感性分级

	针叶林 自然林地	果园 针阔混交林地	灌木林 阔叶林	耕地农田	草地
分级	不敏感	轻度敏感	中度敏感	高度敏感	极敏感
分值	1	3	5	7	9

4）水域

水域是生态系统中不可缺少的一部分。水域会影响植物种类的丰富度和植物的生长情况，从而影响生态系统的稳定性。东川区的水系大部分集中在中西部，因此该区域生态系统更加脆弱，容易遭到破坏，水域敏感性分级见表6-5和图6-3（d）。

表6-5 东川区水域敏感性分级

	水系	无水系
分级	高度敏感	不敏感
分值	7	1

5）土壤侵蚀

土壤侵蚀是指土壤及其母质在水力、风力、冻融或重力等外营力作用下，被破坏、剥蚀、搬运和沉积的过程。土壤侵蚀会造成土壤资源破坏、土壤肥力和质量下降、生态环境恶化、淤积抬高河床加剧洪涝灾害和淤塞水库湖泊影响开发利用，土壤侵蚀敏感性分级见表 6-6 和图 6-3（e）。

表 6-6　东川区土壤侵蚀敏感性分级

	微度侵蚀	轻度侵蚀	中度侵蚀	强度侵蚀	极强度侵蚀
分级	不敏感	轻度敏感	中度敏感	高度敏感	极敏感
分值	1	3	5	7	9

6）降水量

降水量对一个地区的生态系统有很大的作用和影响，降水量决定了当地的植物物种的选择，从而影响当地的生态环境的状态和环境承载能力。东川区北部和中部降水量很少，不适宜植物的生长，西部降水量较为丰厚，适宜部分植被的生长，所以西部的生态环境较中部和北部好，降水量敏感性分级见表 6-7 和图 6-3（f）。

表 6-7　东川区降水量敏感性因子分级

	降水量/mm				
	500～700	700～900	900～1100	1100～1300	1300～1700
分级	不敏感	轻度敏感	中度敏感	高度敏感	极敏感
分值	1	3	5	7	9

2. 生态敏感性指标的权重确定

采用层次分析法，构建 6 阶判断矩阵，判别各生态敏感性因子的相对重要性（表 6-8）。

表 6-8　东川区生态敏感性评价体系 6 阶判断矩阵

指标项	高程	坡度	植被	水域	土壤侵蚀	降水量
高程	1	1/3	1/2	1/3	1/5	1
坡度	3	1	2	1	3	3
植被	2	1/2	1	1	2	3
水域	3	1	1	1	1	5
土壤侵蚀	5	1/3	1/2	1	1	1
降水量	1	1/3	1/3	1/5	1	1

通过检验，CR 值<0.1，说明判断矩阵满足一致性检验。最终得到各生态敏感性因子的权重为：7.083%、27.691%、19.041%、22.882%、15.605%、7.698%（表 6-9）。

表 6-9　东川区生态敏感性因子层次分析结果

指标项	权重/%	最大特征根	CI 值	RI 值	CR 值
高程	7.083				
坡度	27.691				
植被	19.041	6.433	0.087	1.260	0.069 < 0.1
水域	22.882				
土壤侵蚀	15.605				
降水量	7.698				

6.5.3　发展潜力评价

1. 发展潜力指标体系构建

选取影响区域用地空间发展潜力的因子，包括距城区距离、土地利用类型、交通便捷度、人口密度。

1）距城区距离

距城区距离是指区域中各点到城市中心的距离。距城区越近，说明该区域内的交通越方便。反之距城区越远，说明交通条件越差，经济发展也会相对落后。东川区中东部区域距城区距离更近，说明该区域的居民居住区以及生活区域相对紧凑，交通更加便利，按照距城区距离对发展潜力分级并赋值，见表6-10和图6-4（a）。

表 6-10　东川区距城区距离发展潜力分级

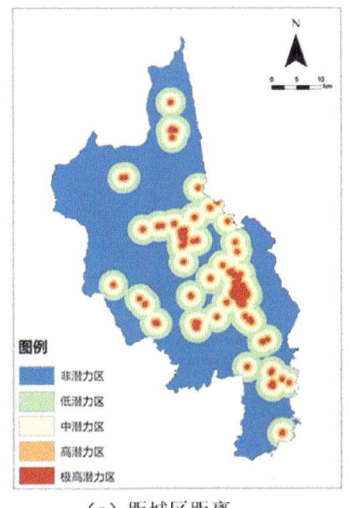

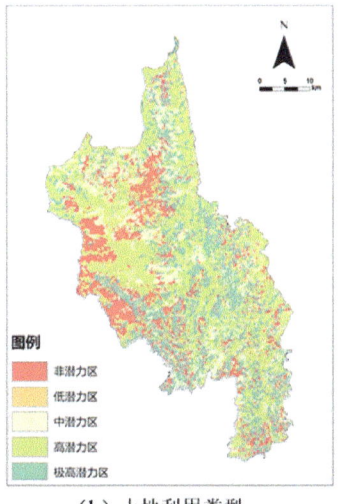

	距城区距离/m				
	≥3000	2000~3000	1000~2000	500~1000	<500
分级	非潜力区	低潜力区	中潜力区	高潜力区	极高潜力区
分值	1	3	5	7	9

（a）距城区距离　　（b）土地利用类型

(c) 交通便捷度　　　　　　　　(d) 人口密度

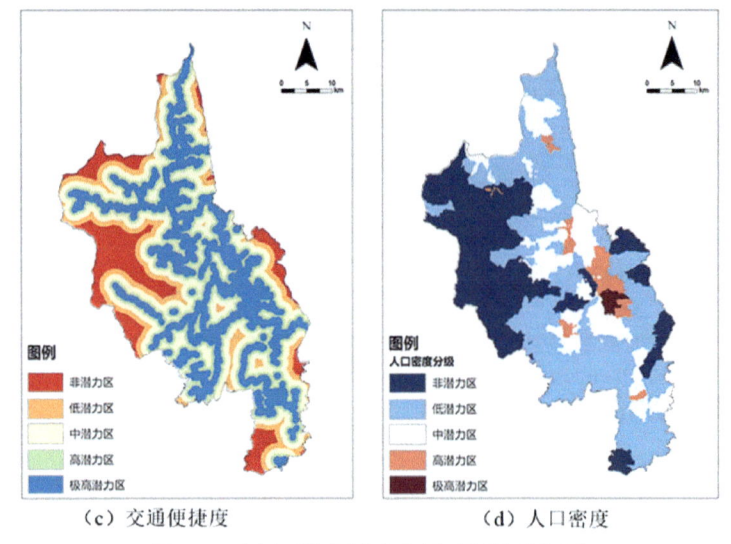

图 6-4　东川区发展潜力各因子评价分级图

2）土地利用类型

土地利用类型是根据土地利用的地域差异划分的，是反映土地用途、性质及其分布规律的基本地域单位。土地利用类型的划定除了认识土地利用现状的地域差异外，更主要的是为了评定土地生产力，确定土地质量和发展潜力。在一定的社会经济条件和科技水平下，不同的土地利用类型，相对于社会经济发展需求，对于土地的投入成本和开发利用难易程度来说，对应着不同级别的适应程度和利用潜力。东川区大部分地区为空间发展的高潜力区，以草地为主，非潜力区以盐碱地、沙化地、采矿用地为主，低潜力区为沼泽、湿地和滩涂，中潜力区为河流、湖泊、林地、沟渠等，土地利用类型发展潜力分级见表 6-11 和图 6-4（b）。

表 6-11　东川区土地利用类型发展潜力分级

	盐碱地、沙化地、采矿用地	沼泽、湿地、滩涂	河流、湖泊、林地、沟渠	草地	建设用地、耕地、园地
分级	非潜力区	低潜力区	中潜力区	高潜力区	极高潜力区
分值	1	3	5	7	9

3）交通便捷度

交通便捷度是衡量城市之间的移动难易程度的指标，通过计算距道路距离来表示交通便捷度，指标值越高，交通便捷度越差。东川区中部交通便捷度较高，交通便捷度发展潜力分级见表 6-12 和图 6-4（c）。

表 6-12 东川区交通便捷度发展潜力分级　　　　　（单位：m）

	距道路距离/m				
	≥3000	2000～3000	1000～2000	500～1000	<500
分级	非潜力区	低潜力区	中潜力区	高潜力区	极高潜力区
分值	1	3	5	7	9

4）人口密度

人口密度是指单位土地面积上的人口数量，在一定程度上反映了人口聚集的程度。东川区中部人口聚集，而西部以及北部人口密集程度相对较低，即东川区中部人口较多，经济活动较为活跃，人口密度发展潜力分级见表 6-13 和图 6-4（d）。

表 6-13 东川区人口密度发展潜力分级

	人口密度/（人/km²）				
	<60	60～136	136～300	300～970	≥970
分级	非潜力区	低潜力区	中潜力区	高潜力区	极高潜力区
分值	1	3	5	7	9

2. 发展潜力因子的权重确定

采用层次分析法，构建 4 阶判断矩阵，判别各生态敏感性因子的相对重要性（表 6-14）。通过检验，CR 值<0.1，判断矩阵满足一致性检验。最终得到各发展潜力因子的权重为：26.31%、50.69%、7.83%、15.17%（表 6-15）。

表 6-14 东川区发展潜力因子 4 阶判断矩阵

指标项	距城区距离	土地利用类型	交通便捷度	人口密度
距城区距离	1	1/2	3	2
土地利用类型	2	1	7	3
交通便捷度	1/3	1/7	1	1/2
人口密度	1/2	1/3	2	1

表 6-15 东川区发展潜力因子层次分析结果

指标项	权重/%	最大特征根	CI 值	RI 值	CR 值
距城区距离	26.31				
土地利用类型	50.69	4.013	0.004	0.890	0.005<0.1
交通便捷度	7.83				
人口密度	15.17				

6.5.4 东川区空间管制分区及引导措施

1. 东川区空间管制分区

通过构建东川区发展潜力和生态敏感性的成对比较矩阵,得到区域空间管制分区的初步划定结果,划分为优先建设区、适宜建设区、限制建设区、禁止建设区(表6-16)。

表6-16 东川区空间管制分区初步划定矩阵

分区	不敏感区	轻度敏感区	中度敏感区	重度敏感区	极敏感区
极高潜力区	优先建设区	优先建设区	优先建设区	限制建设区	禁止建设区
高潜力区	优先建设区	适宜建设区	适宜建设区	限制建设区	禁止建设区
中潜力区	适宜建设区	适宜建设区	限制建设区	限制建设区	禁止建设区
低潜力区	限制建设区	限制建设区	限制建设区	禁止建设区	禁止建设区
非潜力区	限制建设区	限制建设区	禁止建设区	禁止建设区	禁止建设区

以上矩阵在 GIS 中重新聚类、分级,得到区域"四区"的初步划分图,并对各区面积进行统计(表6-17、图6-5)。

表6-17 东川区空间管制分区初步划定结果

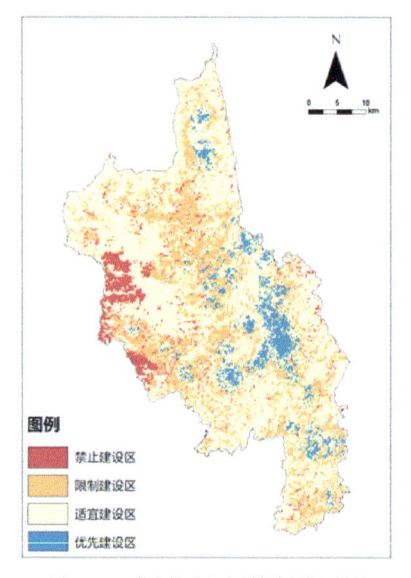

分区	面积/km²	比例/%
优先建设区	121.94	6.56
适宜建设区	1089.44	58.61
限制建设区	527.15	28.36
禁止建设区	120.26	6.47
合计	1858.79	100

图6-5 东川区空间管制分区图

1）相关规划整合及特殊区域的空间管制分区

A. 基本农田保护区

基本农田是指为了切实保护耕地，国家按照一定时期人口和社会经济发展对农产品的需求，以及对建设用地的预测而确定的长期或一定时期内不得占用的耕地；基本农田保护区是指为对基本农田实行特殊保护而依据土地利用总体规划和依照法定程序确定的特定保护区域。在基本农田保护区内禁止建设其他建筑、开采矿产、废弃固体物堆放等破坏基本农田生产的活动。因此，将区域内基本农田保护区用地直接划入禁止建设区（图6-6）。

B. 风景旅游资源区

东川区旅游资源丰富，旅游景点均聚集在南部，如东川野牛汽车越野公园、东川铜文化园、太阳谷文化园、汤丹文化园、湿地公园、红土地旅游家园、蒋家沟汽车越野公园、铜都生态文化园等，在《昆明市东川区城市总体规划修编（2009—2030）》中将上述历史人文景点划入风景旅游资源区。因此，直接将东川区风景旅游资源区划入限制建设区（图6-7）。

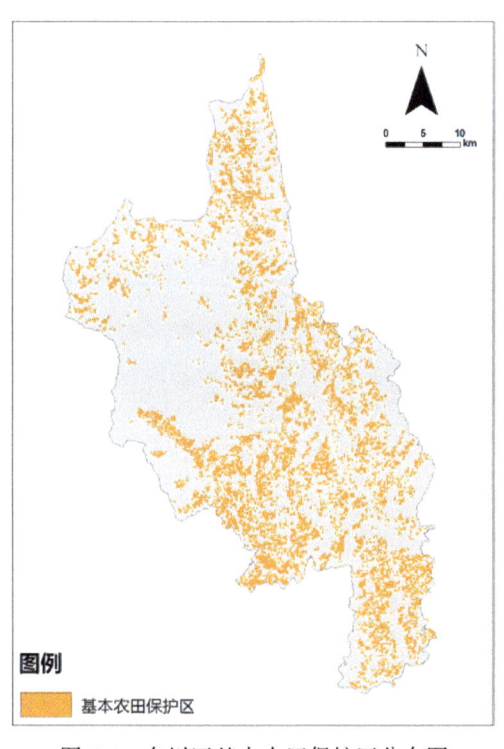

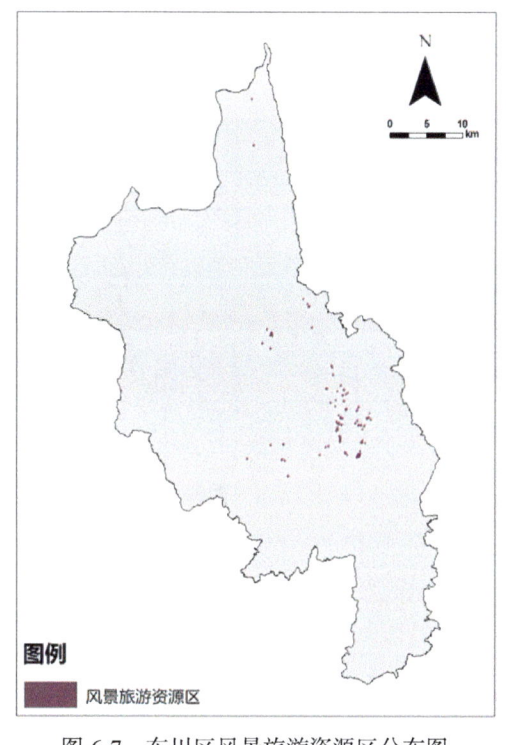

图6-6　东川区基本农田保护区分布图　　图6-7　东川区风景旅游资源区分布图

2）东川区空间管制最终分区结果

根据前文区域潜力评价和阻力评价构成成对比较矩阵，结合对相关规划和特殊区域的整合，将区域初步划定结果与各特殊区域（如基本农田保护区等）进行叠加，得到东川区空间管制最终分区结果（表6-18、图6-8）。

（1）优先建设区主要分布于已建区周边邻近区域，该区域发展生态阻力低且发展潜力优越，总面积为 80.30km², 占区域面积的 4.32%。

(2) 适宜建设区总面积为 878.28km², 占区域面积的 47.25%。

(3) 限制建设区总面积为 405.96km², 占区域面积的 21.84%。

(4) 禁止建设区总面积为 494.25km², 占区域面积的 26.59%。

表 6-18 东川区空间管制分区划定结果

分区	面积/km²	所占比例/%
优先建设区	80.30	4.32
适宜建设区	878.28	47.25
限制建设区	405.96	21.84
禁止建设区	494.25	26.59
合计	1858.79	100

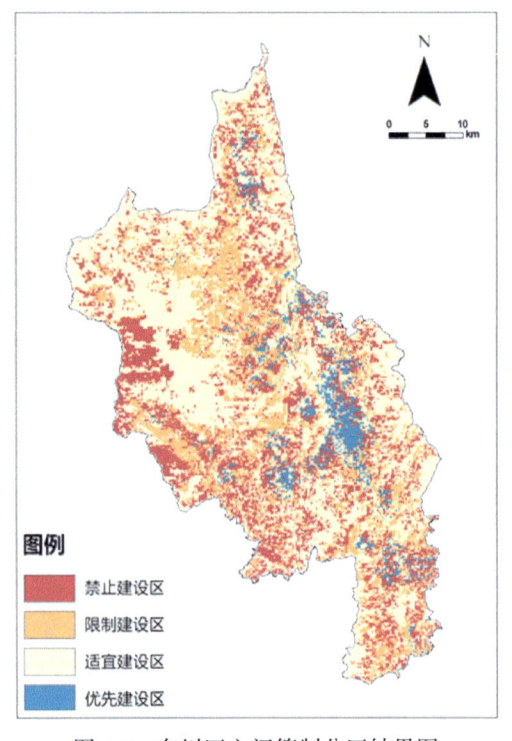

图 6-8 东川区空间管制分区结果图

2. 东川区空间管制引导策略

空间管制策略主要是在划定的优先建设区、适宜建设区、限制建设区和禁止建设区基础上进行细化，制定有针对性的用地调控措施和分区开发标准。通过规划用地色线对区域用地进行控制，对土地用途和开发强度进行控制，使区域管理和空间调控相结合，以达到协调城市与土地利用总体规划的作用。

1）东川区用地色线控制

采用"四线"对城市区域空间进行控制和管理，通过划定"四线"将禁止建设区范围具体落实（"四线"包括紫线、绿线、蓝线、黄线）。

紫线控制划定文物古迹、历史文化遗产、古墓葬、古遗址、历史街区、历史村镇等保护区；绿线控制划定永久性基本农田、节约用水区、公共绿地、生物多样性保护区、生态保护区、防护林等保护范围，绿线内的土地只准用于绿化建设，除国家重点建设等特殊情况外，不得改为他用；蓝线控制划定江、河、湖泊和其他水系及海岸线保护区的边界，应加强对该区的保护力度，蓝线控制范围内禁止任何不利于河流原生态保护的人工活动；黄线控制划定污水处理、垃圾处理、交通等基础设施用地。

结合东川区道路和水系敏感度的划分结果，确定绿线控制宽度，见表6-19。

表6-19 东川区绿线控制宽度　　　　　　　　　　（单位：m）

	水系绿线			道路绿地		
	国界河道	一级河道	二级河道	三级公路	四级公路	镇道
村镇建设用地外	蓝线两侧30	蓝线两侧20	蓝线两侧15	公路两侧30	公路两侧10	道路两侧5
村镇建设用地内	蓝线两侧20	蓝线两侧15	蓝线两侧10	公路两侧15	公路两侧5	—

黄线控制依照《昆明市东川区城市总体规划修编（2009—2030）》中供电电网规划部分的要求，结合《城市电力规划规范》中对市区 35~110kV 高压架空电力线路规划走廊宽度的规定，将区域内三条架空线高压走廊的黄线控制宽度定为30m。

紫线控制在《昆明市东川区城市总体规划修编（2009—2030）》中划定的风景名胜保护区核心区外围15m范围内。

2）东川区用地使用控制

用地使用控制是通过对建设用地的内容、地点、面积和边界作出限制和规定，指导阶段性的用地布局规划。东川区用地使用控制内容包括土地利用性质、兼容性和面积等。制定对优先建设区、适宜建设区、限制建设区和禁止建设区的分区管制策略，对各分区内用地使用进行有效、合理的控制。其中，优先建设区的开发和建设需要遵循相关规划法律法规，合理控制用地使用；适宜建设区的建筑用地以东川区乡镇村庄增长边界区域内的用地空间为主；限制建设区内的土地使用应严格遵守相关法律法规和生态政策，针对建筑面积与受限制区域重叠的问题提出具体的限制要求，保持该用地的使用性质；禁止建设区的用地使用控制主要是为了生态环境的建设与平衡，严禁在区内进行任何开发和建设。

参 考 文 献

陈晨. 2009. 试析当前我国空间管制政策的悖论与体系化途径. 国际城市规划, 24(5): 61-66.

陈孝, 李元超, 谢琳. 2017. 基于 GIS 的海域海岸带空间管制分区研究——以三亚市为例. 海洋开发与管理, 34(2): 34-38, 69.

陈小璇. 2019. 基于生态系统服务的胶州湾海岸带空间管制研究. 青岛: 青岛理工大学.

储金龙, 王佩, 顾康康, 等. 2016. 基于生态安全格局的安庆市规划区空间管制分区研究. 安徽建筑大学学报(自然科学版), 24(3): 100-107.

郝晋伟, 李建伟, 刘科伟. 2012. 基于 GIS 的中心城区空间管制区划方法研究: 以岚皋县城中心城区为例. 规划师, 28(1): 86-90.

黄焕春, 运迎霞, 王思源. 2013. 基于 GIS、RS 的城乡空间管制区划研究——以舞钢市为例. 吉林师范大学学报(自然科学版), 34(3): 111-115, 119.

金继晶, 郑伯红. 2009. 面向城乡统筹的空间管制规划. 现代城市研究, 24(2): 29-34.

金志丰, 王静. 2019. 村域空间管制分区与规则研究. 上海国土资源, 40(1): 1-5, 49.

刘剑. 2014. 基于"潜力—阻力"评价法的城镇空间管制规划研究. 成都: 西南交通大学.

刘洁敏. 2017. 市域"两线三区"空间管制研究. 广州: 华南理工大学.

马槽, 张正川. 2014.浅议云南东川地区水土流失与防治.农业与技术, 34(3): 46-47.

彭瑶玲, 邱强. 2009. 城市绿色生态空间保护与管制的规划探索——以《重庆市缙云山、中梁山、铜锣山、明月山管制分区规划》为例. 城市规划, 33(11): 69-73.

孙斌栋, 王颖, 郑正. 2007. 城市总体规划中的空间区划与管制. 城市发展研究, 14(5): 52-56.

汪劲柏, 赵民. 2008. 论建构统一的国土及城乡空间管理框架——基于对主体功能区划、生态功能区划、空间管制区划的辨析. 城市规划, 52(12): 40-48.

王宝强, 李萍萍. 2019. 全域空间管制的手段辨析与划定逻辑研究. 规划师, 35(5): 13-19.

王京海, 张京祥, 何鹤鸣, 等. 2016. 面向实施的区域空间管制政策设计——基于苏中、苏北水乡地区的实证. 规划师, 32(8): 46-50.

张远敏, 杨思声, 王亚飞. 2015. 基于 GIS 和 FAHP 的镇域空间管制规划研究——以安溪县尚卿乡镇区为例. 城市学刊, 36(6): 44-48.

郑文含. 2005. 城镇体系规划中的区域空间管制——以泰兴市为例. 规划师, 21(3): 72-77.

第 7 章　山地城镇体系城乡居民点建设发展规划

7.1　城乡居民点体系构成

7.1.1　居民点的概念及其形成过程

居民点，即人类的各种集居地，又称聚落（向洪等，1994），是指居民按照生产和生活需要而形成的集聚定居地点（王万茂和王群，2010），是由居住、生活、生产、交通、绿化和公用设施等多种物质要素体系构成的一个复杂综合体，是人们共同生活与从事经济活动而聚集的特定场所（房志勇，2007）。本质上，各种职能不同、规模不等的城市、建制镇、乡集镇和村庄均为居民点。

任何居民点的产生及发展，均在不同程度上与特定的自然地理环境形成密切的关联。区位、地质、地貌、气候、土壤、水文、资源等各类地理要素，对居民点的形成、职能、规模、空间布局等具有重要的影响。本质上，居民点是社会发展到一定历史阶段的产物。生产力的进步和生产关系的变化，社会劳动分工的加剧，对居民点的形成都产生了深刻的影响。

居民点既是人们生活居住的地点，又是从事生产和其他活动的场所。原始社会，人类并未形成固定居民点，完全依赖于流动性强的自然采摘方式。随着畜牧业从农业中分离出来的人类第一次社会大分工出现，由于生产和生活的需要，人类开始开垦荒地、经营林业、放牧和养殖、捕捞水产等，选择适当地点，建造房屋，逐渐摆脱流动生产生活方式，形成定居，最终发展成为以原始农业为主的居民点——原始村落。生产力的进一步发展和生产方式的变革，经济、政治、军事、宗教、文化等活动的快速活跃，以及农业生产力的不断提高，农业产出剩余增多，手工业、商业从农业中分离出来的第二次社会大分工出现，带来了居民点的逐步分化，产生了以农业为主的乡村和以商业、手工业为主的城镇，尤其是 18 世纪中叶后，工业革命推动了商业、手工业、金融、工业、文化等功能明确的城镇发展，逐渐形成城市、集镇等各类居民点，这些居民点在一定区域内形成相互依存、有机结合在一起的居民点群体，构成了居民点体系。现代居民点，由于工业、交通、信息、科学文化、商业、服务行业等的高度集中与发展，吸引并集聚了大量人口，形成了现代社会各级各类城市（镇）、集镇、村庄，构成了较以往复杂得多的居民点体系（向洪等，1994；郭建平，2006）。

7.1.2 居民点类型、层次和特征

居民点通常按其性质和在社会经济中承担的任务以及人口规模，可分为城市型居民点和农村型居民点两类，共同构成城乡居民点体系（图 7-1）。具有一定规模的以非农业人口和非农产业为主的居民点即城市，县城以上（包括县城在内）的居民点、工矿企业所在地以及已经批准设镇建制的小城镇，均属于城市型居民点的范畴，城市型居民点包括城市与城镇（集镇）。

```
                    ┌─ 超大城市：城区常住人口大于1000万人
                    ├─ 特大城市：城区常住人口500万~1000万人
              ┌城市─┤ Ⅰ型大城市：城区常住人口300万~500万人
              │     │ Ⅱ型大城市：城区常住人口100万~300万人
              │     ├─ 中等城市：城区常住人口50万~100万人
              │     └─ Ⅰ型小城市：城区常住人口20万~50万人
   城市型居民点┤        Ⅱ型小城市：城区常住人口小于20万人
              │     ┌─ 县城
居民点─┤      └城镇─┤ 建制镇
       │            └─ 集镇
       │            ┌─ 中心居民点（乡集镇、政府所在地）
       └农村型居民点─┤ 行政村（村委会所在地）
                    └─ 自然村（基层村、生产队所在地）
```

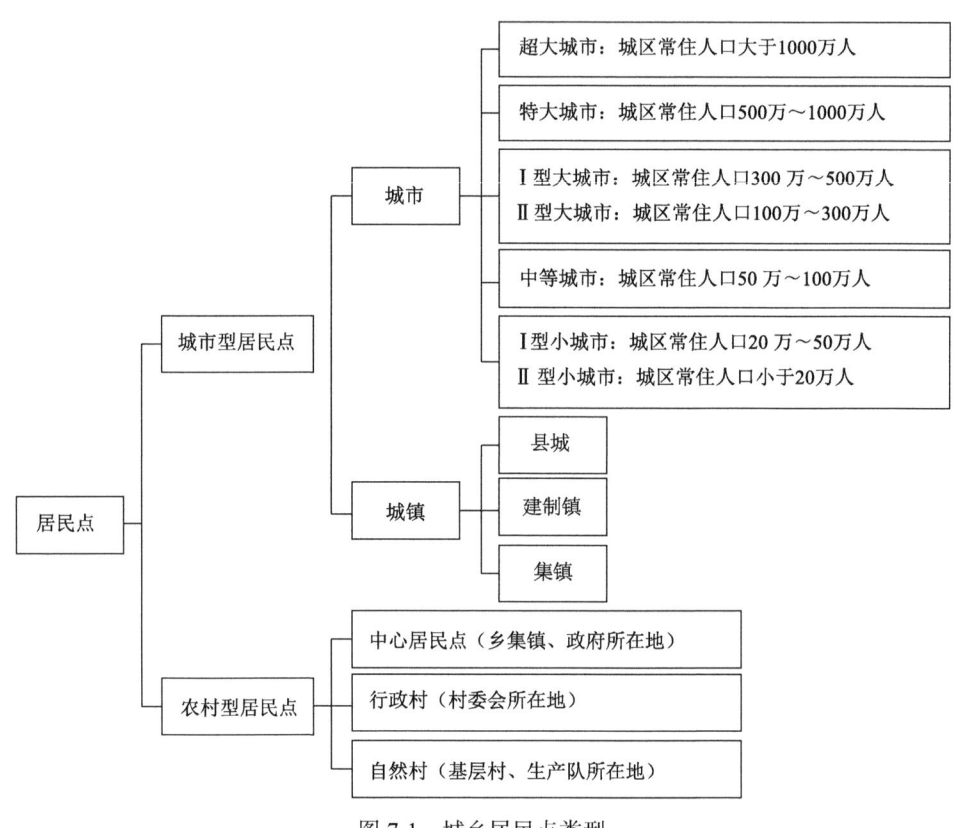

图 7-1 城乡居民点类型

城市规模和类型依据《国务院关于调整城市规模划分标准的通知》（国发〔2014〕51号）划分

以农业人口和第一产业为主的居民点，一般均属于农村型居民点的范畴，农村型居民点包括各种乡集镇、行政村和自然村等各类村庄。农村型居民点实际上是在一定地域范围内，以集镇为核心，与附近大小村庄共同构成的一个地域群体网络，具有明确的规模和职能分工，在生产和生活方面有着极强的内在联系，是一个相互依存、相互影响的有机体。同样，城市型居民点与农村型居民点之间也是一个既有明显区别，又有密切联系的有机体系。

一个城乡居民点体系中，其居民点人口规模大小序列可划分为：超大城市（城区常住人口 1000 万人以上）、特大城市（城区常住人口 500 万~1000 万人）、大城市（城区常住人口 100 万~500 万人）、中等城市（城区常住人口 50 万~100 万人）、小城市（城区常住人口 50 万人以下）、重点城镇（6 万~10 万人）、县城与建制镇（1 万~6 万人）、集镇（2000 人以上）、村庄（2000 人以下）。

依据《镇规划标准》（GB 50188—2007），从行政范畴及其居民点层次划分，一个完整的山地城乡居民点体系结构与平原地区一样，自上而下可划分为中心城市、中心镇、一般镇、中心村、自然村 5 个层次（图 7-2）。

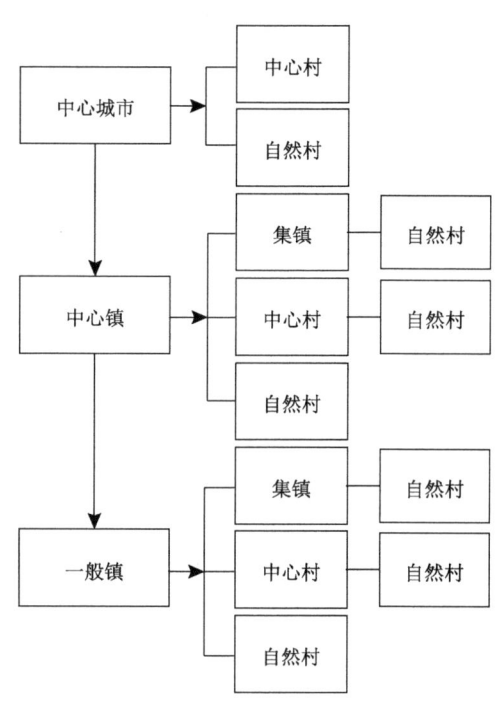

图 7-2　城镇和村庄体系构成的城乡居民点体系

集镇一般是指乡域的中心，亦即建制乡政府驻地。另外一种为具备集镇功能的中心村，在居民点等级结构中称为集镇，其在乡镇地域的经济、社会和空间发展中起到副中心作用。规划中通常结合实际发展情况和相关规划要求，制定引导村庄合理布局、促进农村人口适度聚集为目标。

中心村为乡村基本服务单元、村域范围内村委会所在地，公共服务设施和基础设施可兼为周围村庄服务的居民点，主要承担地区村庄管理中心、生产生活服务中心和交通枢纽等职能。一方面承接上层次乡镇的辐射，另一方面带动本地区村庄发展。原则上每个行政村设置 1 个中心村（其中，居委会全部纳入镇区，不再设置中心村）。

自然村为从事农业生产生活的最基本单元和乡村基层单元，即村域范围内除中心村以外的居民点，各村委会下属村落。规划中通常根据行政村实际情况，因地制宜地确定其数量，以及未来撤并、移民搬迁方案。

如前所述，山地居民点体系具有以下明显特征：

（1）居民点体系具有明显的综合性和系统性特征，是一个由相互影响、相互联系的各级各类居民点所构成的网络化地域空间组织形式。

（2）居民点体系中各级各类居民点具有明显的层级性和梯度性，不同等级的居民点，其职能、规模、数量具有较大差异，因而其地位、作用、辐射范围、影响空间也存在极大不同。

（3）居民点体系具有地域性，其职能、空间布局等均与山地区域的自然、经济和社会因素息息相关，不同的自然地理环境条件下所形成和发展的居民点，其形态、格局、规模、数量会有极大差异，进而体现为职能上的差异。

总体上，山地区域具有农业人口比重大、"三农"问题较为突出、城乡一体化和统筹城乡发展难度较大等特征。随着山区经济社会的发展变化，农村基础设施建设相对滞后、公共服务资源匮乏的问题凸显，农民在解决温饱、基本实现小康之后，对居住条件和生产生活环境也提出新的更高的要求。优化整合城乡生产、生活空间，吸引人口和产业集中集聚是未来城镇体系调整和发展的目标和有效途径。但由于在村庄规划、建设和发展过程中，乡村的发展并不能脱离城镇，统筹城乡发展仍是山地城镇体系规划中的重要内容之一，单纯考虑"中心村-自然村"二级体系的村庄体系规划，并不利于村庄的未来发展，也不利于县（市）域经济发展空间、规模和职能上的整体性和系统性协调和优化。因此，山地城镇城乡居民点规划，在实际规划应用中，应以村庄、乡镇为重点单位，建立"镇-村"体系规划建设和管理机制。

7.2 城镇体系城乡居民点规划内容

7.2.1 明确城乡居民点层级、类型和空间布局及分类管理策略

确定城乡居民点的层次结构及其在地域空间中的职能类型和等级，进而划分城乡居民点建设发展类型，并制定分类引导策略，是城镇体系规划中城乡居民点建设发展规划的主要内容和关键环节，包括城乡居民点建设发展规模控制、建设标准和分类发展策略。具体如下：

（1）划定居民点建设发展类型，并对不同类型的居民点空间组织模式、建设发展模式进行规划引导。

（2）合理选定重点发展的中心城镇（市）和中心村，并确定其数量、人口、用地规模、职能分工和建设标准。

（3）明确城乡居民点层次等级，确定城乡居民点空间布局，以及其建设发展的目标和策略，农村居民点应提出撤并、迁移的主要标准和具体方案。

（4）提出促进城乡居民点合理布局的引导和控制措施。

7.2.2 统筹配置各类基础设施和公共服务设施

基础设施和公共服务设施，是居民点建设和发展的支撑和骨架。城乡居民点基础设施和公共服务设施统筹配置和规划，已成为新型城镇化、统筹城乡发展、城乡一体化发展和乡村振兴过程中的重要组成部分。居民点的地理环境特征、职能、规模和空间布局，影响着基础设施和社会服务设施的数量。具体规划内容如下：

（1）基础设施包括能源、给排水、道路交通、邮政通信、环卫、防灾减灾六大系统，城乡居民点规划应提出居民点分级配置各类设施的原则，确定各级居民点配置设施的类型和标准。根据其特点，分析共享或局部共享的设施类型。

（2）公共服务设施包括行政管理、教育机构、医疗卫生、文化体育、商业服务、集贸市场六大系统。城乡居民点规划主要明确如何在居民点职能、规模、数量和服务功能等确定的情况下，形成社会公共服务设施网络，并在此基础上提出社会公共服务设施的配置原则、内容、标准、服务半径以及共建共享方案等。

7.2.3 居民点用地规划

通过合理布局居民点（尤其是农村居民点），充分挖掘城镇（市）内部用地潜力，推动城乡居民点用地规划由增量规划向存量规划转变，使城镇（市）建设用地扩展、内部挖潜与耕地保护相结合，实施村庄整治、乡村建设和乡村振兴与退宅还耕、农村居民点整治迁并与农业生产发展相结合，实施耕地占补平衡，高效集约、节约利用土地资源。

（1）确定居民点建设相关的用地技术指标，具体包括各等级居民点的人均建设用地指标、建设用地构成比例、宅基地标准、住宅建设参考标准及村庄建设技术经济指标，如容积率、建筑密度、绿地率等。

（2）针对农村居民点，按照居民点类型，依据统筹城乡发展、乡村振兴的内容和要求，科学合理确定农村居民点用地整治模式，以中心村为重点，以点带面，积极引导，推进农村居民点用地整治。重点整治模式包括规划调整型、集中合并型、保留改善型和搬迁撤并型。

7.3 城镇体系城乡居民点规划的案例

7.3.1 明确城乡居民点层级、类型和空间布局及分类管理策略

1. 居民点层级划分

以永仁县城镇体系规划中的城乡居民点规划为例，从居民点层级上看，主要把规划范围内的居民点按照"中心城市、中心镇、一般镇、中心村、自然村"五个层次进行划分，这实际上是为了确定居民点空间布局模式，并在此基础上进一步支撑经济区

（带）、产业区（带）的划分，同时也决定了居民点的职能结构和等级规模体系。整个城乡居民点体系在空间布局上形成了"点—轴—面"相结合的空间布局结构。不同层级的居民点在该空间布局中承担着不同职能，具有层次性、系统性的规模等级，并且居民点之间形成不同层次的"节点—轴带—城乡居民点集中分布区域"网络体系。

规划县域村庄（镇）体系空间结构由点、线和面构成，其中，点指由不同等级的村庄（镇）形成不同层次的节点；线指不同层次节点之间联系的轴带；面指依据村庄（镇）经济发展、自然地理条件等形成的村庄（镇）集中分布区域。由点连线，由线成面，共同构造成网状的永仁县域村庄（镇）体系空间布局结构（表7-1、图7-3）。

表 7-1　永仁县居民点空间布局规划　　　　　　（单位：个）

层次	2020年 数量	2020年 名称	2030年 数量	2030年 名称
中心节点（县域中心）	1	县城（永定镇）	1	县城（永定镇）
次中心节点（片区中心）	3	宜就镇、中和镇、永兴镇	2	宜就镇、中和镇
一般节点（一般乡镇）	3	维的乡、莲池乡、猛虎镇	4	永兴镇、猛虎镇、莲池镇、维的镇
基本点（中心村）	\	永定镇（9）：大坝、良田、糯达、麻粟树、太平地、乍石、云龙、麦拉、店子 宜就镇（12）：宜就、他克、阿朵所、火把、外普拉、他的么、老怀哨、潘古里、拉古、地什苴、木马、拉利坪 中和镇（9）：中和、直苴、波者地、他的苴、小直么、岔河、直那、万马、进化 莲池镇（6）：莲池、查利么、班别、格红、羊旧乍、勐莲 维的镇（7）：夜可腊、桃苴、大保关、么吉利、的鲁、维的、阿者尼 猛虎镇（5）：猛虎、迤帕拉、格租、阿里地、么苴地 永兴镇（12）：永兴、那软、白马河、灰坝、小庄、干树子、立溪冬、马劲子、迤资、鱼乍、昔丙、拉姑		

注：按照规划，至2020年，猛虎乡、永兴乡（永兴傣族乡，简称永兴乡）升级为建制镇，至2030年，维的乡、莲池乡升级为建制镇。

一个县域"镇—村"居民点体系的构成基本是一个网状结构，这个网状结构的交点就是该体系的空间节点。空间节点上至体系中心，下至体系基本点，是城乡居民点体系的重要组成部分。根据在体系内的不同区位与职能，居民点体系空间节点分为中心节点、次中心节点、一般节点和基本点4个层次，这4个层次的节点分别对应永仁县村镇体系的县域中心、县域区片中心、乡镇域中心和村域中心。据此，在整个规划区范围内形成"三发展中心—四轴线（二主轴、二次轴）三片区—基本点"城乡居民点空间布局模式（图7-3），并确定了南部居民点集中分布区、北部居民点集中分布区和中部居民点集中分布区三大区域，进而可分别对发展轴线、空间布局、居民点集中分布区进行科学的规划引导。具体特征如下。

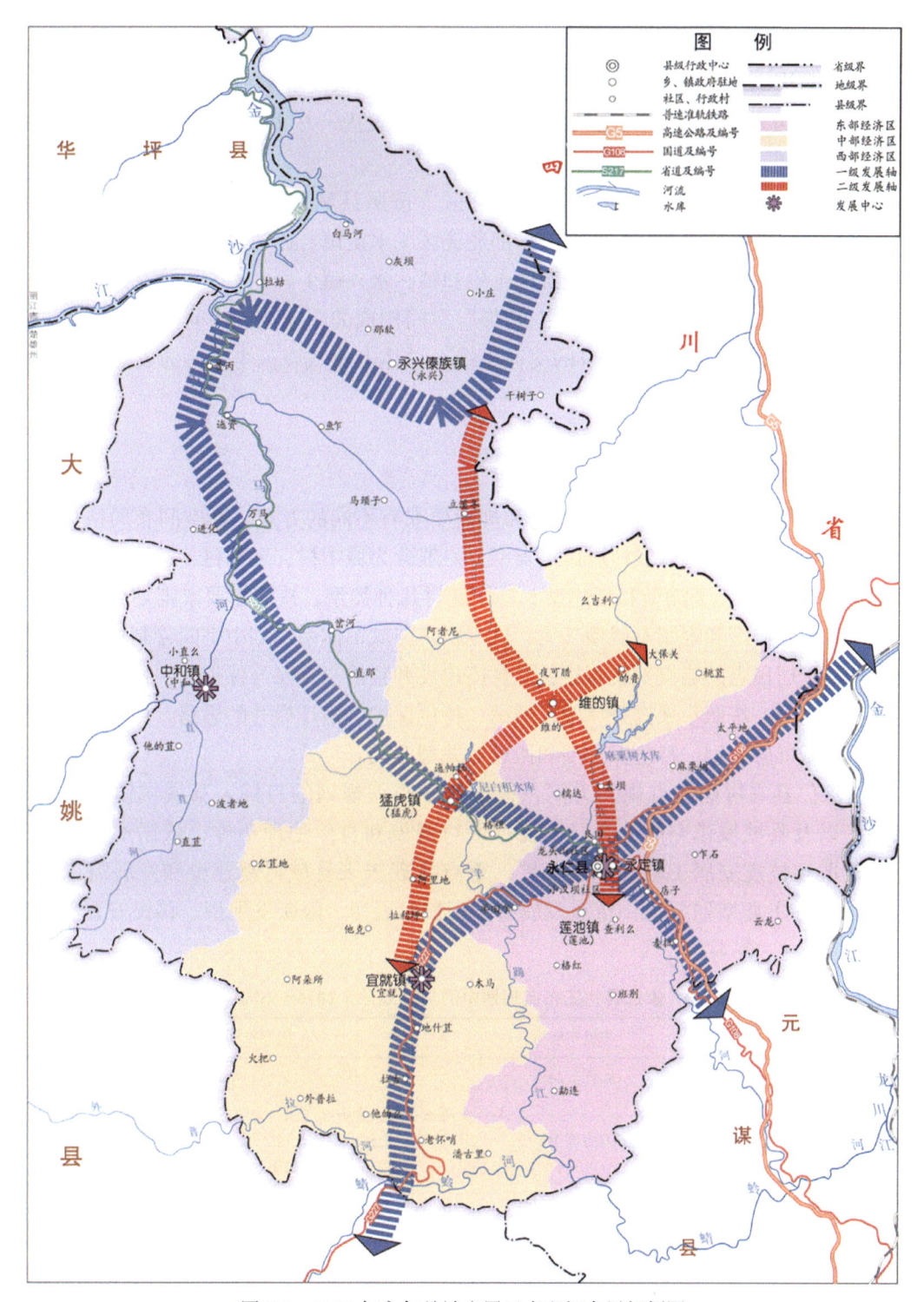

第 7 章　山地城镇体系城乡居民点建设发展规划　　173

图 7-3　2030 年永仁县城乡居民点空间布局规划图

（1）核心：永仁县城（永定镇），持续强化永仁县域中心功能，成为县城更具辐射力的发展核心。

（2）两次中心：宜就镇、中和镇为县域重点城镇，在区域发展中起到带动作用。

（3）两横两纵：①两横，即"宜就—永定"（一级发展轴线）、"维的—猛虎—宜就"（二级发展轴线）；②两纵，即"永定—猛虎—中和—永兴"（一级发展轴线）、"永兴—维的"（二级发展轴线）。

（4）三大片区：根据县域产业经济分区，按照县域城镇集群发展、功能互补原则，将县域城镇划分为三个城镇区：东部经济区（永定镇、莲池镇）、中部经济区（维的镇、猛虎镇、宜就镇）、西部经济区（中和镇、永兴镇）。

（5）永仁县发展轴重点突出"三角形"空间构成的支撑点。中间主要靠国道、省道、县道贯通，是乡镇联系外乡的交通干线。总体上构成以三个中心为支点，向南、北、东延伸的三角形模式。

2. 居民点类型划分

居民点类型的划分根据实际情况和规划要求有不同的方式。在空间布局格局明晰的基础上，根据实地划分农村居民点类型，一般分为城中村、远期村、远景村、整合村（聚集型、控制型、萎缩型和新建型）、搬迁村几种类型；按规划要求则划分为重点发展型、积极发展型和限制发展型三类，这主要是与城镇体系规划中空间管制相对应和结合，有利于居民点的建设发展管控；从村庄建设和整治、开发与保护、乡村振兴等目标需求方面划分，按照集聚提升、融入城镇、特色保护、搬迁撤并的思路，可划分为集聚提升型、城郊融合型、特色保护型和搬迁撤并型四类。

以永仁县农村居民点规划为例，根据村庄布点规划的目标，县域城镇经济发展状态，以及县域城镇空间分布、职能、人口规模和自然地理条件，依据永仁县农村危房改造和抗震安居工程规划的部署，重点体现未来县域村镇建设和发展需求，把永仁县域村庄类型划分为：重点发展型、积极发展型、限制发展型、移民安置型四种类型（表7-2、表7-3）。

表7-2 永仁县村庄布点规划中的类型划分（2016~2030年）

乡镇	重点发展型	积极发展型	限制发展型
永定镇	—	大坝等24个	拉务么、方山、半坡组、麻地
中和镇	直苴、万马	子刀博等100个	大嘎么一组、大嘎么二组、大嘎么三组、火拉一组、火拉二组、巴拉、上村一组、上村二组、六直么、嘎力博、他的么、他的么田、回龙、中和
宜就镇	他的么、拉古、拉利坪	拉古等45个	大河波西、桃树坪、上纳乍、下梭罗武、小村一
莲池乡	羊旧乍	莲池等20个	上格红、中格红
维的乡	维的、大保关	麦地河等40个	上拉乍、山扎么、杨家湾、李家湾、鲁母、白石岩、小石桥、买肚齐、以居苦、火头田
猛虎乡	—	夜么乍等60个	毛家湾、么苴地、岔河、老房子
永兴乡	白马河	小鱼乍等50个	永兴箐等18个

表 7-3 永仁县各乡镇移民搬迁和安置点一览表（移民安置型）

乡镇	安置点	搬迁户数/户	人口/人	乡镇	安置点	搬迁户数/户	人口/人
永定镇	毕节	51	196	维的乡	惠安新村	20	86
	麦拉务	30	99		光福新村	35	129
	小布租水库旁	61	140		维的新村	50	190
	麻栗树、山坡田	46	188		么吉利、鲁母	30	108
	上拉么	30	98		大保关	80	288
	糯连、梁子	30	98		惠安新村二期	10	36
	永广村	35	144		光福新村二期	15	54
宜就镇	龙潭	30	105		大保关二期	50	180
	火把新村三期	36	132		么吉利二期	10	32
	下梭罗武	13	48		维的新村二期	50	180
	上羊圈房	103	387	猛虎乡	桃园新村	52	189
	底么鱼	30	97		道班	30	120
	外普拉	30	103		福昌村	80	235
中和镇	小直么	69	245		猛古腊	30	125
	中和老街	42	184		迤帕拉一组	52	186
	六直苴	30	82		么苴地	30	86
	回龙	30	216	永兴乡	上拉姑	100	183
	直那一、二组	25	107		下拉姑	82	238
莲池乡	元宝山一期	23	56		白马新村	47	147
	元宝山二期	42	15		望江缘新村	30	50
	莲花池一~四期	120	433		弓坝新村	30	59

在上述划分的基础上，确定不同类型居民点的空间组织模式、建设模式的规划引导策略。

3. 居民点空间布局

农村居民点空间组织模式如下：

农村居民点空间组织模式主要解决中心村与周边自然村之间的空间关系。通常的空间组织模式主要如下。

（1）同心圆形态：以中心村为核心，自然村大致与中心村保持相等的距离分布，形成"1个中心村带动若干个基层村协同发展"的空间形态。

（2）带状形态：地处交通干道、河流地区的村庄，中心村、自然村呈条带状分布，自然村依托中心村发展。

（3）散点形态：位置较偏、交通相对闭塞、经济相对较差的地区，中心村、自然村分布呈不规则形态。

永仁县农村居民点空间组织模式规划引导为：逐步形成"1 个中心村带动若干自然村协同发展"模式。在建设条件较好、经济发展水平较高、现状村落不多的地区，可按照"1 个中心村带 3~6 个自然村"模式进行建设；在建设条件较差、经济发展水平较低、现状村落较多的地区，可按照"1 个中心村带 7~12 个自然村"模式进行建设。

全县居民点形成以镇为综合公共服务中心、以中心村为基本服务单元的相对均衡的乡村居民点空间布局模式。其中，镇服务半径在 10~15km，辐射周边多个中心村；中心村的服务半径在 6km 左右，辐射周边多个自然村。通过建立综合公共服务中心，充分提升镇的服务功能；通过选取中心村，明确农村地区服务投入重点；合理控制服务半径，实现服务均等化。

4. 农村居民点建设模式

农村居民点主要采用集聚提升型、城郊融合型、特色保护型和拆迁新建型 4 类模式分别发展建设。其中，中心村一般宜采用集聚提升型或城郊融合型，保留的自然村一般宜采用拆迁新建型或特色保护型模式。

（1）集聚提升型村庄：也称改造扩建型村庄，主要指现有规模较大且具有较好的经济基础和对外交通条件，已有一定的建设规模和基础设施配套，周边用地能满足改扩建需求的村庄。规划在原有规模基础上进行改扩建，逐步配套完善基础设施和公共服务设施，提升集聚发展承载能力；选准、激活、做强优势主导产业，形成"一村一品"，发挥产业带动能力；美化村庄环境，引导周边散落的居民点向村庄集中，有序推进改造提升。

（2）城郊融合型村庄：主要指城镇开发边界外的城镇近郊区及县城城关镇所在地、城镇 15min 通勤圈区域内的村庄，具备成为城镇后花园的优势，也具有向城镇转型的条件。规划应加强城乡统一，加快基础设施互联互通，推进产业互融互补，促进公共服务共建共享。逐步强化服务城市发展、承接城市功能外溢、满足城市消费需求能力。在形成上保留乡村风貌、治理上体现城市水平，强化人口集聚，引导部分靠近城市的村庄逐步纳入城区范围或向新型农村社区转变。

（3）特色保护型村庄：主要指具有特殊人文景观（古村落、古树、古建筑、古民居、民族文化特色）和自然景观等，需要保护的村庄，是彰显和传承地方传统文化的重要载体。其规划重点是在保持村庄基础格局、布局形态、建筑风貌的前提下，协调特色资源保护与开发利用的关系。既要保护特色资源的完整性和真实性，又要保持地方历史文化资源的延续性，尤其是全面保护文物古迹、风貌、民族和民俗文化与自然和田园景观形态与环境的空间整体性。产业发展则以特色资源为基础，发展乡村旅游特色产业，形成特色资源保护与村庄发展的良性互动机制。

（4）拆迁新建型村庄：主要指因城镇建设、重点项目建设和村庄安全需要，对位于生存条件恶劣、生态环境脆弱、自然灾害频发、地方病严重等地区必须进行整体拆迁的村庄。新建村庄应做到选址安全、布局合理,并按新型社区标准进行建设。其中,纳入城镇建设用地的村庄,应按城镇标准建设新社区。

5. 不同类型农村居民点规划策略

依据山区城乡居民点特征和乡村振兴的要求,按照重点发展型居民点、控制发展型居民点和撤并迁移型居民点三大类型分别制定规划引导方案。其中,位于城镇(市)周边、有集聚发展条件和新建类的居民点应确定为重点发展型居民点,可并入城镇(市)总体规划和相关建设发展规划进行总体规划;控制发展型居民点通常为一般发展型村庄,平均户数低于 30 户,规模较小,基础设施和公共服务设施配置较差。部分拥有历史文化特色或某些独特的民族、民俗风情有保留价值的村庄,可按其人口规模、区位和交通条件、自然地理环境特征等要素,分别归为重点发展型居民点和控制发展型居民点两类。

(1) 重点发展型居民点,主要为规划确定的中心村。其建设的要求以编制建设规划为主,包括村庄整治规划、建设规划、乡村振兴规划等。这类村庄未来的发展策略主要是集聚周边人口,通过村庄建设规划和人居环境治理规划的实施,逐步完善村庄生产生活的各种功能,成为村域的中心。其规划引导重点方向为:①通过整合资源,完善生产、流通、居住、服务、生态等功能。②村庄建设中应规划相应的产业发展用地,积极鼓励和引导村庄因地制宜发展产业体系,并对产业发展、建房、基础设施和社会公共设施建设方面的用地指标给予相应的政策支持。③合理配置基础设施和社会公共服务设施。④重点发展型居民点往往是村庄并入的目的地,居民点规划应妥善处理好新旧居民点的建设关系,延续和发展原有的居民点格局,衔接好新旧居民点的社会网络、道路系统、空间构成等要素,选择合适的发展方向,促进居民点合理有序地发展,应形成集中紧凑的布局形态,避免无序的蔓延。

(2) 控制发展型居民点,其建设的要求是以编制整治规划为主。这类村庄未来的发展策略主要是有控制地发展,包括人口数量和大规模开发建设,设施的配置满足基本的生活要求,有特色旅游价值的村庄可增加必要的旅游服务设施。其规划引导重点方向为:①严格控制增长边界,严格限制村庄居住用地规模增加,应加强空心户整理,内部挖潜。②加强危房改造,有步骤地改造和拆除老房(空心村)、危旧房,以及影响田园风光的建筑物、构筑物。③维持现状,控制发展,逐步撤并和迁村并点。④利用特色资源,挖掘村庄特色资源,提升村庄活力。

(3) 撤并迁移型居民点,是指由于自然地理条件、人口规模和重大项目建设等,在规划中引导向城镇(市)、移民安置点或中心村撤并迁移的居民点。撤并迁移与否重点考虑人口规模、与城镇(市)或中心村距离、自然地理条件等因素。通常情况下,人口规模过小(通常小于 100 人)、与规划中心村距离过近或超出中心村服务范围，存在自然灾害安全隐患和严重环境问题，位于重大项目建设用地范围，以及位于地方病高发地区的居民点可被确定为撤并迁移类型。该类型居民点的发展将受到严格的控制，在人口逐步迁出后逐渐消亡。原村庄建设用地可作为流转建设用地或予以复垦。

7.3.2 统筹配置各类基础设施和公共服务设施案例

《县域村镇体系规划编制暂行办法》《县域城镇体系规划编制要点》（试行）、《城市规划编制办法》《省域城镇体系规划编制审批办法》和《镇规划标准》（GB50188—2007）等，均明确省（县）域城镇体系规划居民点布局应提出分级配置各类设施的原则，确定各级居民点配置设施的类型和标准，根据设施特点，分析能够共享或局部共享的设施类型。

1. 基本原则

（1）公平性和均衡性相结合，兼顾效益原则。基础设施和公共服务设施，是按照其服务半径和服务网络体系两种方式，对各层级居民点进行配套设置。各类社会公共服务设施以及垃圾转运站和收集点、邮政所（点）、消防站、液化石油气瓶装供应站等市政设施，按其服务半径和人口密度进行配置，确保不同居民点内的人均等享受到基本公共服务，以此反映出公平性要求，以体现其公共服务配置的公平性和均衡性原则。这也决定实施配置和运营具有服务人口的门槛，即按服务半径进行面状覆盖，这是兼顾效益原则。

（2）全覆盖，提高服务可达性原则。对于道路交通、给排水、污水处理、供电、供气、通信等市政基础设施或管线，在地域空间上形成纵横交错的网络状分布，属于服务网络型设施，其服务范围由管网的覆盖范围所决定。为了实现人人享有公共服务的基本目标，应与点状设施相结合，实现各类人群全覆盖。同时，为了缩小城乡之间和地区之间公共服务差距，推动公共服务资源向社区、农村、欠发达地区倾斜，以提高公共服务均等化水平。此外，该类设施应通过网络化布局，提高服务的可达性，实现成本分摊和规模效益。

（3）量力而行，持续配置原则。在保障基本公共服务水平的基础上，提高公共服务供给应与区域经济社会发展水平相适应，尽力而为、量力而行。近、中、远期布局相结合，近期配置为中远期发展留有余地，同时统筹规划，建立长效机制，保持基础设施和社会服务设施可持续供给。

2. 配置依据

依据城乡居民点的各类职能、规模、数量和服务功能等，提出基础和社会公共服务设施的配置原则、内容、标准、服务半径以及共建共享方案等，配置基础和社会公共服务设施网络。

1）居民点体系中心城镇（市）、中心村的确定

中心城镇（市）和中心村在整个城乡居民点网络体系起着关键点、支撑点、辐射点和连接点的作用，确定了山区城乡居民点体系中各类中心，也就意味着区域发展具有了较好的增长极。同时表明，中心城镇（市）和中心村在城乡居民点层级体系、规模等级和职能结构中均处于较高级别，并体现着主导功能，是人口和产业发展集聚地。因此，山区城乡居民点体系规划确定中心城镇（市）和中心村时，需要综合考虑的各类因素包括：

（1）自然地理环境条件优越，在交通、经济发展、文化与旅游、产业布局等方面均具有较大优势的区位条件。

（2）具有较大人口规模，并具有持续稳步增长潜力。

（3）经济实力较强，国内生产总值、财政收入、人均收入、非农产业产值占国内生产总值比重等主要经济指标均高于本地平均水平（中心城镇、中心城市），或在产业、资源、生态、旅游和历史文化方面有一定优势和特色。

（4）非农产业特色鲜明（中心城镇、中心城市），产业规模稳步增长，吸纳农村劳动力能力强，对周围地区有辐射能力，能带动周边地区经济和社会发展。

（5）区域内道路交通设施、市政工程设施、社会公共服务设施、生产设施等较为完善。

2）居民点体系规模等级技术方法及案例

居民点体系中规模等级主要依据各居民点的规划人口规模进行分类，居民点人口集聚的多寡，决定其所处的地理区位、资源和交通状况以及所体现的职能。从县城及以上的城市规模等级看，目前已有较为明确和成熟的划分标准（参考图 7-1 和 7.1.2 节相关内容）。规划通常依据农村居民点体系中"县城—乡镇—各类村庄"这一层级，按人口规模将各类村镇划分为特大型、大型、中型、小型四类。而更为常规的做法则是通过对这一层级中的所有村镇人口从大至小排序，根据排序结果人为确定分级范围，规模等级层次根据规划需要自由确定，一般将其分为一至四级或一至五级。

以永仁县为例，由于其城乡居民点体系属于弱核单中心型体系，即体系只有县城 1 个核心，其余各级别的村镇未能有所发展。在规模等级规划上，既要考虑增强县城人口集聚和发展潜力，又要兼顾有潜力的镇村发展，确定增长极。因此，规划以增强县城人口规模，提高集聚能力，有潜力的乡、镇、村均有所发展为重点，特别是要适应未来构建"县城-宜就镇"双核心的发展格局，永仁县镇村居民点体系规模等级结构规划如表 7-4，中心村规模等级结构规划如表 7-5。

表 7-4 永仁县镇村居民点体系规模等级结构规划（2030 年）

等级	城镇人口规模/万人	城镇名称（人口规模/万人）	数量/个	城镇总人口/万人
一	>1	永定镇（7.60）	1	7.60
二	0.5~1	中和镇（1）、宜就镇（0.80）	2	1.80
三	0.1~0.5	莲池镇（0.25）、维的镇（0.25）、猛虎镇（0.2）、永兴镇（0.4）	4	1.10

表 7-5　永仁县中心村规模等级结构规划（2030 年）

等级	人口规模/人	中心村名称（人口规模/人）	数量/个	总人口/人
一	5000~8000	宜就（7000）、中和（5000）、永兴（5000）	3	17000
二	1000~5000	莲池（2000）、猛虎（2000）、直苴（1800）、万马（1700）、查利么（1700）、维的（1500）、大保关（1400）、格租（1400）、拉古（1300）、桃苴（1300）、班别（1200）、迤帕拉（1200）、白马河（1200）、外普拉（1000）、地什苴（1000）、夜可腊（1000）、阿里地（1000）	17	23700
三	500~1000	木马（900）、那软（900）、灰坝（900）、昔丙（900）、他克（800）、老怀哨（800）、拉利坪（800）、小直么（800）、直那（800）、羊旧午（800）、勐莲（800）、的鲁（800）、阿朵所（700）、他的么（700）、他的苴（600）、么吉利（600）、立溪冬（600）、迤资（600）、鱼乍（600）、拉姑（600）	20	15000
四	300~500	火把（500）、潘古里（500）、岔河（500）、格红（500）、千树子（500）、波者地（400）、进化（400）、阿者尼（400）、么苴地（400）、马颈子（400）、小庄（300）	11	4800

规划确定重点发展型中心村集聚人口规模不小于 1000 人，中心村平均服务常住人口不小于 2000 人，自然村集聚人口规模不小于 300 人。低于此条件的中心村和自然村，可根据自然地理环境条件以及未来交通、经济发展状况、不同居民点规划引导方案和建设模式，实施撤并、搬迁合并和新建安置点。

3）居民点体系职能结构技术方法及案例

居民点体系中的职能结构主要依据县（市）域经济区划、居民点产业发展及其区域内外所发挥的功能进行确定，体现的是各居民点的地域分工特征，反映的是所处区域自然地理和资源环境特征，以及区位、交通、产业发展类型。通常居民点的职能类型总体上可分为农业服务型、旅游服务型、工矿型、加工型、商贸服务型、工业服务型和综合服务型等多种类型。有的居民点可能表现出多个职能，规划中主要确定其主导职能。城镇主导职能即优势职能，是在城镇的各种职能中起主导作用的职能。有的城镇有 1 个主导职能，有的城镇有多个主导职能。

以永仁县为例，根据各级村庄（镇）在各地域内的主导作用的不同（相对应的 4 个地域范围，分别是县域、县域区片、乡镇域及村域），规划村庄（镇）在不同大小范围内的基本职能，即县域中心、县域区片中心、乡镇域中心和村域中心，在此基础上，确定其主导职能类型（表 7-6）。

表 7-6　永仁县村庄（镇）居民点体系主导职能类型规划（2030 年）

职能类型	城镇	主要职能
综合服务型	县城（永定镇）	云南北向开放重要门户、滇川合作试验示范区、出滇入川经济大通道、带动楚雄北部地区跨越发展的重要增长极，县域政治、经济、文化中心、绿色生态城、工业中心城、综合物流集散中心、旅游依托中心
工矿型	永兴镇	永仁北大门，依托丰富矿产资源，以发展水电能源产业、矿产勘探、冶炼、深（精）加工为主，建成面向攀枝花的果蔬、畜牧种养基地和工业转移承接基地
旅游服务型	莲池镇	葡萄产业示范基地、油橄榄示范基地、特色农业推广示范基地，生态旅游小镇，重点发展观光农业、农产品加工业、乡村旅游业
商贸服务型	中和镇	打造成以赛装节、夏家大院为纽带的民族文化旅游名镇，同时发展水电能源产业
商贸服务型	宜就镇	建成小集镇建设示范镇、乡风文明示范窗口、党建示范点。以发展特色农业、农产品加工业为主，积极发展商贸业的特色城镇
农业服务型	维的镇	以发展特色农业、新能源产业为主，突出培植烤烟、板栗、油橄榄、樱桃等产业和太阳能综合开发利用，打造成为"板栗大乡"、"烤烟强乡"、"樱桃之乡"和"生态休闲之乡"
农业服务型	猛虎镇	特色农业、生态林业、畜牧业为主，突出发展生态经济林、油菜、烤烟、蚕桑种植，打造现代农业、林业、畜牧业发展重点镇

规划进一步将中心村的职能大致分为综合型、旅游主导型、工业主导型、"三农"服务型、商贸主导型五大类。由于各乡镇中心村数量较多，在此仅展示宜就镇的情况，具体见表 7-7。

表 7-7　永仁县宜就镇中心村人口及职能发展方向

中心村	规划人口/人	发展方向	职能	是否重点发展
宜就	7000	蚕桑、畜牧业、服务业	商贸主导型	是
他克	800	烤烟、核桃	"三农"服务型	否
阿朵所	700	种植业	"三农"服务型	否
火把	500	烤烟、核桃	"三农"服务型	否
外普拉	1000	烤烟、核桃	"三农"服务型	否
他的么	700	烤烟、蚕桑、养殖业	"三农"服务型	是
老怀哨	800	烤烟、油桐	"三农"服务型	否
潘古里	500	蚕桑、养殖业	"三农"服务型	否
拉古	1300	烤烟、板栗、蚕桑	"三农"服务型	是
地什苴	1000	板栗、蚕桑、养殖业	"三农"服务型	否
木马	900	蚕桑	"三农"服务型	否
拉利坪	800	水稻、蚕桑	"三农"服务型	是

3. 配置设施的类型、标准和案例

《云南省公共服务设施规划标准》（公示稿，2017 年 1 月）及其他各地方标准，均对公共服务设施按照教育设施、医疗卫生设施、公共文化设施、体育设施、公园绿地广场设施、社会福利设施和其他基本公共服务设施共七大类进行类型划分，大类下面分若干小类。其中，其他基本公共服务设施主要包括 4 类：①派出所警务室等安全类设施；②邮政局、加油站、消防站、公共停车场、邮政所、公交首末站和变电设施等市政交通类设施；③垃圾中转站、垃圾收集点和公共厕所等环境保障类设施；④社区服务中心、社区服务站、社区居委会、自助银行网点、快递服务站、菜市场、快递自助点、物业管理、生鲜超市。

基础设施则包括能源动力、给排水、邮电通信、生态环境、防灾减灾和道路交通六大类，由于道路交通在城镇体系规划中作为一项重要内容单独进行规划，此处不再考虑。

从配置标准看，城乡居民点基础设施和公共服务设施的配置标准，主要按照居民点层次等级划分后对应相应的设施配置标准。具体如下：

（1）设区市基础设施和社会公共服务设施按市级、区级、社区级三级配置和建设；县城按县级和社区级两级配置，县级市可执行县城配建要求。建制镇按镇级和社区级两级配置和建设，乡政府驻地可参照建制镇配建要求，即村庄基础设施和公共服务设施按中心村和普通村庄两类配置和建设。

（2）市级、县级基础设施和社会公共服务设施应充分发挥聚集优质要素资源的条件，按照功能定位，以所辖区或更大范围为服务对象进行配置和建设。

（3）镇级基础设施和社会公共服务设施应整合各级各类面向基层的公共服务资源，优化配置和建设、高效利用。

（4）村庄和社区级公共服务设施布局应贴近服务对象，满足服务半径需要。

以永仁县为例，根据村庄（镇）体系中不同类型的村、镇职能分类和居民点层级体系，采取不同的建设标准和要求，完成基础设施和社会服务设施建设，具体标准见表 7-8 和表 7-9。规划中，永仁是一个山区县，山区面积占 97%，县域各城镇和村庄应以现状镇区、村庄为依托，各中心村应以现状村委会为依托，根据地形条件，集中紧凑发展。用地拓展中应协调主要公路与城镇用地的关系，对于紧邻主要公路的城镇，应避免城镇沿过境公路蔓延式发展并布局大量城镇生活服务设施。

表 7-8 永仁县村庄（镇）居民点体系公共服务设施配建表

类别	项目	县城镇	中心镇	一般乡镇	中心村	基层村
教育设施	职业教育	√	√	△		
	中学	√	√	√	△	
	小学	√	√	√	△	△
	托幼	√	√	√	√	△

续表

类别	项目	县城镇	中心镇	一般乡镇	中心村	基层村
文化设施	综合展览馆（民族博物馆）	√	△			
	图书馆	√	√	√		
	影剧院	√	√	△		
	书店	√	√	√		
	青少年、老年活动中心	√	√	△		
	图书室			△	√	√
	文化室			△	√	√
医疗卫生设施	综合医院	√	△			
	卫生院	√	√	√		
	卫生所			△	√	√
	防疫站	√	√			
	妇幼保健院	√	△			
体育设施	综合运动场	√	√	√	△	
	体育馆	√	△	△		
	游泳馆	√	△			
	群众健身设施	√	√	√	√	△
	冰场	√	√	△	△	△

注：表中"√"表示必须建设，"△"表示有条件或有必要可建，空白为不作要求。

表 7-9 永仁县村庄（镇）居民点体系基础设施配建表

类别	项目	县城镇	中心镇	一般乡镇	中心村	基层村
给水设施	给水处理设施	√	√	√	√	√
	水源地保护	√	√	√	√	√
	供水管网工程	√	√	√	√	△
	中水回用	√	√	△		
排水设施	污水处理设施	√	√	√	△	△
	地下排污管网	√	√	√	△	
环境卫生设施	垃圾处理场	√	√	√	√	△
	专职环卫队伍	√	√	√	√	
	环卫设施专用地	√	√	√	√	
	公厕	√	√	√	√	
电力电信设施	变电所 110kV	√				
	变电所 35kV		√	√		
	变电所 10kV				√	√
	电信局/所	√	√	√		
	邮政局/所	√	√	√		

续表

类别	项目	县城镇	中心镇	一般乡镇	中心村	基层村
消防设施	消防站	√				
	专职消防队	√	√	√	△	
	消防给水设施	√	√	√	√	△
	消防供电设施	√	√	√	√	△
	消防车通道	√	√	√	√	√
防洪设施	江河堤防	√	√	√	△	△
	防洪工程	√	√	√	△	△

注：表中"√"表示必须建设，"△"表示有条件或有必要可建，空白为不作要求。

7.3.3 城乡居民点用地规划案例

山地城镇体系规划中的城乡居民点用地规划，本质上也属于居民点空间布局的一部分，其规划技术要点是通过对城乡居民点层级体系中的城镇（市）、村庄各用地类型和用地规模进行用途管制和规模控制，引导土地资源优化配置，进而对区域内的产业布局、基础设施和社会公共服务设施进行发展建设协调和规划，促进各类生产要素在居民点的集聚与扩散。同时，通过对各级别镇-村建设用地规模科学合理引导和控制，达到合理调控镇-村扩展边界，进而保护耕地的可持续利用。

由于当前规划用地已由增量规划向存量规划转变，永久基本农田保护线成为一条不可逾越的红线。因此，在每一个层级的居民点内部既要保证耕地总量的动态平衡，又要为城镇（市）、村庄合理发展留出空间的约束下，需要使用和扩大用地规模时，应通过内部挖潜方式，实施旧镇区更新改造、迁村并点和土地综合整治，开发利用荒山荒地和废弃地，不占或少占耕地、林地和牧草地。

以永仁县为例，依据现状农村人均建设用地情况，结合《云南省新农村建设村庄整治技术导则》及《云南省土地管理实施办法》相关规定，将村庄建设用地划分为适度增长型、严格控制型和禁止增长型 3 类进行村庄建设用地控制（表 7-10）。用地规模上，以建设集约、节约用地居民点为目标，县域各镇人均城镇建设用地在规划期末应控制在 110m² 以内，一般镇、乡不超过 120m²，各中心村、自然村依据相应的技术管理规范拓展宅基地，控制在 150m² 以内，易地安置村庄和村庄新增建设用地，各类用地增长按表 7-11 进行控制。

表 7-10 村庄建设用地控制一览表

现状用地指标	村庄人均建设用地类别	指标增长上限/（m²/人）	村庄建设用地控制要求
≤80 m²/人	适度增长型	15	村庄根据人口增长情况适度增加宅基地审批，新增宅基地按照 150m²/户控制。通常是村庄可适度增加公共设施用地

续表

现状用地指标	村庄人均建设用地类别	指标增长上限/(m²/人)	村庄建设用地控制要求
80 m²/人<用地指标≤150 m²/人	严格控制型	10	严格控制宅基地审批，鼓励村庄拆旧建新，新增建设用地仅用于公共设施建设
>150 m²/人	禁止增长型	0	禁止新增建设用地，村庄新建项目以整理土地为主导方向

表 7-11 村庄新增建设用地规划控制指引表

类别代码 大类	类别代码 中类	类别代码 小类	类别名称	人均面积/m²	备注
V			村庄建设用地	66～75	
	V1		村民住宅用地	42	按新增宅基地面积150m²，户均按3.5人计算，则人均村民住宅用地面积为42m²
	V2		村庄公共服务用地	3.5～7.0	
	其中	V21	村庄公共服务设施用地	1.5～2.0	村庄公共服务设施主要为村民活动中心，进行村民活动及举办活动的公房，计算面积按农村人均活动场地面积1.5～2m²设计
	其中	V22	村庄公共场地	2.0～5	随村庄人居环境的提升和改善，村庄公共场地作为村民主要的交往空间，结合相关规范导则，确定村庄公共场地人均用地面积为2.0～5.0m²
	V3		村庄产业用地	0.5～1	
	其中	V31	村庄商业服务业设施用地	0.5～1	根据经验值测算，一般村庄商业服务业设施人均用地面积为0.5～1m²，若村庄发展定位有商业功能，则人均指标不以此为标准，应按需设置商业用地
	其中	V32	村庄生产仓储用地	—	一般村庄不建设村庄生产仓储用地，该项建筑指标不作要求，根据实际情况按需建设
	V4		村庄基础设施用地	20～25	
	其中	V41	村庄交通用地	15～20	集合各类村庄规划设计经验值法，确定人均村庄交通用地为15～22m²
	其中	V42	村庄交通设施用地	4.0	村庄交通设施用地中的公共停车场建议按照每户一车位计算，全村折减系数取0.5，则人均停车场地建设指标为4.0
	其中	V43	村庄公用设施用地	1.0	村庄公用设施用地主要包含环卫设施及市政基础设施用地，根据规划经验值测算，村庄公用设施人均用地面积为1.0m²

参 考 文 献

房志勇. 2007. 规划先行——村镇建设规划. 北京: 中国计划出版社.
郭建平. 2006. 农村土地资源管理. 北京: 中国社会出版社.
王万茂, 王群. 2010. 土地利用规划学. 北京: 北京师范大学出版社.
向洪, 张文贤, 李开兴. 1994. 人口科学大辞典. 成都: 成都科技大学出版社.

第8章 山地城镇体系设施发展规划

8.1 基础设施发展规划

8.1.1 概念、类型、作用和特征

基础设施是指城乡生存和发展所必须具备的工程性基础设施和社会性基础设施的总称（吴小虎和李祥平，2016），泛指国民经济体系中为社会生产和再生产提供一般条件的部门和行业（崔功豪等，2006），是为社会生产和人民生活提供基础产品和服务的、一切经济和社会活动的载体及国民经济的重要组成部分（魏礼群，2002），是以保证社会经济活动、改善生存环境、克服自然障碍、实现资源共享等为目的而建立的公共服务设施（金凤君，2001）。

基础设施主要是指交通运输、通信、能源、给排水、供气等公共部门和设施，指直接参与、支持物质生产过程的基础设施部门，其核心包括能源供应系统、水资源与给排水系统、交通运输系统和邮电通信系统。城镇体系规划中，基础设施一般包括交通运输系统（对内和对外交通）、水务工程系统、能源动力系统、邮电通信工程系统、防灾减灾工程系统以及环境卫生设施工程系统六大工程系统（表8-1）。

表 8-1 基础设施系统构成及内容

系统名称	组成内容
交通运输系统	道路系统、交通管制系统和客货运系统
水务工程系统	水源地、取水、输配水工程、排水管网及污水处理设施
能源动力系统	电力、燃气、供热生产和供应系统
邮电通信工程系统	邮政系统和电信工程系统
防灾减灾工程系统	抗震、防洪、消防、人防设施
环境卫生设施工程系统	园林绿地系统和环卫系统

城镇体系空间结构形态通常与基础设施尤其是道路交通运输体系构成一种稳定的

互动关系。因此，山地城镇基础设施建设和运行的系统性和协调性，既是社会经济活动正常运行的基础，也是社会经济现代化的一个重要标志，更是城镇体系空间结构、经济发展和产业布局科学化、合理化的前提，以及统筹城乡发展、构建区域经济增长极和实现城镇体系网络化发展的有效途径。山地城镇基础设施的特性主要表现为以下几个方面（戴慎志，2008；吴小虎和李祥平，2016）：

（1）服务的公共性和两重性。前者主要指基础设施不是为个别人、个别家庭、个别单位服务的，而是为整个区域提供社会化服务，是社会化发展的产物和前提条件，也是区域发展水平的标志；后者主要指的是，从服务对象上看，其既为物质生产服务，又为人民生活服务。

（2）效益的间接性和综合性。间接性是指基础设施的投资效果和经营管理效果，不仅表现为自身回收投资期的长短以及获取利益的多少，而且表现为服务对象效益的提高；而综合性则是指基础设施不仅考虑经济效益，更注重以社会效益和环境效益为重点的综合效益。

（3）运转的系统性和协调性。系统性是指山地城镇基础设施是一个有机的综合体，是社会、经济、生态大系统中的一个子系统，而基础设施范围内的每项设施又自成体系，构成一个有机整体，不能分割；协调性是指山地城镇基础设施中的每个子系统，要求各项基础设施协调发展，而且能与外界环境保持一致。同时，各子系统之间也要求协调发展。

（4）建设的超前性和生产的连续性。超前性表现为，因基础设施工程项目规模大、周期长，应当提前建设，走在城镇经济建设和发展的前列，以适应物质生产和人民生活的需要；连续性则是指其在生产和供应上带有连续不断的特点。

（5）经营的集中性和补偿的多样性。集中性是指由于区域社会、经济构成了一个有机统一体，为了获得区域发展最佳的综合效益，山地城镇体系基础设施在规划、管理和经营上都必须高度统一；多样性是指基础设施在向社会提供服务时，也要求得到财政补偿、市场补偿和财政市场复合补偿。其中，市场补偿是指基础设施的生产企业，把产品供应社会，按照等价交换的原则制定价格，向用户收取费用。财政补偿是指不直接生产产品的基础设施，属于事业单位，本身没有收入，全靠国家财政补贴。复合补偿是指经营基础设施的单位不同于一般的企业，主要不以经济效益进行考核，而要重视社会效益和环境效益，因而产品价格或服务收费标准较低，入不敷出，需要财政补贴一部分。

8.1.2 基础设施规划的目标和意义

在山地城镇体系规划中，基础设施规划的目标直接对标城镇体系人口与城镇化发展、空间结构、职能结构、规模结构、产业布局、统筹城乡发展等城镇体系发展目标，即依据城镇体系和山地城镇社会经济发展的总体目标和实施战略，布局区域重大基础设施、科学、合理配置不同等级规模和职能的山地城镇所必备的各类设施,充分发挥其在城镇体系发展中的保障与推动作用。山地城镇体系规划中的基础设施规划,其建设发展具有现实指导和未来导向的意义,主要体现在以下几个方面:

(1)城镇体系规划中各层面、各层次的基础设施规划,能够科学指导详细规划和各类专项规划,乃至各项工程设施设计,同时,能够充分综合协调各类城乡规划,以有效地指导城镇体系基础设施的整体建设,提高基础设施建设的经济性、可行性、科学性。此外,山地城镇体系规划中的基础设施规划,对未来山地城镇发展空间和方向、城镇体系发展模式、产业布局、城镇化发展等方面均具有匹配性和导向性作用,能够相互影响、相互促进,在充分发挥城镇体系基础设施工程的联系纽带、保障与推动作用下,能够有效引导山地城镇体系和区域经济健康、持续发展。

(2)通过山地城镇体系规划中基础设施综合调查、研究,对各类基础设施的现状、发展需求、未来配置模式、建设前景等进行深入分析和评价,实现问题导向、目标导向的规划模式,便于规划抓住主要矛盾和问题症结,并因此制定解决问题和目标实现的对策和措施。

(3)山地城镇体系规划中的基础设施规划明确了各项设施的建设发展目标、规模与空间布局,统筹各类设施工程系统建设,并制定实施计划,为其他规划提供各项设施建设的指导依据,便于预留和控制后续发展项目的建设用地、空间环境,有利于后续建设项目的筹建与落实,有效地指导设施建设。

8.1.3 基础设施规划的主要任务、内容和程序

山地城镇体系基础设施系统由交通、给水、排水、电力、燃气、供热、通信、环境卫生、防灾减灾等工程组成,是区域社会、经济发展的支撑体系和生命线系统。山地城镇中各项基础设施工程的完备程度直接影响其生活、生产等各项活动的开展。滞后或配置不合理的基础设施系统将严重阻碍城乡一体化、城镇体系网络化发展。适度超前、配置合理的基础设施不仅能满足各项活动的基础要求,更有利于带动社会经济可持续发展。总之,合理配置、建设完备的基础设施是山地城镇体系规划的重要任务(邓毛颖和蒋万芳,2012)。

山地城镇体系规划中的基础设施规划,主要是论证和解决为何需要配置基础设施的问题,而控制性详细规划和修建性详细规划则主要解决如何建设的问题。以基础设施规划中较为常见的交通运输设施、给水排水设施和电力电信设施三类规划为例,在进行山地城镇体系规划中的基础设施规划时,其主要内容包括以下三个方面:

(1)科学合理确定规划期内各项基础设施系统的规模和容量。主要依据山地城镇体系规划中的社会经济发展目标、人口和城镇化发展与统筹城乡一体化发展战略、城镇体系空间布局和城乡居民点体系规划等内容,科学预测交通量(客货量)、用水量、用电量、用气量、通信等规模和容量,确定客源、水源、气源、电源等,并做好"量"和

"源"的区内外平衡。

（2）科学布置各项设施。科学确定"源"的选择和选址，合理布置各项设施线路和走向，选定区域内基础设施建设重大项目和具体布局，布局区域基础设施网络结构。

（3）制定相应的建设策略和管理措施。一方面是遵循各项基础设施规划建设的相应国家和地方标准、规程和规范，如管网布局如何避开地质条件不利地区，管网布局、管线走向应遵循的基本原则等。另一方面是因地制宜地提出保障各项基础设施建设的具体策略和管理措施，如水源地保护措施、高压线路维护措施等。

山地城镇体系规划中基础设施规划工作程序主要是围绕山地城镇体系全面发展的总体目标展开，包括三个阶段：

（1）分析山地城镇基础设施建设发展中的现状问题，提出基础设施规划需要解决的关键问题，明确城镇发展对基础设施的主要需求；

（2）依据山地城镇体系规划中的人口和城镇化发展、空间布局、城乡居民点职能和等级、产业布局、城乡一体化发展等的总体目标，确定基础设施规划、配置和建设目标和要求；

（3）依据山地城镇体系规划中基础设施规划的主要内容，确定各项设施工程的规模和容量，合理选择各类"源"，布局各类设施网络系统，并提出合理的管网布局模式、实施策略以及有关重要设施的保护措施等。

山地城镇体系规划中的基础设施规划内容、程序和技术路线如图 8-1 所示。

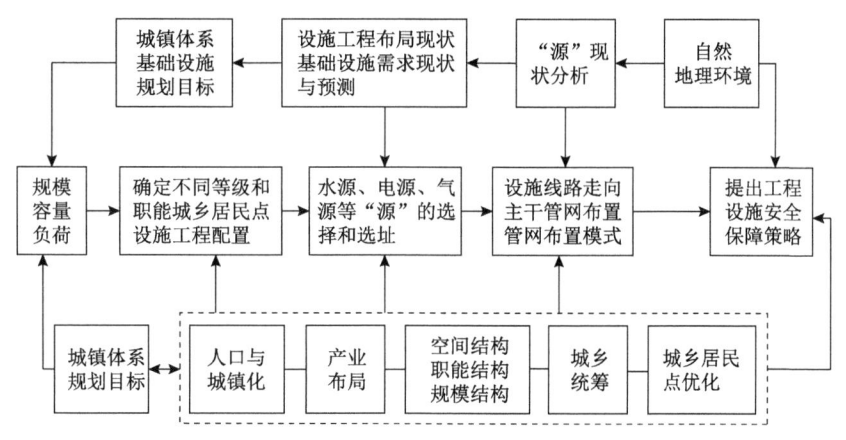

图 8-1 山地城镇体系规划中基础设施规划内容、程序和技术路线图

8.1.4 交通运输规划

交通运输系统是基础设施的骨架，是国家或区域社会经济发展的先行条件。交通运输规划是实现交通运输资源的合理利用与最佳配置的基本保证，其根本任务是按照社会经济发展模式和趋向，设计合理的交通系统，以便为以后土地利用与社会经济活动服务，满足社会和经济发展的需要，本着以现有交通运输资源来探索最好的解决方案，通

过制定目标并设计达到目标的策略或行动。

1. 交通运输规划的内容

交通运输的基本要求,是使交通达到便捷、通畅、经济、安全,在当代,尤其要形成快速化、网络化、系统化的交通运输结构。山地城镇体系交通运输规划内容主要包括：客货运输与交通网现状的调查与分析；未来客货运量、流量、流向预测；客货运量在各种运输方式中的合理分配；提出交通运输网的基本方案；选定重大交通工程项目（如高速通道）和具体布局；项目建设时间和造价估算等。一般地域范围越大,规划内容越宏观,越侧重于交通骨架、交通枢纽以及交通运输网络结构和布局（崔功豪等,2006）。

2. 山地城镇综合运输网规划

在山地城镇体系具体规划中,需要对公路、铁路、水运、航空、综合运输网等进行科学合理规划,以满足山地城镇内外社会经济发展对交通运输网络的需求。在山地城镇综合运输网规划中,通常应科学分析以下几个方面：

（1）由于自然条件和社会经济条件的差别,各国、各地区的运输方式也不同。根据我国交通运输现状和持续发展战略,以铁路交通为主、水运为辅、公路和航空相配套的综合运输网体系和四横二纵综合运输大通道是我国 21 世纪交通运输网的战略布局。然而,在典型的高原山地环境下,山地城镇体系各区域在构建综合交通网络上,除了有效对接主要运输通道和国道、省道和高速公路网,仍需从当地实际出发,综合考虑小城镇（市）的城乡统筹发展、山区综合开发战略,以及建设成本等问题,合理安排综合运输网络及其建设时序、等级和规模。

（2）山地城镇综合运输网构建应以国道、省道和高速公路网主干线为骨架,根据本区域社会经济发展对客货运输的需求,结合自然地理环境特征和交通运输网现状,遵循统筹规划、联合建设的方针,形成水陆空结合、长短结合、干支结合、点线结合的综合运输网。

在具体确定山地城镇交通运输结构主体时,重点考虑以下几点：

（1）幅员大小、地理环境特征和河海通航条件,确定主要运输方式；

（2）未来客货流种类、流量大小和运输距离对运输方式的需求；

（3）现有各交通运输线路承担的运量、线路能力、利用状况及未来改扩建的可能性；

（4）未来生产力布局和城镇体系空间结构、职能结构和规模结构的优化发展对运输方式的要求。

规划山地城镇干线网时的主要依据如下：

（1）山地城镇内经济联系及由此形成的主交通流的特征,山地城镇干线应符合主交通流的方向。

（2）山地城镇的交通地位，区际经济联系特点、流向及对本区的要求。每个地区的交通网都是区际交通网的组成部分，必须承担过境运输的任务。因此，要从保证全国运输通道畅通的要求出发，考虑区域交通干线网建设。

（3）要充分挖掘现有交通干线的潜力，进行增设复线和新建第二线的方案比较，以便节约用地和有效地为主流向服务。

3. 公路网规划

1）公路网规划内容和原则

公路网是由线路和车站组合而成的分布网络。规划内容包括公路经济选线、线路走向和等级、车站位置与规模的确定以及建立合理的路网结构等。公路网规划原则是：充分满足综合运输网布局的要求；深入城乡腹地，与铁路、水运有机衔接，为广大区域的交通联系提供保证；充分考虑社会经济和国防需要；建立干支结合、经济便捷的路网形式（崔功豪等，2006）。

2）公路网规划布局方法

公路网规划布局常用的方法有五种，每种方法都各有特点。①专家经验法需要有丰富实践经验的专业人员，且对公路网规划的认知有足够的深度与广度，通常作为其他方法的辅助分析。②OD流向法是主要根据交通流量流向进行规划布局的方法。③总量控制法是利用"最优树"原理，结合规划区域的经济社会发展趋势及交通需求来确定路网规模及布局的方法。④节点重要度法应用比较广泛，它是把规划区域划分成不同的节点，然后选取一些经济社会或交通运输指标，建立数学模型，计算出各个节点的重要度，然后根据重要度进行布局的方法。⑤交通区位线法在路网规划中应用也比较广泛，它是以交通区位论为依据，将社会经济和科学技术对公路运输的需求反映到交通区位线的布局方法（杨沙和李帅，2020）。

3）公路分级和技术经济要求

根据2014年我国交通运输部发布的《公路工程技术标准》（JTGB01—2014），公路分级按照使用任务、功能和适应的交通量分为高速公路、一级公路、二级公路、三级公路及四级公路五个技术等级（表8-2）。

表8-2　各级公路技术指标汇总

	高速公路			一级公路			二级公路		三级公路		四级公路	
设计行车速度/(km/h)	120	100	80	100	80	60	80	60	40	30	30	20
车道数	≥4	≥4	≥4	≥4	≥4	≥4	2	2	2	2	2(1)	2(1)
车道宽度/m	3.75	3.75	3.75	3.75	3.75	3.5	3.75	3.5	3.5	3.25	3.25	3

续表

		高速公路			一级公路		二级公路			三级公路		四级公路
右侧硬路肩宽度/m	一般值	3.00（2.50）	3.00（2.50）	3.00（2.50）	3.00（2.50）	干线功能：3.00（2.50），集散功能：1.50	0.75	1.50	0.75	—	—	—
	最小值	1.50	1.50	1.50	1.50	干线功能：1.50，集散功能：0.75	0.25	0.75	0.25	—	—	—
土路肩宽度/m	一般值	0.75	0.75	0.75	0.75	干线功能：0.75，集散功能：0.75	0.75	0.75	0.75	0.75	0.50	0.50	0.25（双车道）0.50（单车道）
	最小值	0.75	0.75	0.75	0.75	干线功能：0.75，集散功能：0.50	0.50	0.50	0.50				
左侧硬路肩宽度/m		1.25	1.00	0.75	1.00	0.75	0.75	0.75	0.75	—	—	—	—
左侧土路肩宽度/m		0.75	0.75	0.5	0.75	0.50	0.50	0.75	0.50	—	—	—	—
停车视距/m		210	160	110	160	110	75	110	75	40	30	30	20
最大纵坡/%		3	4	5	4	5	6	5	6	7	8	8	9
汽车荷载等级		公路-Ⅰ级								公路-Ⅱ级			
设计使用年限/年	沥青混凝土路面	15			15			12			10		8
	水泥混凝土路面	30			30			20			15		10

（1）高速公路为专供汽车分方向、分车道行驶，全部控制出入的多车道公路。高速公路的年平均日设计交通量宜在15000辆小客车以上。

（2）一级公路为供汽车分方向、分车道行驶，可根据需要控制出入的多车道公路。一级公路的年平均日设计交通量宜在15000辆小客车以上。

（3）二级公路为供汽车行驶的双车道公路。二级公路的年平均日设计交通量宜为5000～15000辆小客车。

（4）三级公路为供汽车、非汽车交通混合行驶的双车道公路。三级公路的年平均日设计交通量宜为 2000~6000 辆小客车。

（5）四级公路为供汽车、非汽车交通混合行驶的双车道或单车道公路。双车道四级公路年平均日设计交通量宜在 2000 辆小客车以下；单车道四级公路年平均日设计交通量宜在 400 辆小客车以下。

公路路线设计应根据公路的等级及其使用任务和功能，合理地利用地形和技术标准，并考虑车辆行驶的安全舒适以及驾驶人员的视觉和心理反应，保持线形的连续性和与当地景观的协调性。

公路在选线时，应尽量避免穿过地质不良地区和城镇，贯彻保护耕地、节约用地原则，少拆房屋、方便群众，依法保护环境、保护古迹。对于不同的选线方案，应对工程造价、自然环境社会环境等重大影响因素进行多方面的技术经济论证，在条件许可时，应尽量选用较高的技术指标《公路工程技术标准》（JTGB01—2014）。

4. 航空设施规划

航空设施主要包括航空港和航空器。航空港是民用航空机场及有关服务设施的总称，是保证飞机安全起降的基地和空运旅客、货物的集散地，包括飞行区、客货运输服务区和机务维修区三个部分，是交通运输网中重要的点；航空器主要是指民用飞机中的货机或货客两用机。在山地城镇体系规划中，通常是对航空港进行规划。

1）航空港的技术要求

不同等级机场的功能和机型大小，对机场布置有着不同的技术要求（表 8-3）。

表 8-3 机场布置的技术要求

机场等级	用途	日起飞次数/次	跑道/m 长度	跑道/m 宽度	净空/km 测宽	净空/km 端长
特级	国际、国内特大型飞机	≥101	3200	≥60	2	>20
一级	国内、国际远程航线	50~100	2700	≥52	2	20
二级	国内、国际中程航线	21~50	2000	≥45	2	20
三级	短途航线	11~20	1400	≥40	2	14
四级	地方航线	≤10	400	≥30	2	4

2）航空港的区位因素

航空港的规划，首先要从区域整体需要出发，研究合理的分布间距，作出客运量的经济论证，避免单一地从本城市出发，重复建设。从现代地理学角度来看，其区位因素分为自然和社会经济因素（徐建华，2011）。

自然因素主要有：①地形地势要平坦开阔，以利于跑道建设及飞机起降。地形有适当的坡度，机场最适宜坡度 0.5%~2%，以保证排水。②良好的地质条件，以保证地基稳定。③气候气象条件良好,选择云、雾和暴雨出现频率较少的地区等。④跑道沿盛行风的方向修建,以利于飞机逆风起飞和降落。⑤净空条件好,治空区内人工和自然障碍物的高度均有一定限制,在 1500m 内小于 8m,5000m 内小于 200m。

社会经济因素主要有:①邻近地区经济发达,人、物流量大。不宜干扰城市,又不宜远离城市,机场与市区间要开辟等级较高的公路(彭震伟,1998)。②与城市有合理的间距。既不影响城市环境,又能在 30min 内到达城市。一般要求机场距城市 10km 以外、40km 以内,距离过近或过远均不合适。③与机场导航通信影响的干扰源保持一定的距离。例如,功率为 10kW 的广播电台应离导航台 5km 远,330kV 以上的高压输电线应在 2km 以外。④住宅区避开噪声带,应位于航空港的周边且要有一定的距离。

3)航线开辟

航线开辟主要根据国际和国内客运输的需要,组成以首都和大城市为中心的航空网(彭震伟,1998),以及省会至中心城市、大型工矿区和边远地区的地方航线。机场新航线的选择需要考虑网络的通达性,同时机场还需要考虑开辟航线的经济效益,以吸引航空公司参与飞行航班任务。调查航线开辟的影响因素,发现影响机场开辟航线的因素有很多,其中具有决定性的因素有航线旅客需求量、空铁竞争强度、通航城市数量、中心城市数量占比和互补机场数量等。

5. 铁路网规划

铁路是由线路、车站与枢纽所组成的网,是区内外联系的主要交通方式。铁路网规划的任务是满足地区社会经济发展和生产力布局的需要,根据自然环境和社会经济特点,以及铁路技术经济要求,构筑一个与其他运输方式协调发展的高效安全、便捷通畅的铁路网系统(崔功豪等,2006)。现行的铁路选线方法主要有地质选线、环保选线、工程选线等,对线路方案进行评价的方法以定性分析为主(杨宗佶等,2018)。

1)铁路网规划内容

铁路网规划一般包括线网规划(新线建设、旧线改造)、站场规划(车站选址、枢纽布局)以及牵引动力和高速铁路等环节组合而成的新旧结合、干支结合的铁路网络规划(崔功豪等,2006)。

2)铁路选线

交通线路选择主要是依据交通流量流向(结合资源开发、生产布局和城镇布局)和自然环境、地质地貌条件,进行线路走向的选择。

铁路选线程序可分为两步:首先是网性选线,其次是线性选线。网性选线是指经济选线,根据区域社会经济发展对客货运输的要求和铁路等交通运输网布局现状,提出铁路选线方案。线性选线是在线路基本方向和接轨区域已确定的情况下,着重解决线路走向方案、接轨点及建设规模等重大原则问题,并根据铁路线的技术经济比较,确定选线方案(崔功豪等,2006)。

在线路选择和站场选址中,应考虑以下条件:①考虑生态性原则,选址时尽量不占或少占良田,尽可能避开山体或是湖泊,充分考虑周边用地的性质,尤其是在规划限制地区,要尽可能减小对周边环境的影响。②尽可能避开居民区、工业区、风景区或是古建保护区。③铁路枢纽规划必须依据城市总体规划设计。④铁路规划设施要与城市交通系统联系密切,形成综合交通枢纽,助力于城市空间互动发展。⑤选址能够拉动区域经济的发展,促进城市经济圈的形成(徐炳清,2009)。应尽可能连接城市,并在经过城镇时,与城镇用地布局相协调。

3)技术经济要求

根据铁路的不同级别和运输能力,以安全、高效、经济为原则,对铁路技术要求中的弯度和坡度作出如下规定(表8-4)。

表8-4 中国铁路技术经济要求

级别	年运输能力/(10^4t/km)	行车最高时速度/(km/h)	最小曲率半径/m 一般地段	最小曲率半径/m 困难地段	最大限制坡度/% 一般地段	最大限制坡度/% 困难地段
Ⅰ	>800	120	800	400	0.6	1.2
Ⅱ	≥500	100	800	400	1.2	1.2
Ⅲ	<500	80	600	350	1.5	1.5

铁路电气化是铁路现代化的重要组成部分。电力机车引力大于内燃机车和蒸汽机车,其技术速度高出蒸汽机车20%~30%,速度可以高达170~210km/h,可爬行1.5%的坡度,运量达3000t,比蒸汽机车高出一倍。电气化铁路需要有独立的供电系统、电力线和电力机车,投资较大。

6. 水运网规划

1)水运网规划的任务和内容

水运网是由航道和港口组成的交通系统。一般分为内河和海运两部分。内河水运规划任务是根据地区社会经济发展需要以及河流的综合利用和航道特点,构建一个与铁路和公路运输网络相适应的河海相通、干支相连的内河运输网。内河航道网规划的内容有:内河航运量的调查与预测,航道等级与通航里程的发展目标,航道、港口的空间布局与区域划分,航线走向、标准与整治措施等(崔功豪等,2006)。

2)航道规划的技术要求

我国内河航道可分为六级,由于运量和船队标准不一,对航道有着不同的要求(表8-5)。

表 8-5 枯水期最小航道尺度

航道等级	通航驳船等级/t	天然渠化河流/m 浅滩水深	天然渠化河流/m 底宽	人工运河/m 水深	人工运河/m 底宽	曲率半径/m	桥净高/m
一	3000	3.2	75～100	5	60	900～1200	12.5
二	2000	2.5～3	75～100	4	60	850～1000	11
三	1000	1.8～2.5	60～80	3	50	700～900	10
四	500	1.5～1.8	45～60	2.5	40	600～700	7～8
五	300	1.2～1.5	35～50	2.5	30	200～500	4.5～5.5
六	50～100	1～1.2	20～30	2	15	150～400	3.5～4.5

3）港口规划

港口规划是根据港口远景客货吞吐量的规模而确定的港口水域、陆域以及营运条件等规划，一般需在流域航运或海运规划的基础上进行。港口规划包括港口布局规划和港口总体规划。港口布局规划是指港口的分布规划，包括全国港口布局规划和省、自治区、直辖市港口布局规划。对港口资源丰富、港口分布密集的区域，可以根据需要编制跨省、自治区、直辖市或者省、自治区行政区内跨市的港口布局规划；港口总体规划是指一个港口在一定时期的具体规划（厦门大学海洋政策与法律中心，2008）。

A. 港口类型

港口由于规模、位置、用途及本身功能特点的不同而形成不同的类型。按港口规模分，有特大型港口（年吞吐量大于 3000 万 t）、大型港口（年吞量 1000 万～3000 万 t）、中型港口（年吞吐量 100 万～1000 万 t）及小型港口（年吞吐量小于 100 万 t）；按地理位置分，有海港、河港、湖港及水库港等；按用途分，有商港、军港、渔港、工业港和避风港等。

B. 港址选择

根据区域规划和城市总体规划的要求，选择技术上可能、经济上合理的港口位置。港址选择应考虑以下条件：港区地质、地貌、水文、气象、水深等自然条件；港口总体布置（如防波堤、码头、进港航道、锚地、回转池等工程设计）的技术上的可能性和施工上的便利性（建材和基础设施等）；建港投资和港口管理、运营的经济性。港址选择一般分两个阶段。第一阶段为区域范围内的港址选择，从地理位置、后方疏运港口腹地的经济发展水平、结构与联系程度、城市依托条件等分析比较进行初选；第二阶段进行城市范围内的港址选择比较，考虑港区自然条件、岸线状况及岸线使用现状、航行和停泊条件、筑港和陆域条件及城市总体规划布局等因素，进行综合评定，最后确定港口位置所在（崔功豪等，2006）。

C. 港口规划的基本要求

第一，要准确预测腹地范围和港口吞吐量。由于腹地范围受自然、社会、经济因素的影响，特别是交通运输条件的改变，腹地范围也随之扩张或缩小，这种动态变化使腹地范围内的客货流集散数量也发生波动。

第二，腹地范围内经济发展水平、资源开发利用程度及其经济潜力，是影响港口吞吐量最直接的因素，必须做出合理而科学的预测，作为港口规划的基本依据。

第三，要从港口体系的角度选择港址，使各港口之间形成分工合理、联系密切的港口群体，避免一城一港、重复建设。

第四，要研究港口与腹地之间的集疏运条件，充分发挥港口的区域服务功能。集疏运交通系统是港口赖以生存的外部环境，必须有多通路多方向与多种运输方式组成的畅通的集疏系统。

第五，自由贸易港的选址应与吸引外资的投资环境相结合。自由贸易港是一国海关管辖以外的港区，享有减免关税，准许外国船只、货物、外贸加工品自由进出等优惠待遇，以达到吸引外资、吸收先进的科学技术和管理经验、繁荣国家经济的目的。我国把自由贸易港区称为保税区或出口加工区，其大多建立在沿海开放城市的技术经济开发区，一般选择建在拥有方便的交通条件和良好的基础设施、大片的土地、雄厚的技术经济力量和接近城市的港区内。我国的保税区，尤以天津的新港、海南的洋浦港、宁波的北仑港、大连的大窑湾及上海的浦东外高桥等港区条件最为优越。

岸线规划是港口规划的主要组成部分，是一项重要的资源。在弄清岸线条件的前提下，要按"深水深用，浅水浅用"的原则，近远结合、生产生活统一考虑的要求，合理规划、有序开发、分段建设（崔功豪等，2006）。

8.1.5 给水排水设施规划

水利是国民经济的基础设施和基础产业，给排水规划是合理利用和保护水资源、保障经济持续发展和居民生活用水、解决城市用水供需矛盾、减少洪涝危害的战略措施。随着我国城市规模的不断扩大，对水资源的需求也越来越大，水资源短缺的问题已经成为制约国内经济社会发展的关键因素，只有保证给排水规划与当地城市的发展需求相适应，才能有效地满足城市的用水需求。因此，山地城镇体系给水排水工程规划显得尤为必要。

1. 规划主要技术标准、规程、规范

当前，我国并没有具体针对城镇体系规划中给水工程设施规划的规程、规范和技术标准。在实际规划中，主要参考以下技术标准，用以确定区域用水量、水质标准和管网布局模式等：

（1）《城市给水工程规划规范》（GB 50282—2016）；
（2）《城市居民生活用水标准》（GB/T 50331—2002）；
（3）《地表水环境质量标准》（GB 3838—2002）；

（4）《地下水质量标准》（GB/T 14848-2017）；

（5）《污水综合排放标准》（GB 8978—1996）；

（6）《城市供水水质标准》（CJ/T 206—2005）；

（7）《生活饮用水水源水质标准》（CJ 3020—1993）；

（8）《城市排水工程规划规范》（GB 50318—2017）。

2. 规划内容

1）给水工程规划

区域给水系统规划能够协调城镇供水需求和供水工程建设，有利于污水统一排放处理，也有利于管理城市用水。给水工程规划的内容、程序和技术路线如图 8-2 所示。

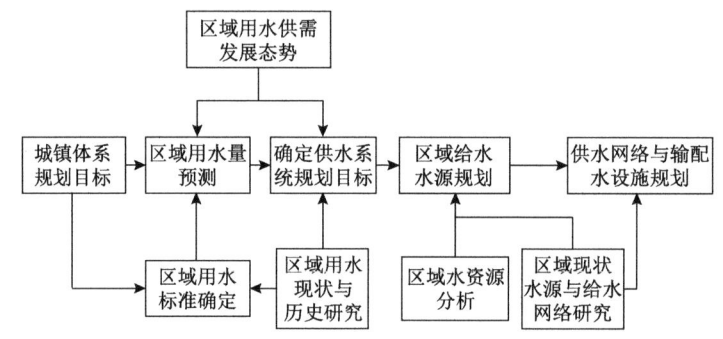

图 8-2 山地城镇体系规划中给水工程设施规划内容、程序和技术路线

A. 需水量预测

需水量预测是给水系统规划的一个重要基础性工作，直接关系到城市供水系统中泵站取水、管网设施、净水工艺等投资建设规模，影响着城市供水系统工程建设的经济造价及运行管理。现有的需水量预测方法有传统预测和新型预测两类。传统的预测方法有回归分析、时间序列分析、指数平滑等方法。新型的预测方法有人工神经网络、混沌理论、机器学习、复合模型等。区域用水包括城镇生活用水、工业用水、市政环境工程用水以及农村用水，前三项合计平均日总用水量和年总用水量作为今后水厂建设规模的依据，可按人均综合需水量（600~1000L/a）计算。

以下详细介绍城镇生活用水、工业用水、城市市政公共服务用水和农村用水等不同用途的城镇用水的需水量如何预测。

第一，城镇生活用水。城镇生活用水随着城镇人口的增加、住房面积的扩大、公共设施的增多、生活水平提高，用水量不断增加。用水水平与城镇规模、水源条件、生活水平、生活习惯和城市气候等因素有关。在规划时，可综合参考《城市居民生活用水量标准》（GB/T 50331—2002）进行城镇居民生活用水量预测（表 8-6），也可根据远景人口规模和人均日用水量标准（200~400L/a）估算日常生活用水。

表 8-6 城镇居民生活用水量标准

地域分区	日用水量/(L/人)	适用范围
一	80～135	黑龙江、吉林、辽宁、内蒙古
二	85～140	北京、天津、河北、山东、河南、山西、陕西、宁夏、甘肃
三	120～180	上海、江苏、浙江、福建、江西、湖北、湖南、安徽
四	150～220	广西、广东、海南
五	100～140	重庆、四川、贵州、云南
六	75～125	新疆、西藏、青海

注：①表中所列日用水量是满足人们日常生活基本需要的标准值。在核定城镇居民用水量时，各地应在标准值区间内直接选定。②城镇居民生活用水考核不应以日作为考核周期，日用水量指标应作为月度考核周期计算水量指标的基础值。③指标值中的上限值是根据气温变化和用水高峰月变化参数确定的，一个年度当中对居民用水可分段考核，利用区间值进行调整使用。上限值可作为一个年度当中最高月的指标值。④家庭用水人口的计算，由各地根据本地实际情况自行制定的管理规则或办法。⑤以本标准为指导，各地视本地情况可制定地方标准或管理办法组织实施。

第二，工业用水。工业用水一般是指工、矿企业在生活过程中，用于制造、加工冷却、空调、净化、洗涤等方面的用水，其中也包括工、矿企业内部职工生活用水。工业用水还与工业结构、工业生产的技术水平、节约用水的程度、用水管理水平、供水条件和水源多寡等因素有关。在规划时，可采用定额法（吴泽宁等，2020），按万元产值用水量和远景工业产值进行估算，也可按趋势法和相关法进行预测。

定额法计算公式为

$$Q = \sum_{i=1}^{n} q_i p_i \tag{8-1}$$

式中，Q 为规划水平年工业总需水量；q_i 为规划水平年工业用水定额；p_i 为规划水平年工业经济指标（工业增加值）。

趋势法计算公式为

$$W = W_0(1+D)^N \tag{8-2}$$

式中，W 为规划期工业需水量；W_0 为起始年工业用水量；D 为工业用水年平均增长率；N 为预测期。

相关法预测常用下列 4 种模型：

$$\lg Y = A \lg X + B \tag{8-3}$$

$$Y = \frac{A}{1 + Be^{-C\lg X}} \tag{8-4}$$

$$Y = AX + B \tag{8-5}$$

$$Y = AX \tag{8-6}$$

式中，Y 为万元产值用水量；X 为产值；A、B、C 为常数。

第三，城市市政公共服务用水。可按占城镇总用水量比例的 10%~20%估算。

第四，农村用水。农村用水包括农林副渔及农村居民点、乡镇企业等总的用水量。其中，以灌溉用水量所占比最大。农业灌溉用水量预测方法可分为三大类。第一类是基于作物需水机理的农业灌溉用水量预测方法，主要是经验法、水量平衡法、土壤水动力学法等；第二类是基于数理统计规律的农业灌溉用水量预测方法，有回归分析法、时间序列分析法、支持向量机法等；第三类是基于启发式算法的农业灌溉用水量预测的方法，有灰色模型法、人工神经网络法等（常迪等，2017）。农村居民生活用水由于受水资源条件、气候条件、生活水平、生活习惯等因素影响，用水水平差异较大。农村居民生活的需水量预测采用定额法，即预测不同水平年生活用水净定额和水利用系数，算出生活净需水量，然后根据不同水平年水利用系数推出毛需水量（陆军，2015）。

B. 给水系统规划

给水系统一般由水源、取水工程、净水工程、输配水工程四部分组成。给水系统规划包括以下内容：

水源及水源地选择。水源一是指地表水，包括江河水、湖泊水以及海水等。二是指地下水，包括浅层水、承压水、裂隙水、岩溶水和泉水。此外，污水的回收处理再利用也越来越被人们重视。地下水、地表水、水库水等清洁水源（Ⅲ类水以上）可作为供水的水源地，视其水量、分布和周围环境择优而定。一般应选择水量充沛、水质良好、便于防护和综合利用矛盾小的水源；同时，接近用水大户，有利于经济合理地布置给水工程。

取水工程、净水工程与水厂地址的拟定。取水工程指在适当的水源和取水地点建造的取水构筑物，主要目的是保证城镇取得足够数量和良好质量的水，取水构筑物位置应设在城镇和工业企业的上游；净水工程是指建造的给水处理构筑物，对天然水质进行处理，满足国家生活饮用水水质标准或工业生产用水水质标准要求；拟定水厂地址时，地下水应根据水文地质条件，选在接近主要用户的水质良好的富水地段，而河流水应选择水深岸陡、泥沙量少的凹岸或河床稳定、水流快的河段较窄的顺岸，接近用水集中的大户，布置在不受洪水淹没、安全可靠的城镇和工业区的上游地段。水厂建设规模可以依据城镇生活用水、工业用水和城市市政公共服务用水合计的平均日总用水量和年总用水量计算，也可按人均综合需水量（600~1000L/a）计算。

输配水工程及管网布置。输配水工程包括由水源或取水工程至净水工程之间的输水管、渠或天然河道、隧道以及净水工程和用户之间的输水管道、配水管网和泵站、水塔、水池等构筑物。管网布置重点考虑布置形式：一是长距离输水工程，如需要由区域外引入的引水工程；二是集中型布置，即若干个乡镇由一个大水厂供水；三是分散型布置，各个乡镇和工业区各自取水就近布置输水管网。此外，城市人口、工业集中，用水量大，需要若干个水厂分区供水，可同时组成统一的输配管网，便于互相补充和调剂。

2）排水规划

参照《城市排水工程规划规范》（GB 50318—2017），城镇和工业区的排水可以采用合流制，也可以采用雨污分流制。由于工业用水和生活污水对环境污染日趋严重，一般都采用雨污分流制排放。新建城市、扩建新区、新开发区或旧城改造地区的排水系统应采用分流制。在有条件的城市可采用截流初期雨水的分流制排水系统。合流制排水系统应适用于条件特殊的城市，且应采用截流式合流制。城镇体系规划中的排水工程设施规划内容、程序和技术路线如图 8-3 所示，其规划步骤如下：

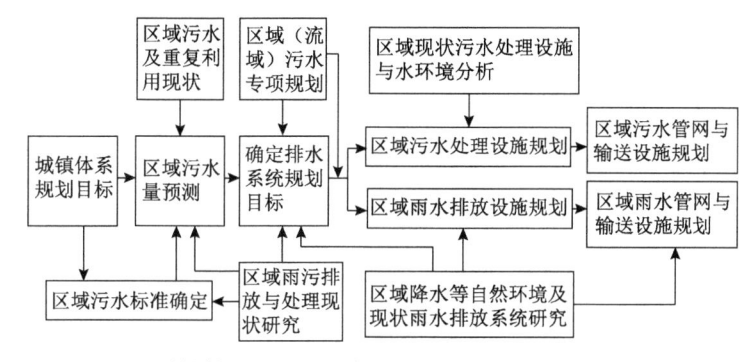

图 8-3 山地城镇体系规划中排水工程设施规划内容、程序和技术路线

（1）污水量预测。方法一可按用水量的 80%～85% 计算；方法二是分别计算生活污水和工业污水，参照《城市排水工程规划规范》（GB 50318—2017）中的污水量规模确定方法进行预测。其中，城市综合生活污水量根据城市综合生活用水量（平均日）乘以城市综合生活污水排放系数确定，综合生活污水量总变化系数可按当地实际综合生活污水量变化资料确定，如果没有测定资料，可按表 8-7 取值。

表 8-7 综合生活污水量变化系数

	平均日流量/（L/s）							
	5	15	40	70	100	200	500	≥1000
总变化系数	2.3	2.0	1.8	1.7	1.6	1.5	1.4	1.3

注：当污水平均日流量为中间数值时，总变化系数可用内插法求得。

城市工业废水量是根据城市工业用水量（平均日）乘以城市工业废水排放系数，或由城市污水量减去城市综合生活污水量确定。污水排放系数是在一定的计量时间（年）内的污水排放量与用水量（平均日）的比值。按城市污水性质的不同可分为城市污水排放系数、城市综合生活污水排放系数和城市工业废水排放系数。当城市供水量、排水量等统计分析资料缺乏时，城市分类污水排放系数可根据城市居住、公共设施和分类工业用地的布局，结合以下因素，按表 8-8 的规定确定。

表 8-8 城市分类污水排放系数

城市污水分类	污水排放系数
城市污水	0.70～0.80

续表

城市污水分类	污水排放系数
城市综合生活污水	0.80~0.90
城市工业废水	0.70~0.90

注：工业废水排放系数不含石油、天然气开采业和煤炭与其他矿采选业以及电力蒸汽热水产供业废水排放系数，其数据应按厂、矿区的气候、水文地质条件和废水利用、排放方式确定。①城市污水排放系数应根据城市综合生活用水量和工业用水量之和占城市供水总量的比例确定。②城市综合生活污水排放系数应根据城市规划的居住水平、给水排水设施完善程度与城市排水设施规划普及率，结合第三产业产值在国内生产总值中的比重确定。③城市工业废水排放系数应根据城市的工业结构和生产设备、工艺先进程度及城市排水设施普及率确定。

（2）污水管网规划，根据地形和水网划分排水区域，确立排污管走向、断面、泵站位置。中心城区、城镇雨水管线应依地势而建。经济条件较好的地区应建设和完善排水系统。

（3）污水处理厂设置，一般选择距城镇工业区一定距离的河流下游，经物理、生物、化学等方法处理达到排放标准后，才能排入污水受纳体，包括水体和土地。受纳水体应是天然江、河、湖、海和人工水库、运河等地面水体。受纳土地应是荒地、废地、劣质地、湿地以及坑、塘、淀泊等。处理等级及深度按具体规定排放环境指标要求确定，但不得低于二级生物处理的标准。污水处理厂相关用地指标应符合《城市排水工程规划规范》（GB 50318—2017）的规定。

（4）雨水排放工程。城市雨水排放工程应与城市防洪、排涝系统规划相协调，雨水排放按当地暴雨强度公式估算排水量，设计排水管网，就近排入河道。雨水量计算公式如下：

$$Q_s = q\varphi F \tag{8-7}$$

式中，Q_s 为雨水设计流量（L/s）；q 为设计暴雨强度[L/（s·hm²）]；φ 为径流系数（表8-9）；F 为汇水面积（hm²）。

$$q = \frac{167A_1(1 + C\lg p)}{(t + b)^n} \tag{8-8}$$

式中，q 为设计暴雨强度[L/（s·hm²）]；t 为降雨历时（min）；p 为设计重现期（年），主要根据区域性质、重要性以及汇水地区类型（广场、干道、居住区）、地形特点和气候条件等因素确定。在同一排水系统中可采用同一重现期或不同重现期；A、C、b、n 为参数，根据统计方法进行计算确定。

表 8-9 径流系数

区域情况	径流系数
城市建筑密集区（城市中心区）	0.60~0.85
城市建筑较密集区（一般规划区）	0.45~0.60
城市建筑稀疏区（公园、绿地等）	0.20~0.45

（5）农田排水。就农业田块排水而言，只需搞好排水渠系即可，但农业地区涉及地域广大，应与防洪排涝相结合，形成一个完整的防洪排涝工程体系。

总体上，山地城镇体系给排水规划中需要重点考虑以下问题：

（1）综合利用问题。由于洪涝灾害、地下水超采、地质灾害、水土流失、水污染和不安全饮水等问题的日益严峻，规划中应重点考虑区域内水量平衡，做好区域内外水资源调控，规划引导逐步建立与水资源、水环境承载能力相适应的经济增长方式、生产方式和生活方式，实现水资源综合利用和循环利用，推进实现雨水资源化利用。

（2）规划引导开源节流，合理用水。包括：合理开采地下水资源、建立水源工程、修筑水库、扩大蓄水量、人工降水、跨流域调水、污水再利用等。

（3）加强水源保护和污水治理。

（4）大力推行雨污分流。

8.1.6　电力电信设施规划

1. 电力设施规划

电力规划是服务于区域工业、农业、交通运输业和城乡人民生活的基础性工程规划（彭震伟，1998），必须满足国民经济和人民生活不断增长的需要。电力系统规划通常包括电源规划和电网规划两方面内容（竺乐勇，2011）。经济、安全、质高的电能供应必须有经济合理、可靠的电源和输配电网络结构系统。电力规划可以预见地区内电力工业发展方向及其布置情况，这个预见不仅对电力工业自身的发展有指导意义，而且与地区其他生产力的发展和布局关系密切。

山地城镇体系规划中，电力设施规划的主要内容、程序和技术路线如图8-4所示。

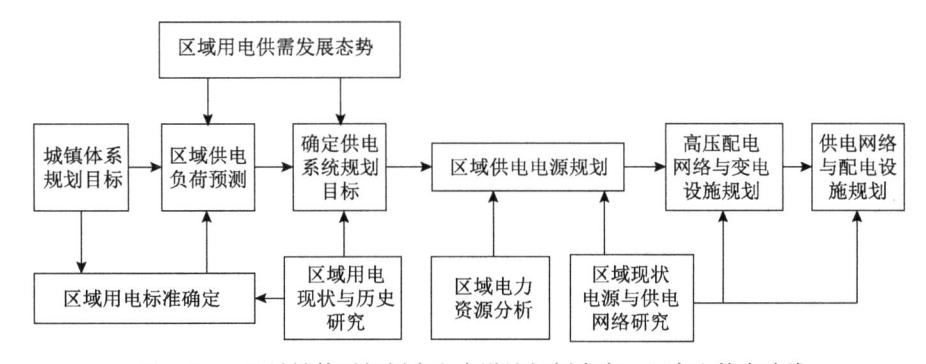

图8-4　山地城镇体系规划中电力设施规划内容、程序和技术路线

1）电力规划的原则

（1）应符合城市规划和地区电力系统规划总体要求。

（2）城市电力规划编制阶段和期限的划分，应与城市规划相一致。

（3）近、远期相结合，正确处理近期建设和远期发展的关系。

（4）应充分考虑规划新建的电力设施运行噪声、电磁干扰及废水、废气、废渣三废排放对周围环境的干扰和影响，并应按国家环境保护方面的法律、法规有关规定，提出切实可行的防治措施。

（5）规划新建的电力设施应切实贯彻安全第一、预防为主、防消结合的方针，满足防火、防爆、防洪、抗震等安全设防要求。

（6）应从城市全局出发，充分考虑社会、经济、环境的综合效益。

2）电力规划的内容

电力规划应以大区域的供电系统为基础，结合本区域电源和电网现状、用电量和用电负荷结构，根据经济社会发展和人民生活对用电量的需求，开展电力系统规划。

A. 基础资料收集和分析

基础资料收集包括当地发电厂、变电所及输配电线路的主要设备规范、位置和接线方式，运行的经济性，扩建改造的可能性和合理性，能源矿藏储量、分布、开采条件和经济合理性，国民经济和社会发展规划、城市总体规划、土地利用总体规划、综合交通规划等基础数据；同时需要收集当地电力负荷和电量的统计数据；通过文献查阅和实地调查后在地图上标出现状电网中相关的站址和线路具体位置（黄玲彬和陈轶玮，2009）。

B. 需电量预测

需电量以宏观预测为主，宜采用时间序列法、相关分析法、增长率法、分类普及率法等方法预测。此外，还可根据本区域社会发展和人民生活提高对用电负荷的需求，采用弹性系数、增长递推法、单耗法和综合分析法等多种方法加以预测。

弹性系数法是指同时期电力增长水平与国内生产总值增长水平之比；增长递推法是指按照历年电力增长水平推算规划期末电力增长水平；单耗法是按工业企业单位产品耗电量或单位产值耗电量计算出年用电量，也可以根据典型设计或同类企业估算该工业企业用电量；综合分析法是指分别对工业、农业、运输、电信和城乡生活用电进行预测，综合后得到远景用电量。以上各种方法可互相检验、校正，得出一个比较准确的负荷水平。

C. 电源建设规划

电源一般来自发电厂或变电所。根据需电量预测和现状电源的不足，规划电源建设。电源一般分为火电、水电、核电以及风能、潮汐能电站等。我国电力行业应优先发展水电，适当发展大型火电，积极发展核电和其他电能。各地宜充分利用自身的优势能源进行电源建设，同时可以通过远距离超高压直流输电输送到消费地。在缺乏能源的负荷中心，也要建立港口电站、路口电站、热电站、核电站等电源，保证区域内电力供需平衡。

D. 电网规划

为了保障电力供应，必须完善电网，做到有电能输、有电能用。输变电网按其电压等级可分为低压、中压、高压和超高压，电压越高，输送容量越大，距离越远。因此，一个地区的电网结构要根据负荷量的大小和输送范围选择适宜的主网围架和送配电网络。例如，城市电力网络等级分为 500kV、330kV、220kV、110kV、66kV、35kV、10kV、380/220V 八类。而配电电压分为一次送电电压（500kV～220kV）、高压配电二次送电电压（110V～35kV）、中压配电电压（10kV）和低压配电电压（380/220V）四个层次。变压层次则是：一般大城市采用 4～5 个电压等级，四个电压层次；小城市采用 3～4 个电压等级，三个电压层次；多数城市使用220kV/110kV/10kV/380V 配电。

地市级亦将以 220kV 构筑主网架，县市级以 110kV 构成主干环网，乡镇级以 35kV 构成输配电回路。供电电压等级有以下几种组合：220kV/110kV/35kV、220kV/35kV/10kV/0.4kV、220kV/35kV/0.4kV 等（表 8-10）。

表 8-10 电压输送能力表

类别	电压/kV	输送容量/10^4 kW	输送距离/km
低压	0.22	<0.01	0.15～0.2
	0.38	0.01～0.02	0.25～0.35
中压	6	0.02～0.03	5～10
	10	0.03～0.05	8～15
高压	35	1.0～2.0	20～50
	110	3.0～6.0	50～150
	220	15～20	200～350

E. 高压线走廊规划

高压线电压很高，露天架设尤其要注意安全、经济，留出高压走廊。

第一，高压线走向原则。

（1）保证线路与建筑物和各种构筑物之间的安全距离，按照国家规定的规范，留出合理的高压走廊地带。

（2）高压线路不宜穿过城市的中心地区和人口密集的地区，并考虑到城市的远景发展，避免线路占用工业备用地或居住备用地。

（3）高压线路穿过城市时，须考虑对其他管线工程的影响。尽量减少与河流、铁路、公路以及其他管线工程的交叉。

（4）高压线路必须经过有建筑物的地区时，应尽可能选择不拆迁或少拆迁房屋的路径，减少拆迁费用。

（5）高压线路应尽量保护绿化植被和生态环境。

（6）高压线路尽量远离空气污染区和雷电活动多发地区，不得接近有爆炸和火灾危险的建筑设施。

（7）高压线路的长度尽量短捷，尽量减少线路转变次数。

第二，高压线走廊规划宽度。

电力线路的高压走廊通常考虑到倒杆危险，而预留出杆高两倍的宽度，并对各种设施和建筑物都有一定的距离要求。单独设置的高压输电走廊（单杆架空线）控制宽度见表 8-11。

表 8-11 高压输电线控制宽度

输电线电压/kV	控制宽度/m
500	60~75
220	30~40
110	15~25

2. 电信设施规划

电信通信是利用无线电、有线电、光等电磁系统传递符号文字、图像或语言等信息的通信方式，被誉为国家的神经系统。在人类进入信息社会的今天，作为传递信息的电信也成为推进社会发展的强大动力（崔功豪等，2006）。

电信规划是依据全国电信发展战略和本地社会经济现代化的需要所作出的电信系统总体战略布局，包括业务预测、局所规划和网路规划三个主要部分。山地城镇体系规划中，电信设施规划内容、程序和技术路线见图 8-5。

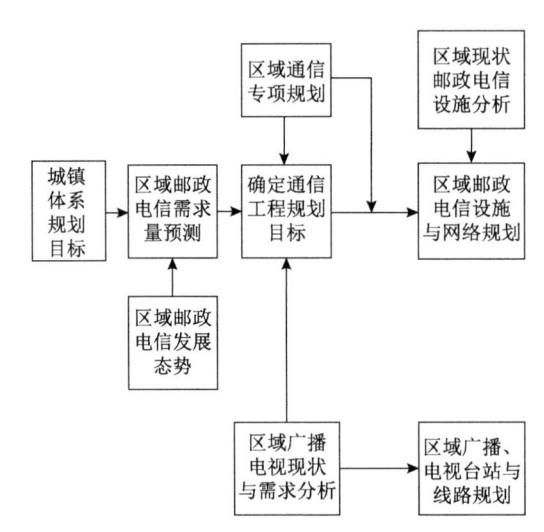

图 8-5 山地城镇体系规划中电信设施规划内容、程序和技术路线

1）现状分析

主要分析：①了解本地区社会经济概况，如生产总值，人均收入，产业结构，人口数量、质量、分布密度等；②电信现状和历史资料，如邮电业务话机数量、局所位置、传输方式和走向、电话普及率及待装户数等情况；③地区和城市的布局规划，交通建设和工程管网铺设；④各种经济、人口城市资料，基础设施及大地区通信发展目标和规划建设布局。

2）业务预测

电信用户预测主要包括固定电话用户、移动电话用户和宽带用户预测等内容。在城镇体系规划阶段，以宏观预测为主，宜采用时间序列法、相关分析法、增长率法、分类普及率法等方法预测。区域邮政设施的种类、规模、数量主要依据通信总量和邮政年业务收入来确定。通信总量（万元）和年邮政业务收入（万元）采用发展态势延伸法、单因子相关系数法、综合因子相关系数法等方法预测。

3）局所规划

确定局所数量、位置、容量和交换区界线及新建计划，其基本方法是：根据规划期末用户分布做出用户密度图，在最经济局所容量基础上初步划定交换区界和寻找线路图中心；然后按中心位置修正区界再寻找路网中心，多次反复得出理想的局所分布方案；最后结合现有局所分布，通过技术经济论证得出一个合理的局所分区方案，勘定局址、局所容量和建设计划。

4）网路规划

第一，电话网路规划。

我国电话网路分为三网五级，首要的是国际网，由国际局发送电信；长途网包括一至四级交换中心；本地网指端局（和汇接局），包含在同一个长途编号区范围内，一般由城市地区内若干个端局及有关线路、终端组成的电话网。

第二，有线传输网路规划。

有线传输主要通过电缆、光缆实现通信传输工程，其中对称电缆容量只有 60 路，用于短距离传送，同轴电缆可通过 480 路一直升至 1800 路，用于本地或长途网中各级路由；而光缆则因容量比同轴电缆大数十倍以上，不受电磁干扰，投资比同轴电缆省 20%而受到青睐，所以光缆通常用于长距离大容量的传输链路，有时也用于市内大容量数字电路中距离超过 5～6km 的传输。

第三，无线通信传输网路规划。

无线通信传输主要通过微波站、接力方式传递，可装 1800～2700 多门载波电话，为全国自动长途电信网的基础，一般每 100～150km 设一个枢纽站，50～70km 设一个中间站，用于长途干线网。本地网中山地地形复杂区域也可采用数字微波。

第四，卫星通信传输网路规划。

卫星通信传输依托天上通信卫星的地面卫星收发站传送信息，我国经过十年建设，于 1998 年建成的 337 座卫星地面站覆盖除港澳台以外的全国主要城市，可同时提供 65300 多条数字电路的数字卫星通信网已基本建成，并正在筹建开通亚太地区 22 个国家近 31 亿人口，中心设在北京的个人卫星移动通信系统。这颗通信容量高达 16000 条双语音信道、用户可达 200 万人的卫星，可提供双向语音通信、数据通信、传真以及其他与 GSM 数字移动电话网相同的增值业务。

第五，公用移动通信系统网路规划。

公用移动通信系统是典型的移动通信方式，使用范围广、用户数量多，由移动台、基地台、移动控制台及自动交换中心等组成，并由自动交换中心接入市话汇接局进入公用电话网，是一种无线和有线传输方式的结合。大中城市实行小区制式，每个服务区 2～10km，每区设一个基地台。例如，若基地台频段为 450MHz 时，服务半径扩大为 1～40km；900MHz 频段的服务半径为 2～20km。基地台至控制中心采用无线连接时，要留有微波通道。移动通信电波量视线传播，当有高层建筑阻挡时则会形成盲区，必要时可在盲区内设立分站（崔功豪等，2006）。

8.1.7 城镇体系规划中的基础设施规划案例分析

以永仁县域城镇体系规划中的基础设施规划为案例，选择交通运输规划、给水排水工程设施规划和电力电信设施规划，结合前述基础设施规划内容、方法和程序等方面进行案例分析。

1. 交通运输规划

在综合分析永仁县城镇体系发展规划中的城镇化、产业布局、统筹城乡发展、城乡居民点优化布局和城镇体系空间布局模式（参见第 7 章案例）对县域道路交通需求的基础上，提出目前永仁县交通运输存在的主要问题，具体包括：

（1）公路交通发展总体上存在的与经济社会发展不相适应、有效供给不足、出行难、运输贵、安全隐患多等问题未得到根本解决；

（2）公路建设项目资金投入不足；

（3）自然条件差，山高、箐深、坡陡、河流多、筑路材料奇缺，工程建设难度大、成本高，建设后养护难；

（4）交通运输方式单一，仅有低等级的公路，简单、落后的运输方式难以满足社会的需求。

据此提出永仁县道路交通规划的基本目标为依托永武高速公路、南永二级公路及国道 G108 线等，构建以县乡公路为骨架，以乡村公路、乡际公路为网络的交通框架。重点提高国、省道公路等级，提高县乡公路、乡村公路路面等级，构建乡际公路网络，打通与周边县市连接的出口通道。依据永仁县的区位优势，抓住金沙江航道建设和云南省大规模机场规划建设的机遇，构建和发展永仁多层次对外交通网络。具体规划如图 8-6。

（1）公路建设：规划期内按照双向四车道高速公路标准，对高速公路 S35 永金高速永仁至大姚段（永仁境内主线 29.245km）进行建设。同时对国道 G108、省道 S217 路网改造，以及对县、乡、村、林区公路进行路面升级改造。建设周边县（市）出口通道和县域产业片区公路。

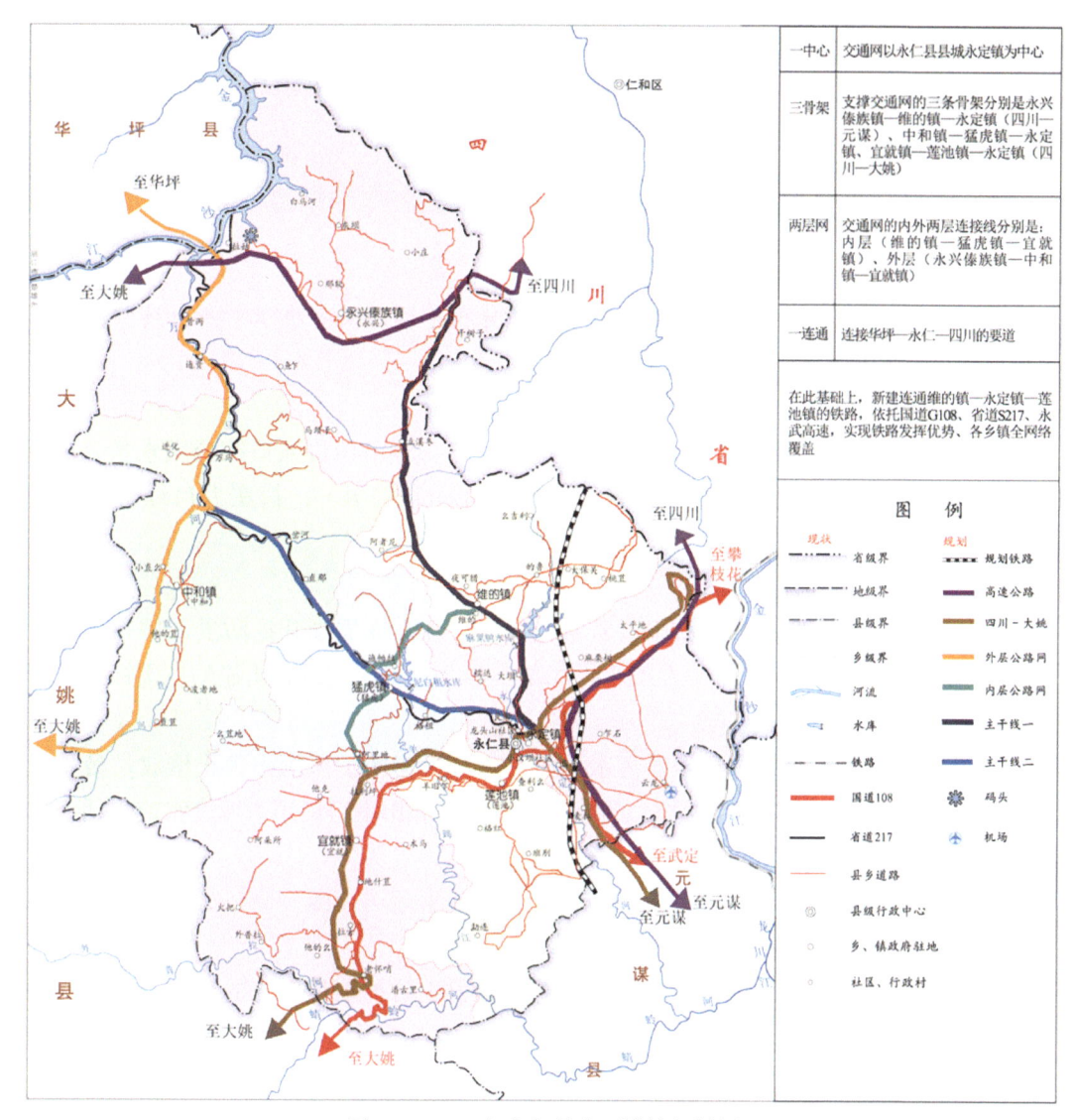

图 8-6 2030 年永仁县交通设施规划图

（2）水路建设：加快水路交通基础设施建设，新建金沙江永兴码头综合泊位 1 个，航道建设等级为Ⅳ级，设计年通过能力客运 65.28 万人次、货运 22.7 万 t，远期规划 2 个停靠点。

（3）铁路建设：加快推进成昆铁路至中老泰联络线永仁段 50km 铁路建设。

（4）机场建设：在永定镇云龙村一类通用机场标准建设永仁通用机场，跑道长 2000m，项目包括 VIP 通航机场、停机坪、指挥塔楼、专用候机楼、贵宾室、机库、飞行俱乐部、飞行培训中心、服务基地及其他相关配套设施。

（5）汽车客、货运站建设：建设永仁交通枢纽站 1 个、二级客运站 2 个，新建永仁南客站（二级），改扩建现有农村客运站 6 个。

（6）至规划期末，公路基础设施总体上能够满足社会经济发展的需要，储备能力和应变能力全面提高；基本形成高速公路、干线公路和重点县乡公路的主骨架，实现与昆明和相邻州（市、县）的衔接，成为连接楚雄市、景东县、新平县、易门县、禄丰县（2021年撤县设市）重要的交通枢纽。

2. 给水排水工程设施规划

1）供水问题分析

干旱区域农村人畜饮水较为困难，水资源分布不均，供需难以平衡；县城饮用水因长途明渠输水至水库调节，二次污染大。

2）全县需水量预测

需水量按"城市单位人口综合用水量指标法"，城市单位人口综合用水量460L/（人·d）；其他城镇人口综合用水量250～300L/（人·d）；村庄人口综合用水量120～150L/（人·d）。

3）给水工程规划措施

（1）为保障县城生产生活饮用水质量及安全，在水库周围开挖防洪、排污沟，新建排污沉淀池、铁丝网围栏等。在取水点周围半径100m内，设有明显的范围标志，严禁捕捞和任何污染活动。

（2）严格控制工业废水和生活污水排放；水源沿岸防护范围内禁止堆放垃圾、废渣和粪便等，禁止设置有害化学物品的仓库或堆栈；农田不得使用工业废水或生活污水灌溉及施用有持久性或剧毒的农药，不得放牧。

（3）在净水设施、泵站及水池周围，禁止设立生活居住区，修建禽畜饲养场、渗水厕所等，充分绿化，保持良好的卫生状况。

（4）完善水质监测，保证水质安全。对水源卫生防护地带以外的周围市（包括地下水含水层补给区），经常观察工业废水、生活污水排放及污水灌溉农田、传染病发病和事故污染等情况，采取必要措施保护水源水质。

（5）新建水库工程增蓄。在现状缺水严重但又有建库地形条件的地区，积极争取新建一些骨干水利工程增蓄，特别是在水利工程空白区域。到2020年，规划完成中型水库1件，大（二）型水库1件，小（一）型水库6件，小（二）型水库11件（表8-12）。

表8-12 永仁县近期（2016～2020年）给水设施规划项目

规划期	项目类型及名称	建设性质
2016年	（一）新建水源工程 直苴中型水库 阿朵所小（一）型水库工程 拉里么水库工程 鲁母水库工程 中云大沟	新建

续表

规划期	项目类型及名称	建设性质
2016年	拉姑大沟 空哈大沟 云龙片区金沙江提水工程	新建
2020年	三潭大（二）型水库工程 长箐小（一）型水库 老虎箐小（一）型水库 罗布乍小（一）型水库	新建
2016年	（二）病险水库除险加固 小（二）型水库	除险加固
	（三）"五小"水利工程建设规划 小坝塘 小水池 小水窖 泵站 小沟渠	新建
2020年	（四）农田水利建设规划 渠道工程建设 坝塘工程建设 新建泵站工程 新建水窖工程建设 （五）农村安全饮水工程规划 （六）中低产田改造项目规划 （七）水土保持及生态环境治理	新建
2016年	（八）防汛抗旱及山洪防治	新建

4）排水设施规划

A. 主要问题

除机关、企事业单位、城区主要道路及公共场所有附属的排水暗沟外，其余均为排水明沟。居民区生活污水由合流制沟渠及少部分合流制管道收集后直接排入永定河。县城和各乡镇无污水处理设施，各建制镇排水普及率偏低，部分城镇和村庄没有排水系统，雨污混排，以自然蒸发和渗透为主，生活污水及工业废水不经处理直接排入排水明沟或附近水体，影响下游水质。有些生活污水随处乱泼，给生活环境造成严重污染，同时对道路设施破坏较强。部分镇区排水管道管径偏小，年久失修。

B. 污水量预测

城市污水量按供水量预测值的平均日数值乘以城市分类污水排放系数（取值 1.0）确定，村庄的污水排放系数取 0.85。

C. 处理工艺要求

永仁县城的排水最终汇入永定河排往下游，要求经过污水厂处理后排入永定河的水要达到国家一级 B 标准。选用间歇性活性污泥法作为永仁县污水处理工艺。污水处理厂厂址根据管网布置情况，选择在永定河下游北岸，距县城约 2.2km。

D. 重点建设项目

第一，重点实施"一水两污"建设项目：实施县第二水厂及配套管网工程、污水再生利用工程、县污泥无害化处理处置工程、县城东片区污水管网工程、县城城市生活垃圾填埋渗滤液处理工程、垃圾处理厂二期和垃圾收运及配套设施建设；在中和镇、宜就镇、莲池乡、猛虎乡、维的乡、永兴傣族乡新建供水、污水和生活垃圾处理设施。

第二，实施乡村环境基础设施建设工程：在县城区建设 13 座高标准公厕，在乡镇政府所在地、中心村（社）、集贸市场、旅游景区（点）公路沿线等区域建设无害化卫生公厕。

第三，其他规划建设项目见表 8-13。

表 8-13　永仁县排水工程规划建设项目

项目名称	项目性质	2020 年	2030 年
永仁县污水处理厂建设项目	新建	位于永定河下游南岸，2020 年处理规模为 0.75 万 m^3/d，配套雨污管网和相关附属设施、设备 猛虎乡集镇片区污水处理厂建设	2030 年处理规模为 0.8 万～1.0 万 m^3/d
永仁县重点集镇垃圾处理厂建设项目	新建	各水库取水点上游建相应垃圾处理厂共 11 个，以及附属设施、设备和环保措施、配套收运系统的设施。重点是尼白租水库周围村庄截污排污系统、污水处理和生态治理建设	完善污水处理体系
永仁县污水处理及配套管网建设项目	改建	计划对老城区建设路、文汇路、环城南路、环城西路、永桥路进行排水改造，以实现雨污分流，对规划新城区的民族文化大街新建雨污水管，以保证永仁县政务中心、永仁大酒店等单位入住及办公	对老城区的文庙街、环城北路等小街水巷进行改造，重点放在规划新城区的河西 1#、2#、3#路，永武连接线及延长河滨西路上游段，直到三岔河

3. 电力电信设施规划

1) 电力设施规划措施

县域电网应本着与经济社会和环境协调发展和可持续发展的原则进行规划和建设，确保用户安全稳定供电；规划加强与上级电网联系，新增 110kV 电源点，增加 35kV 变电站布点，加大各乡（镇）35kV 及 10kV 配电网建设力度，提高供电能力和供电可靠性。根据永仁电力公司资料，结合负荷预测情况，规划电网新建以下工程：

永仁县共有 550kV 变电站 2 座（猛虎乡和宜就镇），220kV 变电站 1 座（永定镇），110kV 变电站 3 座（永定镇、莲花乡、永兴乡），其中新建变电站 2 座，分别为：万马变 40MVA，莲池变 40MVA，扩建改造 110kV 永仁变，规划容量 2×50MVA。

永仁县共有 35kV 变电站 7 座。其中，新建变电站一座为：35kV 中和变，新增容量 5MVA；弱化变电站一座：35kV 龙头山变电站；扩建增容改造两座：35kV 维的变、35kV 班别变；综合自动化改造及扩建 35kV 间隔一座：35kV 他普里变；综合自动化改造、扩建增容改造两座：35kV 永兴变、35kV 宜就变，各变电站增加 35kV 线路间隔，以使变电站电源达到 N-1 标准。

2）电信设施规划

A. 电信局（所）规划

本地电话网交换局：根据撤点并网、尽量利用现有局所、加大单局容量原则，根据目标网规划及业务增长需求，在条件成熟的乡镇适时增加电信支局及远端模块局。

B. 移动通信

积极跟踪移动通信技术的发展趋势和国家政策，及时调整建设重点，以保证为社会提供所需的、技术领先的新业务。

同时开展有线广播改造工程，新建调频广播用房 200m²，配置音频广播设备 1 套，新增专用录音棚一个；近期（2016~2020 年）规划新建 170 个 TD-LTE 基站，近期末（2020 年）规划新建 210 个 TD-LTE 基站；新建 FDD-LTE4G 移动基站 130 个（城市基站 20 个，边远农村基站 110 个），新建无线局域网接入点 120 个；新建传输 360km 及新增传输设备；新建"互联网+旅游"服务网点 WLAN100 个。

8.2 社会服务设施发展规划

8.2.1 概念和分类

社会服务设施，又称公共服务设施，是区域发展、生产和生活中不可缺少的重要物质基础与保障，它的规划与建设状况代表着区域物质与精神生活水平，其分布情况则直接影响着区域结构布局和生活质量。随着区域社会经济、城乡建设的发展变化和转型，信息化发展、国家有关行业发展政策、住房制度改革，城乡的生产、生活空间重塑，对城乡公共服务设施的配置产生了较大影响，城乡公共服务设施的建设水平对区域社会经济发展起到越来越重要的基础支撑作用。

山地城镇体系社会服务设施具有以下四大特征（张强，2014）：

（1）服务的公共性和两重性。山地城镇体系社会服务设施不仅为所在地域内个人、家庭、单位、区域服务，也为城市其他区域甚至整个城市提供公共服务；不仅为城市居民生产生活服务，也为城市周边农民的生产生活提供公共服务。

（2）效益的间接性和综合性。山地城镇体系社会服务设施大多为公共福利服务事业，所提供的服务或者产品均为福利品和公共服务，故不能以盈利为目的。城市社会服务设施的效益高低评价主要通过服务对象的效益来体现；同时其效益可以通过设有此项社会服务设施所带来的负面的社会影响或造成的经济损失来衡量。

（3）运转的系统性和协调性。山地城镇体系社会服务设施是城市复合系统中的一个子系统，其空间和时间、质和量、协同与配套，必须同城市发展保持协调一致；而且整个复合系统内部各分支系统间联系也非常密切，互相制衡，互为因果，协同共进，互相依存。

（4）建设的超前性和发挥作用的同步性。城市社会服务设施的建设规模大、建设要求高、建设周期长。为满足城市居民日益丰富的物质生产和生活的需求，必须使山地城镇体系社会服务设施建设适度超前，同时在时间计划安排上，要同城市其他建设保持同步甚至提前。但实际上，在整个规划编制过程中城市社会公共服务设施处于从属配套地位。

目前，在我国城乡规划体系中，涉及"公共服务设施"或"公共设施"概念的国家标准共有四个。《城市居住区规划设计标准》（GB 50180—2018）中定义"公共服务设施是居住区配建设施的总称"，分为教育、医疗卫生、文化体育、商业服务、金融邮电、社区服务（居委会、社区服务中心、老年设施等）、市政公用、行政管理及其他九类；《镇规划标准》（GB 50188—2007）中将"公共设施"按其使用性质分为行政管理、教育机构、文体科技、医疗保健、商业金融和集贸市场六类；《城市公共设施规划规范》（GB 50442—2008）中的"城市公共设施用地"指在城市总体规划中的行政办公、商业金融、文化娱乐、体育、医疗卫生、教育科研设计、社会福利共七类用地的统称；《城市用地分类与规划建设用地标准》（GB 50137—2011）中"公共管理与公共服务设施用地"（A），指政府控制以保障基础民生需求的服务设施，一般为非营利的公益性设施用地，分为行政办公用地（A1）、文化设施用地（A2）、教育科研用地（A3）、体育用地（A4）、医疗卫生用地（A5）、社会福利用地（A6）、文物古迹用地（A7）、外事用地（A8）、宗教用地（A9）九大类。

通常山地城镇体系规划中的社会服务设施规划，是在基本公共服务均等化的国家战略背景下所涉及的公共服务设施，包括基础教育、医疗卫生、公共文化与体育、社会福利和其他基本公共服务的具体设施规划。

8.2.2 社会服务设施规划的内容和要求

山地城镇社会服务设施是指为城镇居民生活和社会生产提供公共服务的空间载体（李震岳，2012），指由政府直接或间接提供并为所有人共享的设施，是居民生存和发展必不可少的资源与服务。山地城镇体系社会服务设施是为城镇体系中的城市或一定范围内的居民提供基本的公共文化、教育、体育、医疗卫生和社会福利等服务，不以营利为目的公益性公共设施。山地城镇体系社会服务设施规划的内容主要包括教育、文化、体育和卫生事业四个方面。

1. 社会服务设施规划的主要内容

山地城镇体系规划中社会服务设施规划的内容主要是围绕城镇体系全面发展的总

体目标展开，包括以下 4 个方面：

（1）分析山地城镇社会服务设施建设发展中的现状问题，提出社会服务设施规划需要解决的关键问题，明确区域发展和各类型、各层级的城乡居民点对社会服务设施的主要需求。

（2）依据山地城镇体系规划中的人口和城镇化发展、空间布局、城乡居民点职能和等级、产业布局、统筹城乡发展等总体目标，确定社会服务设施规划、配置和建设目标和要求。

（3）依据山地城镇体系规划目标，从保障社会公平、实现社会和谐的原则出发，对社会服务设施建设控制指标进行分析，并主要对社会服务设施的空间布局提出引导性建议。

（4）提出合理的社会服务设施布局模式、实施策略以及有关关键性设施的保护措施等。

山地城镇体系规划中的社会服务设施规划内容、程序和技术路线如图 8-7 所示。

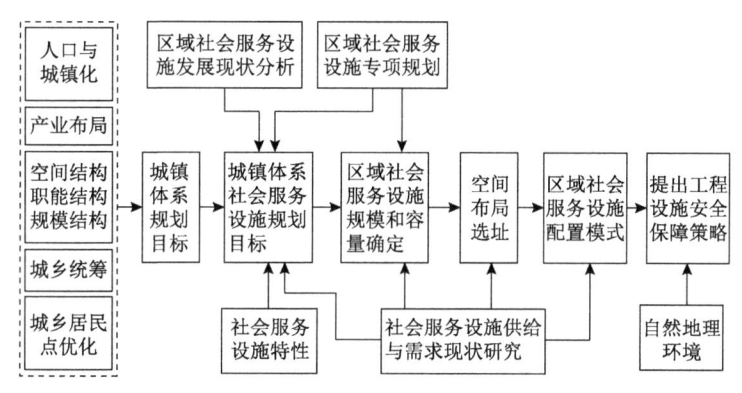

图 8-7 山地城镇体系规划中社会服务设施规划内容、程序和技术路线图

2. 规划要求

（1）社会服务设施属于城市公共资源，在规划中首先要满足公共产品属性，确保每个市民能够公平地享受设施服务的权利，同时也要根据各类设施的服务半径布局要求，保障公共服务设施建设用地和服务的综合供给（高书国和杨海燕，2019）。社会服务设施规划应以保障民生、实现社会基本公共服务的均等化为目标，统筹布局，集约节约用地。

（2）社会服务设施规划布局时，应通过规划预留中心用地的方式，将同级别的社会服务设施相对集中布置，形成不同层级的公共服务中心。

（3）市级、区级社会服务设施的内容和规模应根据城市发展的阶段目标、总体布局和建设时序，按照城市总体规划和分区规划来确定。

（4）社会服务设施的配置应与服务的人口规模和服务范围相适应，服务范围应兼顾行政层级，考虑山地地形条件对实际服务范围的影响。

（5）各类社会服务设施有关选址、规模、服务半径等配置，应遵循《城市公共设施规划规范》（GB 50442—2008）、《城市居住区规划设计标准》（GB 50180—2018）、《镇规划标准》（GB 50188—2007）、《城市用地分类与规划建设用地标准》（GB 50137—2011）等国家标准、地方标准以及各行业标准。

（6）社会服务设施规划应充分结合城区历史文化特色，打造和培育地区特色的社会服务设施中心，一方面满足城市居民及周边的公共设施需求，另一方面也起到一定的城市形象宣传作用。

（7）为了提高中心城区社会服务设施的使用与服务效率，需要规范设施规模，居住区级设施宜集中布置，形成公共服务中心，最大限度地发挥各类设施的综合效应和规模效应（王丽娟，2014）。

8.2.3 教育事业发展规划

教育事业发展规划是国民经济和社会发展规划的重要组成部分，是对教育事业发展所作的全局性、长期性、根本性谋划（高书国和杨海燕，2019），是山地城镇体系社会服务设施规划的关键一环。

1. 基本思路

山区教育事业发展规划要办好学前教育，均衡发展九年义务教育，完善终身教育体系，建设学习型社会；要促进教育公平，合理配置教育资源，重点向农村、边远地区、落后地区、民族地区倾斜，支持特殊教育，提高向家庭经济困难学生资助的水平，积极推动农民工子女平等接受教育。鼓励引导社会力量兴办教育；加强教师队伍建设，提高师德水平和业务能力，增强教师教书育人的荣誉感和责任感。

2. 规划内容

基于教育事业发展现状和未来发展需要，以学前教育服务于一个村、义务教育服务于一个乡镇、高中教育服务一个地区、职业教育服务于一个县、高等教育服务于全国的原则，分等级、规模地对城市各类教育机构进行具体规划配置。传统的教育设施布局规划包括需求预测、标准制定和规划布局等内容（陈挚等，2018）。为了使适龄人口获得公平的教育机会，规划中以社区人口规模作为中小学校的配置基准，在社区现状的基础上划定服务半径。同时，依据人口密度及分布特征来确定各中小学校的班级规模、人均用地、建筑面积等各类各项指标（孙德芳等，2013）。同时，强化中小学校的软、硬件设施，根据实际需要改建和扩建、维护、翻修等，补充教学设备，引进师资人才，对教育设施要进行结构上的优化调整，向社会输送更多合格毕业生和向更高级别学校输送优秀毕业生；针对职业和高等教育，根据实际需求新建、翻修职业高级中学校园教学楼、宿舍楼、图书馆等硬件设施，同时按教学要求配齐专业课教师。面向经济建设和社会需要，办好职业教育、成人教育、高等教育，形成各级各类教育协调发展的教育体系。

8.2.4 文化事业发展规划

在当今社会发展背景下,文化已成为一个城市甚至是一个国家发展的主要推动力,它可以带动城市和国家朝着可持续化的方向发展。因此,文化事业发展也是山地城镇体系社会服务设施规划不可或缺的一部分。

1. 基本原则

坚持正确方向。牢牢把握先进文化前进方向,坚持党的领导,坚持贴近群众,用社会主义核心价值体系引领多样化的思想观念和社会思潮。

坚持以人为本。尊重人民主体地位,激发全社会的文化创造活力。不断提高公共文化服务能力,努力提升公民的文明素质,保障和实现人民群众的基本文化权益。

坚持转型发展。转变文化发展方式,优化文化产业布局与结构,将文化产业培育成国民经济的新增长点、经济转型升级的新引擎和满足人民群众日益增长精神文化需求的重要支撑。

坚持传承创新。树立新的文化发展理念,创新管理思路,提高文化科学发展水平,推进文化内容形式、体制机制、传播手段的创新,增强文化发展活力。

2. 规划目标及内容

加快公共文化服务体系建设,提高人民的思想道德、科学文化素质和健康素质,提高人民文化生活质量和全社会的文明程度。文化事业规划要加强当地特色文化旅游设施、休闲文化设施建设;规划建设各等级、规模城市的图书馆、科技馆、文化馆、博物馆、青少年活动中心、展览馆、影剧艺术中心及乡镇综合文化站等文化基础设施,以及做好文化活动用地的预留和建设工作。

8.2.5 体育事业发展规划

随着我国加快和谐、小康社会的建设步伐,人民群众的精神需要不断增加,政府应逐步加大对体育事业的投入。体育事业的建设包含两个方面:一方面要加强体育基础设施的建设,为开展丰富多彩的体育活动创造物质条件;另一方面,要加强群众的文化素质教育,引领群众参加健康向上的体育活动。

1. 规划原则

公共体育设施规划布局必须实现整体规划、综合协调、分级配置、全面布局,而且应该面向大众,采取社会化经营方式,坚持低收费的原则。应坚持市级体育设施中心化、区级体育设施聚落化、社区级体育设施网络化的总体原则,即市级体育设施集中化设置,形成城市体育设施中心;区级体育设施适度集中布局,形成各区综合性的体育设施聚落;社区级设施均衡设置,形成网络惠及全民。具体要求如下(王智勇和郑志明,2011):

1）聚落化发展

改变设施分散布局、利用效率低的状况，重塑承载市民目的性、群体性、长时性参与的市级"体育中心"与区级和社区级"体育聚落"，以此满足公共体育生活需求的提升、推动体育事业的发展、提高设施使用效率、增强设施自我造血功能，同时实现城市土地的集约利用、打造城市标志性形态。

2）均衡化发展

市级体育设施在服务区位方面应选择便于市民到达的位置；区级体育设施应结合行政管理辖区范围，尽可能实现满足全区服务对象的均衡化布置；社区级体育设施，在依托行政管理的基础上，应尽量满足合理的服务半径均衡布置。

3）公共交通导向发展

市、区级体育设施应邻近城市主干道，有多条公交线路服务，条件允许的情况下应配套公交首末站，并应结合地铁等轨道交通站点；社区级体育设施应与城市公交站点和城市次干道结合，以公交和步行作为主要出行方式。

4）邻近公共空间发展

公共体育设施的布局应尽可能接近商业服务业、公园等城市或居住区的公共空间，提高设施的服务水平与使用效率。

2. 规划目标及内容

扩大基础体育设施的建设、增加体育用地，以满足全民健身和民族体育比赛的需要。落实好各等级、规模城市的体育馆、游泳馆、篮球场、足球场及乡镇活动中心等体育基础设施建设。

8.2.6 卫生事业发展规划

人民健康是社会文明进步的基础。首先，要全方位全周期保障人民健康，加快完善制度体系，保障公共卫生安全，加强医疗卫生体系的基础建设；其次，在山地城镇要加强卫生队伍的素质建设，建立布局合理、功能完善、效率高、覆盖广的综合医疗卫生保健网。

1. 规划原则

（1）健全以初级卫生保健为基础，不同层次、布局合理、具有综合功能的区域三级卫生服务网络，促进卫生资源的合理分配。

（2）建立和完善适合区情、多种经营形式的健康保障制度。

（3）对分等级、规模的城市卫生医疗设备等进行具体规划配置。

2. 规划目标及内容

山地城镇体系规划中的卫生事业发展规划，首先要加快建立覆盖城乡的基本医疗卫生制度，实现人人享有基本医疗卫生服务的目标；其次要完善公共卫生体系，加强重大传染病防治，加强卫生监督机构、食品药品监管、疾病预防控制实验室和应急医疗救治能力建设。加强医德医风教育，提高医疗服务质量，提高新型农村合作医疗保障水平。最后要按照常住人口和城镇功能分区合理配置基本医疗卫生资源，充实基层医疗卫生技术力量，优化医疗卫生机构布局，做好医疗机构设置规划与城乡规划及土地利用总体规划的衔接（李阿萌和张京祥，2011）。

8.2.7 社会服务设施发展规划案例分析

以永仁县域城镇体系规划中的社会服务设施规划为案例，选择教育、文化、体育、卫生四个方面，结合前述社会服务设施规划的相关内容，就其主要部分作简要案例分析，其重点是不同规模等级和职能的城乡居民点如何配置不同等级和类型的社会服务设施，规划成果如图 8-8 所示。

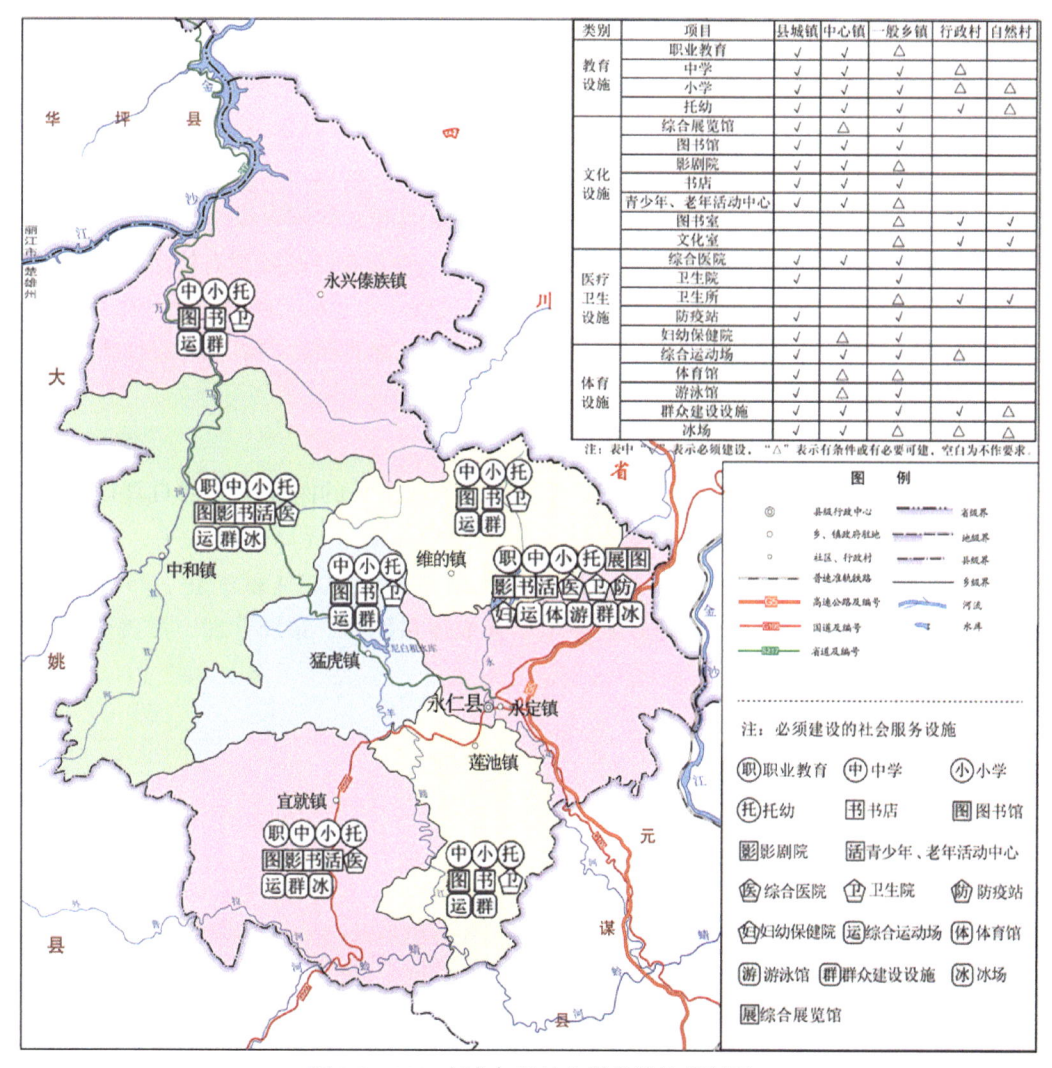

图 8-8 2030 年永仁县社会服务设施规划图

1. 教育事业发展规划

2030 年，建成完善的学前教育体系；形成遍布全市的小学教育覆盖网络，全县小学适龄儿童入学率要达到 100%；争取所有乡镇中学的初中毛入学率达到 100%；争取新建高中一所；将职业高中、教师进修所和中等职业技术学校打造成永仁职业教育的三驾马车，形成各级各类教育协调发展的教育体系。

2. 文化事业发展规划

2030 年，继续完善县城图书馆和青少年、老年活动中心建设，建设永仁县民族博物馆、文化馆、乡村文化活动室，保护和修缮省级、州级、县级文物，在各乡镇驻地建设文化站、社区阅览室，在农村社区建设文化室或文化大剧院；重点建制镇要进一步完善、扩充文化站功能，建造集图书阅览、文化活动、电影放映、文艺（戏剧）演出、会议及文化娱乐于一体的文化会展中心；中心村要争取定期举办特色鲜明的文化活动；基层村要进一步完善文化活动室和老年活动室。

3. 体育事业发展规划

2030 年，继续完善县城体育场、体育馆、游泳池等文化体育设施，在各乡镇驻地建设体育场，在各农村社区建设社区体育健身公园；所有重点镇要建有标准多功能体育场及相关配套设施，并辅助建设一批小型民族体育设施；中心村要建立自己的体育场、标准篮球场、乒乓球、羽毛球及门球等活动场地，基层村有条件可按照中心村标准建设。

4. 卫生事业发展规划

2030 年，依托县医院建立 1 所综合医院，争取全县的医疗卫生初具规模，集西医、中医、急救等于一体；完善重点镇卫生院医疗设施、提高医疗水平，尽可能建设区域性的综合医院；中心村要建立医疗卫生站，争取建成体系配套、布局合理、覆盖范围广的农村医疗体系；基层村争取要建成体系配套、布局合理、覆盖范围广的农村医疗体系。

参 考 文 献

常迪, 齐学斌, 黄仲冬. 2017. 区域农业灌溉用水量预测研究进展. 中国农学通报, 33(31): 1-5.
陈永祥. 2021-02-19. 推动教育事业发展取得新成就. 青海日报, 7 版.
陈挚, 周艺晶, 邱崇珊. 2018. 城市新区的教育设施布局规划方法探讨——以天府新区成都直管区教育设施布局规划为例. 四川建筑, 38(6): 18-20.
崔功豪, 魏清泉, 刘科伟. 2006. 区域分析与区域规划. 北京: 高等教育出版社.
邓毛颖, 蒋万芳. 2012. 大都市郊县村镇体系规划研究——以广州增城市为例. 规划师, 28(5): 19-24.
戴慎志. 2008. 城市工程系统规划(第二版). 北京: 中国建筑工业出版社.

高书国, 杨海燕. 2019. 中国教育规划的价值追求与模式转型. 中国教育科学, 2(4): 38-49.
黄玲彬, 陈铁玮. 2009. 城市电力设施布局专项规划. 电工技术, (3): 72-73.
金凤君. 2001. 基础设施与人类生存环境之关系研究. 地理科学进展, 20(3): 276-285.
李阿萌, 张京祥. 2011. 城乡基本公共服务设施均等化研究评述及展望. 规划师, 27(11): 5-11.
李震岳. 2012. 中等城市公共服务设施规划布局研究. 北京: 北京建筑工程学院.
陆军. 2015. 辽阳市需水量预测初步分析. 水利技术监督, 23(3): 18-20.
彭震伟. 1998. 区域研究与区域规划. 上海: 同济大学出版社.
孙德芳, 秦萧, 沈山. 2013. 城市公共服务设施配置研究进展与展望. 现代城市研究, 28(3): 90-97.
王丽娟. 2014. 城市公共服务设施的空间公平研究. 重庆: 重庆大学.
魏礼群. 2002. 坚持走新型工业化道路. 求是, (23): 17-20.
吴小虎, 李祥平. 2016. 城乡市政基础设施规划. 北京: 中国建筑工业出版社.
吴泽宁, 张海君, 王慧亮. 2020. 基于不同预测方法组合的郑州市工业需水量评价. 水电能源科学, 38(3): 46-48.
王智勇, 郑志明. 2011. 大城市公共体育设施规划布局初探. 华中建筑, 29(7): 120-123.
徐炳清. 2009. 浅析铁路规划中客运站址的选择. 科技创业月刊, 22(7): 129-130.
徐建华. 2011. 航空港的区位因素分析. 科学大众(科学教育), (6): 11.
厦门大学海洋政策与法律中心. 2008. 港口规划管理规定. 中国海洋法学评论, (1): 147-154.
杨沙, 李帅. 2020. 经济新常态下区县公路网规划方法探讨. 公路, 65(2): 166-171.
杨宗佶, 丁朋朋, 游勇, 等. 2018. 基于滑坡危险性区划的山区铁路规划选线方法. 铁道标准设计, 62(12): 1-6.
张强. 2014. 论FCM在城市社会公共服务设施规划中的应用. 求索, (8): 107-111.
竺乐勇. 2011. 电力设施布局规划思考. 机电信息, (27): 183-184.

第9章 山地城镇体系环境保护与防灾减灾规划

9.1 山地城镇体系环境保护规划

随着我国经济发展，城市化进程不断加快，社会发展与环境之间的矛盾日益突出。环境保护问题是城市发展要研究和解决的重要内容之一，环境保护规划成为城镇体系规划中的重要组成部分。

市域和县域城镇体系规划要提出保护生态环境的综合目标，环境保护规划的主要任务是：综合评价环境质量，分析存在的问题，预测环境变化的趋势，制定环境保护的目标，提出环境保护与治理的对策。根据需要，划定自然保护区、生态敏感区和风景名胜区等环境功能分区，明确各区的控制标准。

9.1.1 环境保护规划原则、内容和程序

1. 规划指导思想和基本原则

1）指导思想

深入贯彻习近平生态文明思想，扎实践行绿色发展理念，以实施可持续发展战略和促进经济增长方式转变为中心，以改善生态环境质量和维护国家生态环境安全为目标，围绕重点地区、重点生态环境问题，统一规划，分类指导，分区推进，加强法治，严格监管，保护和改善自然恢复能力，巩固生态建设成果，遏制生态环境恶化的趋势，为实现祖国秀美山川的宏伟目标打下坚实基础。

2）基本原则

（1）尊重自然，和谐发展。遵循自然规律，正确处理经济发展、社会进步与环境保护的关系；秉持以人为本、协调发展的政绩观、发展观，在保护中促进发展，在发展中落实保护，实现人与自然的和谐发展。

（2）因地制宜，分类指导。正确认识区情，发挥比较优势，根据资源禀赋和经济社会发展需要，突出开发建设重点和保护重点，区别对待、分类指导。

（3）立足当前，着眼长远。坚持统筹兼顾，协调近期和长远、局部与整体、少数

与多数的利益，既满足当代人的发展需求，又维护后代人的发展权益；既全面统筹、积极推动全局深层次的转变，又循序渐进、集中力量优先抓好重点区域、重点领域的保护和发展。

（4）合理开发，有效保护。正确认识保护资源环境与发展生产力的关系，按照功能区划科学合理地开发使用自然资源，在保持经济持续稳定增长的同时，不断增强资源环境对经济社会发展的支撑能力。

（5）科技支撑，体制创新。发挥科技创新在生态文明建设中的引领与支撑作用，提高科技支撑和保障能力；坚持改革创新，先行先试，加快体制机制创新步伐，建立健全促进生态文明建设的制度体系。

（6）政府引导，社会参与。坚持共同推进，加强协调配合。充分发挥政府的组织、推动、引导作用，调动各方力量，提供良好的政策环境和公共服务；运用市场机制调动企业、社会组织和公众的参与，形成政府引导、部门分工协作、全社会共同参与的格局。

（7）少欠"新账"，多还"旧账"。以环境承载力为依据，严格控制污染物排放总量，在发展中解决环境问题，积极解决历史遗留的环境问题。

（8）注重衔接，统一协调。环保专项规划要与县域经济发展总体规划、城市总体规划、相关专项规划以及流域发展规划等相衔接。要协调各方行动，突出有限目标和重点任务。

（9）科学性、前瞻性与可操作性相结合。既要立足当前实际，使规划具有可操作性，又要充分考虑发展的需要，使规划具有一定超前性。

2. 规划内容

传统的生态环境规划是以被动的环境治理为主，是根据经济发展水平和环境污染现状，以控制污染发展、有重点地改善环境质量为目的（邹军等，2002）。如今，环境保护规划已发展成为城镇体系规划的重点内容之一。区域环境规划也称为区域环境管理规划，是在区域环境背景调查、评价和预测的基础上，对一定时期内环境治理和保护所做的统一部署。它是区域经济、社会发展规划的有机组成部分，其主要目的在于解决和协调区域经济、社会发展和环境治理保护之间的矛盾（黄以柱等，1991）。

同一般的城镇相比，山地城镇具有地形地质条件复杂、气候条件多变、生态环境脆弱的特点，因此生态环境保护更是山地城镇体系规划的重点。山地城镇体系环境保护规划的内容可概括为两方面：首先要提出环境保护的目标，该目标是为改善、管理、保护区域环境而设定的，是拟在该规划期限内力求达到的环境质量水平与环境结构状态，包括水、大气、噪声环境质量指标值等环境状况水平的指标，环境污染控制指标，重要的生态建设指标以及城市绿地规划、垃圾处理厂、污水处理厂等基础设施指标等。其次要依据社会发展需要和不同区域在环境结构、环境状态和服务功能上的差异，对区域进行生态环境功能分区。功能区是指对经济和社会发展起特定作用的地域或环境单元。根据地理、气候、生态特点或环境单元的自然条件可划分功能区为自然保护区、风景旅游区、国家森林公园、重要水体或河流及其岸线等。

3. 规划程序

区域环境保护规划的一般程序如图 9-1。

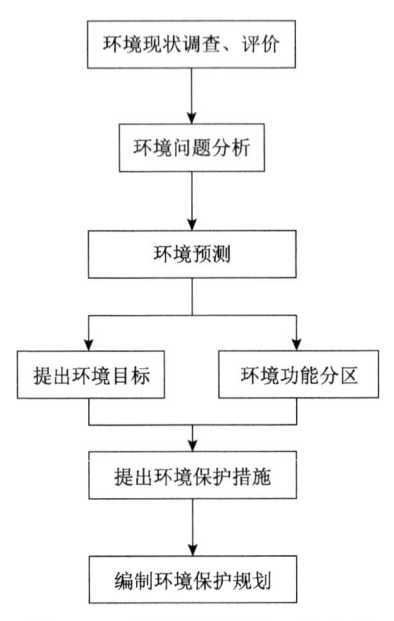

图 9-1 环境保护规划的一般程序

1）环境现状的调查与评价

环境现状的调查与评价包括自然环境和社会经济环境的调查与评价。

第一，自然环境调查与评价，包括地质、气候、水文、植被、地形地貌、土壤、特殊价值地及生态环境敏感区、生态脆弱区等。自然环境评价主要是为生态环境区划和评估生态环境承载力服务。评价内容一般包括土地利用现状及生态系统类型、区域自然环境现状，以及大气、水、土壤、噪声及固体废物等环境状况的评价。

第二，社会经济环境调查与评价，主要是对区域相关的经济现状评价，指与环境保护规划有直接或间接关系的部分经济活动，这些经济活动影响着区域生态演变、环境质量状况，应特别重视生产布局状况、生产力发展水平状况，以及区域内相关社会因素，特别是人类环境意识对区域环境影响等。

2）环境问题分析

通过生态环境信息收集、分析，环境状况调查与评价，找出目前区域存在的主要环境问题与生态问题，为规划方案及对策措施提供依据。

通过前项工作，分析城镇体系范围内人类活动与环境问题的根源，找出主要的环境问题,并分类排序,明确各类环境问题产生的原因、影响的范围和程度。

3)环境预测

环境预测是指根据区域经济社会发展目标进行预测。环境预测的主要内容包括:大气污染预测;水环境预测;固体废弃物预测;开发活动将造成的生态破坏预测;环境污染与破坏将造成的经济损失和人体健康的损害预测等(黄以柱等,1991)。

第一,提出环境目标,环境目标通常包括高、中、低三个层次。主要根据区域环境的性质、功能、环境容量、人民生活与生产对环境的要求,以及国家和区内现在与将来对环境治理保护的投资能力等加以确定。

第二,功能区是指对经济和社会发展起特定作用的地域或环境单元。在环境保护规划中进行功能区划,是为了合理布局、确定具体的生态环境目标、便于目标管理和执行而实施的战略性、概念性规划。划分生态环境功能区主要根据环境功能与区域总体规划相衔接、保证区域或城市总体功能的发挥。

4)提出环境保护措施

首先提出环境目标,包括高、中、低三个层次。根据区域环境的性质、功能,环境容量,生活与生产对环境的要求,以及国家和区域对环境治理保护的投资能力等来确定,在环境目标提出后,计算实现各环境目标所需的投资额,然后根据区域经济、社会发展规划中可能给予的环保投资额进行分析比较。经过反复分析研究和修订后,使环境目标既能达到环境规划的基本要求,又不超过环保的投资能力。它是在考虑国家或地区相关政策规定,生态与环境问题,环境目标、污染物排放总量控制,投资能力和效益的情况下,提出的具体的污染防治、自然保护和生态建设的措施和对策。

5)编制环境规划

根据环境目标,制定出相应的区域综合规划方案。通过分析、评价、比较,确定经济上合理、技术上先进、满足环境目标要求的最佳方案。这个过程是动态的,包括目标制定阶段、信息调查阶段、方案设计阶段、方案评估阶段、方案选定阶段及反馈调查阶段等。通过层层决策、层层淘汰、反复循环、多次反馈,直到获得最佳规划方案为止。

9.1.2 规划方法及技术要点

环境保护规划是一个多目标、多层次、多个子系统的研究与技术开发工作,具有综合性、区域性、长期性、政策性等特点,生态环境区划、环境预测、规划优化或系统模拟等环节均需要运用各种方法与技术,规划工作的关键是合理筛选运用各种不同的方法,将其组成一个方法体系,恰当运用一系列方法与技术完成规划任务,其关键技术是生态环境区划技术、预测技术、规划技术等(崔功豪等,2006)。

1. 生态环境预测方法与技术

环境预测是在区域环境调查与评价的基础上,通过已得到的情报和资料,以及监测、统计数据，利用各种方法对未来环境状况进行估计和推测。其主要目的就是要推测区域内实施经济、社会发展规划到达某个水平年时的环境质量状况。它是进行区域环境综合规划的基础（王婷婷和钱晓东，2010）。

1）环境预测基于预测的角度分为宏观和微观预测

宏观预测是从宏观的角度预测整个区域实施经济、社会发展规划而产生的环境影响。一般是在环境调查与评价的基础上，通过分析研究整个区域的经济发展、人口规模、交通运输、能源消耗和构成以及资源开发情况，找出与主要环境问题变化最有关的因素，用数学方法做出相应的环境影响预测。

微观预测是从微观的角度入手，把区域中的各个经济组成、社会组成分成若干个子系统，分别对各个子系统实施经济、社会发展规划产生的环境影响进行考察，然后进行综合分析，预测整个区域在经济、社会发展的各个水平年的环境影响。

2）环境预测根据预测结果分为定性和定量预测

定性预测方法是以逻辑思维推理为基础，根据多年的环境监测资料进行回顾分析，运用经验等对未来环境状况做出定性描述和环境交义的影响分析，如专家预测法、特尔斐征询意见法、历史回顾法等。

定量预测技术以统计学、运筹学、系统学系统论、控制论等为基础，通过辨识建立各种预测模型，用数学或物理模拟进行环境预测。环境规划中常用的方法有：约束外推预测法、回归分析与相关分析、决策树预测法、马尔可夫预测法、灰色系统预测法、箱式模型预测法、神经网络、支持向量机等。选用何种预测方法，应根据环境条件、资料、技术等情况决定。

2. 生态环境功能区划的主要技术

生态环境功能区划是根据区域生态环境要素、生态环境敏感性以及生态服务功能的空间分异规律，划分不同生态功能区的过程。区域生态环境功能一般分为两个层次，即综合生态环境区划与单要素生态环境区划。在进行单要素生态环境区划时，一般先从大气污染、水质污染、土壤污染、生物污染等单一环境要素入手，用各环境要素污染因子（如 SO_2、N_xO_x、生化需氧量、溶解氧等）时间上的变化情况、污染物的检出率和超标率、污染物分布状况及其影响等方面来反映环境被污染的程度（史同广和王惠，1994）。

目前区划中常用的方法是叠置法和主导因素法，主要通过自上而下、自下而上或者两者结合来实现分区。区划分析中指标体系的构建及区划分区方法成为研究中的热点和难点。为提高区划边界的准确性，多采用多元统计分析系列中的主成分分析、聚类分析和多类线性判别分析等方法。主导因素与综合因素在区划层级划分中的应用主要体现为通过环境影响主要因素系统分析和环境单项叠加来进行环境区划（贾琼琼等，2016）。

3. 总量控制技术

从"九五"至今，污染物总量控制制度一直是我国环境管理的核心制度，担负着治污减排的主要责任，对产业结构的调整升级、主要污染物总量的减排、环境质量改善以及环境基础设施的建设和能力提升发挥了重要作用（段丽杰等，2021）。污染物总量控制制度主要针对大气污染和水污染的问题，对于土壤污染尚未实现有效控制。需要从国家层面扩大污染源监管范围，建立以环境容量为基础的总量控制，也需要结合地方实际实现环境质量和污染排放总量的"双控"。

1）宏观总量控制模型

作为环境规划，污染物与环境目标是环境规划的两个对象，规划的任务是建立规划对象之间的两个定量关系：第一是污染物排放量与环境保护目标之间的输入响应关系；第二是为实现环境目标，在限定的时间、投资和技术条件下，制定治理费用最小的优化决策方案。因此，需要认识环境自净规律、环境容量、污染物迁移转化规律等；需要研究技术经济约束、管理措施与工程效益等问题。解决上述两个定量关系的工具是各类数学模型和经济优化模型。

污染物宏观总量控制，由废水宏观总量控制、废气宏观总量控制、固体废物宏观总量控制、环境经济分析及其相应的宏观控制模型构成。具体污染物的总量控制模型主要由以下几个方面建立：①污染物产生量；②污染物的治理（去除）量；③污染物回收利用（去除）量；④污染物排放量；⑤污染物治理投资；⑥回收利用效益或综合利用效益等。

2）水域允许纳污量

我国结合控制单元构建的流域总量控制技术具有广泛的应用价值。整合流域水生态系统生态特征，并加强地方行政管理的融合，对小流域进行合理划分，分为多个控制单元，严格监管水质目标，基于控制单元，将污染物总量控制实施到位，从而在控制单元内更好地控制污染负荷。通过对相关因素的分析，如自然地理特征和污染物特点等，在流域尺度上，加强总量控制技术是非常重要的（默宣，2020）。

3）大气污染物总量控制

我国分别从国家、区域（省内或省际）以及城市三个层次提出大气污染物总量控制指标分配原则和技术方法，并依据这些方法进行电力行业大气污染物总量分配。在全国层次上提出了基于酸沉降临界负荷的总量优化分配方法和基于排放绩效的总量分配方法；在区域层次上提出了以环境质量目标为依据的区域优化分配方案和应用伴随模式进行二次污染物排放的优化控制方法等；在城市层次上提出了点源和面源总量分配方法。总量控制的总体思路是国家重点抓跨区域性的酸雨污染，对电力行业排放的 SO_2 和 NO_x 实施总量控制。烟尘、粉尘，以及低矮源（非电力行业和生活源）排放的 SO_2 和 NO_x 主要影响污染源当地的环境质量，因此以城市环境容量为依据，实行省级行政区和城市的大气污染物总量控制（柴发合等，2006）。

9.1.3 规划案例

1. 永仁县环境保护规划

永仁县环境保护规划目标是为永仁县今后 15 年的生态环境建设提供决策依据。主要任务是：开展县域环境质量现状评价与预测，提出环境保护和治理对策，拟定环境质量目标，进行生态环境功能分区。

（1）水环境质量指标。境内主要河流及其主要支流，主要水质指标达到《云南省地表水水环境功能区划》的要求，力争所有断面水质指标达到《地表水环境质量标准》（GB 3838—2002）中的Ⅲ类标准；两个水库基本项目水质达到《地表水环境质量标准》（GB 3838—2002）中的Ⅱ类标准及饮用水水源地补充项目标准，有效控制水库中的 COD_{Mn}、$NH_3\text{-}N$、总磷、总氮和硫化物等；县域内饮用水源要逐步向Ⅱ类标准或Ⅰ类标准发展，建立水源保护区，饮用水质达标率达 100%；集中处理工业废水和城镇污水；县域中心城市和重点城镇排水体制基本采用雨污分流制；城镇污水必须达标后排放。

（2）大气环境质量指标。县域空气环境质量按功能区达标标准；进一步加快城镇基础设施，特别是乡、镇绿化的建设。规划期内，争取将永仁县大部分地区空气质量达到一级标准；控制工业生产燃煤污染；调整工业布局、结构，促进经济环境协调发展，降低局部地区污染物排放量；改变城镇能源结构，大力推广燃气使用；提高工业燃料煤气化率；控制机动车尾气污染，改善环境空气质量。

（3）噪声环境指标。永仁县城和各乡镇的声环境质量按功能区达标标准，县域环境噪声保持Ⅰ类标准；搬迁城镇居民区内设置减少噪声污染的设施；加强对机动车辆噪声的管理，城区和有条件的交通干线实行禁鸣喇叭措施；加快噪声达标区的建设。

（4）县域城（乡）镇污染控制指标。县域中心城市污水处理率达到 95%以上，垃圾无害化处理率达到 100%，清洁能源普及率达到 80%以上；县域其他城镇污水处理率达到 85%以上，垃圾无害化处理率达到 95%以上，清洁能源普及率达到 50%；工业废水排放达标率、工业烟尘排放达标率、工业粉尘排放达标率、工业 SO_2 达标率均稳定在 90%以上，工业固体废物处置率和工业固体废物综合利用率达到 85%以上，医疗、工业和危险废物的集中处置率达到 100%。规划期末，全县 7 个乡镇集中式饮用水水源地环境保护项目顺利实施，农村建制乡镇集中式饮用水达到Ⅱ类标准；规模化畜禽养殖污染得到综合利用；单位面积农田化肥、农药施用强度比 2015 年有所降低；秸秆综合利用率达到 60%以上；各乡镇设专/兼职环保管理人员，乡镇垃圾无害化处理率达到 50%以上，逐步实施重点乡镇生活污水处理工程，全县乡镇所在地实施污水、垃圾处理和农村环境综合治理，选择中心城及人口 200 人以上的村庄实施环境综合整治。

（5）生态建设指标。永定、莲池、宜就实施生态乡镇建设，达到云南省生态乡镇建设的一类标准，以及《云南省生态乡镇建设指标（试行）》标准。划分生态建设重点城镇、一般城镇和限制发展型村庄。

（6）生态环境功能分区。根据需要划定自然保护区、主要河流保护区和主要公路保护区。

2. 临沧市环境保护规划

临沧市环境保护规划目标是为今后 5～15 年临沧市的生态环境建设提供决策依据。主要任务是：进行市域环境质量现状评价与预测，提出环境保护和治理措施，拟定环境质量目标，进行生态环境功能分区。

临沧市分别针对水环境质量保护、大气环境质量保护、固体废物保护、噪声环境保护提出目标，并根据临沧市的环境质量现状和自然地理条件及经济社会发展现状，结合环境区划，拟划分 5 个环境功能分区（图 9-2）：

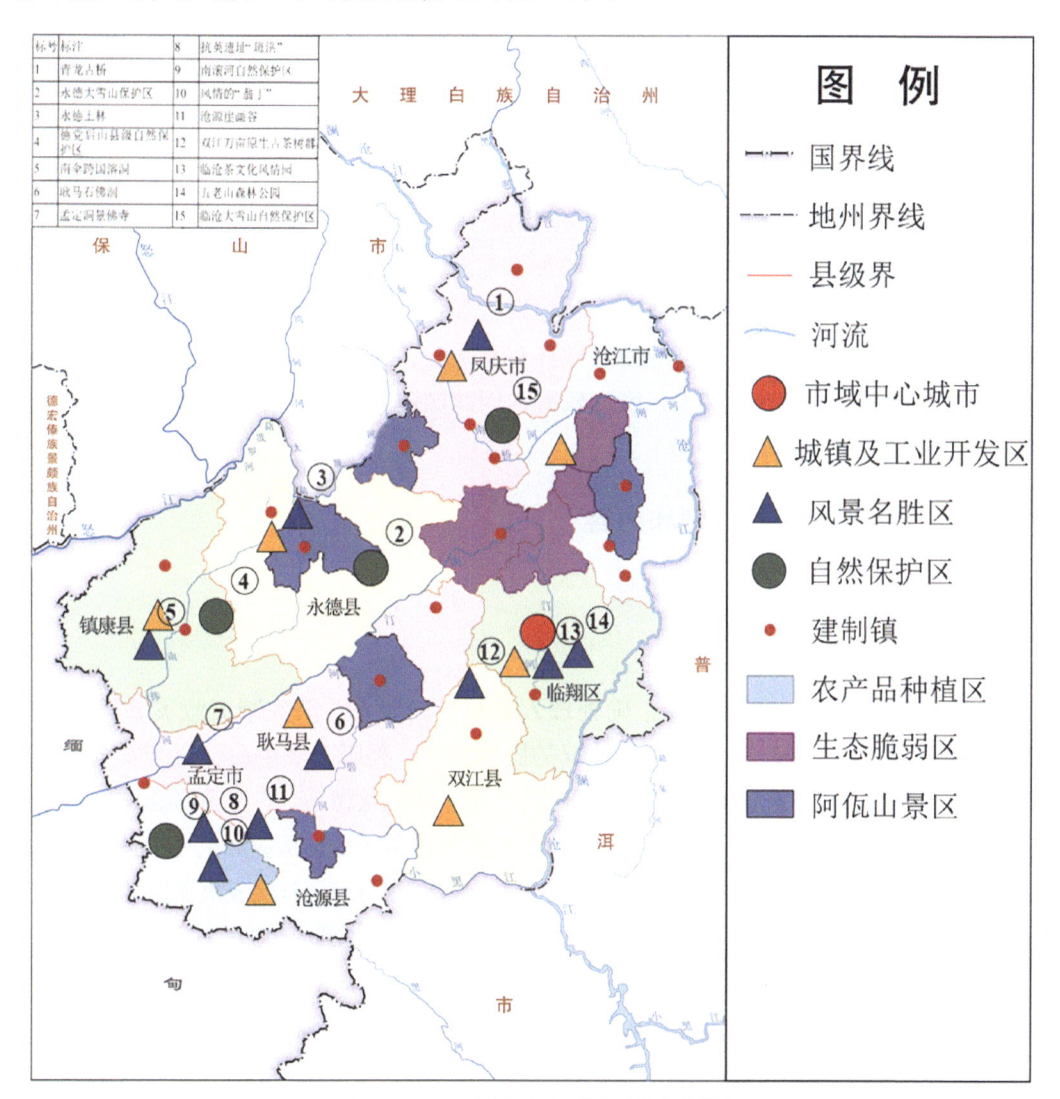

图 9-2 2030 年临沧市环境保护规划图

（1）自然保护区，指自然生态保存较为完好的区域。

（2）生态脆弱区，主要指森林植被破坏，水土流失严重，泥石流、崩塌等自然灾害频发及沿江、沿路开发强度大的地区。

（3）风景名胜区，具有观光旅游价值、交通便捷的地区。

（4）城镇及工业经济开发区，自然及地理条件较好、适宜人居、商贸发达、经济集聚、具有良好的城市发展前景的地区。

（5）农产品种植区，指耕作历史长、复种指数较高、以传统农业为支柱产业的地区。

9.2　山地城镇体系防灾减灾规划

我国是全球自然灾害严重的国家之一，灾害频繁发生。防灾减灾救灾工作事关人民群众生命财产安全，事关社会和谐稳定[①]。为贯彻落实党中央、国务院关于加强防灾减灾救灾工作的决策部署，提高全社会抵御自然灾害的综合防范能力，切实维护人民群众生命财产安全，为全面建成小康社会提供坚实保障，要切实做好防灾减灾规划。

防灾减灾规划是为抵御地震、洪水、风灾等自然灾害，保护人类生命财产而采取预防措施的规划，包括防洪规划、防火（消防）规划、减轻灾害规划和防空规划。城镇体系规划编制审批办法中要求，防灾规划要结合当地特点，深入分析各类灾害的形势以及发展趋势，对防洪、防震、消防、人防等设施现状情况进行评价，选择主要灾害类型提出防治措施。由于山区地形、地质条件具有复杂性，城镇灾害发生频率较高，多维集约的发展方式导致山地城镇和人口密度较大，因此城镇体系应急规划是山地城镇体系规划的重点（左进和周铁军，2010）。

9.2.1　防灾减灾规划的原则和内容

1. 规划指导思想和基本原则

1）指导思想

防灾减灾救灾的决策部署要正确处理人和自然的关系、防灾减灾救灾和经济社会发展的关系，谋求经济、社会和安全状况的协调发展，保障人民生命、财产安全，促进社会生产力持续发展。防灾减灾规划坚持以防为主、防抗救相结合，坚持常态减灾和非常态救灾相统一，努力实现从注重灾后救助向注重灾前预防转变、从应对单一灾种向综合减灾转变、从减少灾害损失向减轻灾害风险转变，着力构建与经济社会发展新阶段相适应的防灾减灾救灾体制机制，全面提升全社会抵御自然灾害的综合防范能力。

2）基本原则

以人为本，协调发展。坚持以人为本，把人民群众生命安全放在首位，保障受灾

---

① 国家综合防灾减灾规划(2016—2020年). 2016. 北京: 国务院办公厅.

群众基本生活，增强全民防灾减灾意识，提升公众自救互救技能，切实减少人员伤亡和财产损失。遵循自然规律，通过减轻灾害风险促进经济社会可持续发展。

预防为主，综合减灾。突出灾害风险管理，着重加强自然灾害监测预报预警、风险评估、工程防御、宣传教育等预防工作，坚持防灾抗灾救灾过程有机统一，综合运用各类资源和多种手段，强化统筹协调，推进各领域、全过程的灾害管理工作。

分级负责，属地为主。根据灾害造成的人员伤亡、财产损失和社会影响等因素，及时启动相应的应急响应，中央发挥统筹指导和支持作用，各级党委和政府分级负责，地方就近指挥、强化协调并在救灾中发挥主体作用、承担主体责任。

依法应对，科学减灾。坚持法治思维，依法行政，提高防灾减灾救灾工作法治化、规范化、现代化水平。强化科技创新，有效提高防灾减灾救灾科技支撑能力和水平。

政府主导，社会参与。坚持各级政府在防灾减灾救灾工作中的主导地位，充分发挥市场机制和社会力量的重要作用，加强政府与社会力量、市场机制的协同配合，形成工作合力。

2. 规划内容

防灾减灾规划的目的在于调控人们自身的活动，在保持经济和社会持续稳定发展的前提下，对安全的保障和设施建设作出长远的安排与部署，不断增强保障安全的能力，消除危险源，防止事故及灾害的发生，减少危险，从而使人们得到健康安全的社会环境。

在山地特殊的地理环境条件下，山地城市在快速城镇化发展过程中，与地形及自然环境相互协调而形成人口密度或建筑密度高、形态与结构紧凑的高密度城镇（曾卫和赵樱洁，2021）。山地生态系统脆弱，山地城市灾害较平原城市灾害更为复杂多变，并且具有突出的特征：①频发性、多灾种叠加性；②复杂性、多样性与不确定性；③灾害链现象突出；④大规模灾害后容易形成孤岛（王志涛等，2014）。山地城市地质构造和地貌环境复杂，地质灾害及其次生灾害频发，崩塌、滑坡和泥石流占到山地灾害总量80%以上，并对城镇的可持续发展产生消极影响（曾卫和陈肖月，2015）。随着山地城镇化推进，山地城镇安全发展面临着重大威胁和挑战，城市防灾减灾规划对于山地城市而言尤为重要。

城镇体系防灾减灾规划是针对体系中城市灾害和不安全因素，通过城市防灾减灾规划建设手段来达到灾害防治和减灾的目的，包括自然灾害方面的城市防洪、城市抗震、城市地质灾害防治，事故灾难方面的城市重大危险源安全保障、城市消防，社会安全事件方面的城市防空袭等。

防灾减灾规划的具体内容包括：

1）城市防洪规划

城市防洪规划主要分析城市现状防洪设施的类型、分布位置、数量、规模等级等情况。根据城市性质、地位和设防标准，提出防洪规划编制的原则。根据城市规模等级，按国家防洪标准的规定，确定防洪潮设施建设标准。确定防洪堤、排洪渠的基本规格和堤顶标高，确定排涝泵站的数量和分布位置。确定规划的防洪堤、排洪渠、泵站的规模等级和用地范围。根据河流水位及排涝水力计算城区地面应控制的标高。根据防洪潮需要提出需要新建、改造加固和提高规格的防洪设施具体项目。

2）城市抗震防灾规划

主要分析城镇体系中城市地震地质背景和历史上地震灾害发生情况。根据城市所在区位，按国家地震烈度区划提出城市建筑抗震设计强度标准。对城市地震高易损性地区、次生灾害、避震场所、疏散通道等提出抗震防灾布局和技术要求。划定地震高易损性地区，提出建筑抗震建设与拆迁、加固改造的要求。确定需要保障抗震安全的次生灾害源点，提出防治、搬迁改造等要求。对避震疏散场所用地提出规划要求，规划建设一定数量的避震疏散场所。进行需避震疏散人口数量估计，安排避震疏散场所与避震疏散道路，提出规划要求和安全措施，提出符合应急交通要求的城市出入口数量和避震疏散场所应具备的交通条件。

3）城市地质灾害防治规划

分析规划区内可能发生的山体崩塌、滑坡、泥石流、地面塌陷、地裂缝、地面沉降等地质灾害源的分布。贯彻"以防为主，全面规划，综合治理"的方针，体现安全可靠性、现实可操作性、经济合理性。山区以突发性地质灾害的防治为主，平原区以缓变性地质灾害的防治为主。重点考虑灾害预防，在城市建设中避开可能发生地质灾害的区段。根据地质灾害源分布，标出重要地质灾害隐患。规划对突发性地质灾害易发区采取避让措施；对缓变性地质灾害易发区布置相应的灾害监测点，对可能发生崩塌、滑坡的山体采取排险和加固的工程措施，对泥石流采取滞水措施，对地面塌陷、沉降主要控制地下水的抽取，规划提出工程防治的基本措施。

4）城市消防规划

阐述城市现状消防设施的数量、等级及装备配置；城市火灾易发区的情况与分布；城市消防供水设施情况和问题；城市消防通道情况和问题。规划对城市消防安全布局提出原则性意见，重点改造调整重大危险源设施和火灾易发区。布置消防站，提出消防站等级和建设要求。确定消防指挥中心、公安特勤消防站、普通标准消防站和普通小型消防站设置的数量、等级、分布和用地以及消防站的人员、主要装备配置，各项指标和配置可依照《城市消防站建设标准》的相关规定执行。

5）城市人民防空规划

了解已建成各类人防工程面积、分布、防护标准等情况，提出人防工程建设、布局、使用中存在的问题。坚持统筹规划、突出重点，分步实施、平战结合，注重实效，集中与分散相结合的原则，推动人防工程建设和地下空间合理利用的结合。确定人防指挥中心数量、规模和分布，技术指标和建设规模按人防工程类型分别提出，一般可分人防指挥中心、综合人防工程、普通人防掩蔽工程三类。

6）城市重大危险源布局规划

分析城市危险品设施位置、重大危险源分布情况、危险品的经常运输种类和路线。通过城市合理用地布局以消除或降低重大危险源的危害性；通过设置安全防护间距以减少城市重大危险源事故的危害性。确定危险品生产储存种类和数量，进行危险品生产储存设施选址，安排重大危险源设施位置、用地面积和相应的防护距离。要求重大危险源设施必须设置在城市边缘、相对独立的安全地带并对周围影响小的区域，符合防火、防爆的要求；提出危险品设施安全管理要求，重申国家对于危险品生产储存安全的条例规定；提出分类危险品设施安全防护要求，根据毒害类危险品种类、毒性、储量来评估发生泄漏后的影响范围，以此确定安全防护距离。用于重大危险源设施防护间距内的空间，除可用作一般农田、果园或防护林外，不能作为城市建设用地开发。提出废弃化学危险品的处置要求，明确废弃危险品的处置方式、处置地点，原则是对处置场地周边人员不造成伤害，对周边环境不构成破坏。

9.2.2　规划案例

1. 永仁县防灾减灾规划

根据对永仁县存在的不安全因素进行调查，发现永仁县位于楚雄州西北部，地震构造轮廓主要有西面的北东向隐伏断裂带和永胜-宾川断裂带，南面的楚雄-南华断裂带和红河断裂带，东为近南北向的元谋-绿汁江断裂带、罗次-易门断裂带、普渡河断裂带和小江断裂带，构造相对复杂，永仁县的防震形势依然严峻。

永仁县地形地貌复杂，断裂构造发育，风化作用强烈，地质环境条件脆弱，受降雨、地形地貌、地层岩性、地质构造等自然地质环境条件的控制，永仁县现有滑坡、崩塌、泥石流、不稳定斜坡和地裂缝等地质灾害。人口的增加、社会经济的快速发展和人类不合理的工程经济活动的增加，激发并加剧了滑坡、泥石流等地质灾害的发育和发展，地质灾害发展趋势必将日趋严重。

永仁县属亚热带冬干夏湿季风气候，全年降水量主要集中在 5～10 月，地形复杂，立体气候显著，洪旱灾害较频繁。永仁县农田水利基础设施仍然较为薄弱，农业生产对自然条件的依赖较大，严重影响永仁县工农业生产发展和国民经济的持续增长。永仁县雨季局部地区的暴雨极易形成山洪灾害，县内山洪灾害的主要特点是暴雨山洪出现频率高，季节性强；暴雨山洪出现区域性明显，易发性强；山洪来势凶猛，成灾快；山洪破坏性强，危害重；灾后恢复难度大。

针对城市消防规划，永仁县在消防方面还存在以下问题：消防经费不足；大部分乡镇没有消防站；消防车辆陈旧，消防通信设备落后，还需要对城市消防进行统一规划、完善体系、统筹兼顾、合理布局，并按国家有关规定合理划定消防责任区，完善更新各类消防器材。采取以专业消防为主、民办企业消防协同作战的消防体系，坚持预防为主，防、消结合的方针。

针对永仁县上述的自然灾害隐患和城市不安全因素，永仁县进行了相关的城市防灾减灾规划（图 9-3），具体内容如下：

图 9-3 2030 年永仁县环境保护与防灾规划图

1）城市防洪抗旱规划

抗旱规划：工程性措施，改善现有拦水工程，开展节水型社会工程建设；非工程性措施，建立旱情监测系统，早日实现抗旱科学决策和合理指挥调度，提高群众的节水意识，杜绝浪费水的现象，引进水工、水文专业技术人员，开展培训，提高职工业务素质，为各乡镇水管站配备专业的管理人员，以便对本辖区的水利工程雨情、旱情、汛情、灾情等进行计算机处理后，及时传送到上级防汛部门。

防洪规划：工程性措施，提高建设标准，加强永仁县基础设施建设，尽快建立技术支撑体系；非工程措施规划主要包括监测预警措施、移民搬迁避让措施、政策法规措施和生物措施等。监测预警措施主要是健全永仁县内水文、气象监测站网的建设,完善预警预报体系;政策法规措施有法律法规、乡规民约、知识普及、防灾减灾等;生物措施主要有退耕还林、水土保持、生态保护。

2)城市抗震防灾规划

(1)建立健全防震减灾法规和标准体系,根据《中华人民共和国防震减灾法》以及相关的法律法规,依法开展防震减灾工作,加大防震减灾执法力度,保障防震减灾战略目标的实现。到 2020 年,永仁县城和各乡(镇)政府所在地基本具备综合抗御 6 级左右,相当于各地地震基本烈度的地震能力。

(2)全面提升地震监测能力和地震预报水平。以现有观测台为基础,以数字化观测为目标,以全州及县防震减灾发展的长远规划为依托,以提高观测质量、促进地震科学研究为目的,以科学的理论为指导,统一规划、分级布设、协调发展、突出重点。

(3)推进地震灾害的全面防御。依法强化对建设工程抗震设防工作的监管,加强各类建设和加固工程的抗震设计与施工管理。建立防震减灾科普教育基地,按照"积极、慎重、科学、有效"的原则,制定防震减灾宣传教育计划,完善宣传网络,提高公众防震减灾素质;推进地震宏观测报网、地震灾情速报网和地震知识宣传网的群测群防网络建设,形成"横向到边、纵向到底"的群测群防网络体系。

(4)健全地震应急救援体系。到 2030 年,建设两个不少于 10000m^2 的地震应急避难场所,各乡(镇)政府所在地分别建设一个不少于 3000m^2 的地震应急避难场所。设置必要的避险救生设施,完善紧急避难功能,逐步建成一批设施完备、布局科学、能够满足人员紧急疏散需求的基础设施。同时,农村也要结合地形、地貌特点,在方便生活并比较安全的地区预留避难场所建设场地,确保大地震后有临时避难场所。到 2030 年,保证各乡镇和县城应急避难场所和紧急疏散通道数量翻倍。此外,要进一步完善地震应急基础数据库,积极开展震灾预测研究,提高地震应急指挥系统的技术支撑能力。财政、民政、建设、交通、电力、水利等部门建立和完善应对地震灾害的应急物资储备网络、救灾资金保障机制和对口抢险专业力量。

(5)加强设备更新和加大资金投入。2030 年前,在永仁县地震局建设一项地震前兆形变观测仪,并安装一项强震台,同时在永仁县城附近建设一个地震宏观观测场。在永仁县地震局内建盖不小于 500m^2 的地震应急指挥中心办公楼,内设有应急会商室、防震减灾展室、地震应急指挥中心办公室等,并配置大投影仪、音响、传输网络、办公桌椅等必需的应急指挥设备。规划期末 2030 年,要将永仁县预测、应急、救灾水平更上一个台阶,达到地州水平。另外,根据地震灾害应急物资需求量大、种类多、时限性强的特点,进一步加强救灾物资储备体系建设,增加救灾储备物资品种和数量,满足应急救灾工作需要。2030 年要有越野型地震应急车五辆、便携式测震仪两台,其他配套设施齐全。

3)城市气象灾害防治规划

(1)加强综合气象观测能力建设,提高气象灾害预测预报水平。

加快推进气象观测体系建设。规划期内，在现有 12 个气象灾害监测站网和基础上，在粮烟主产区、地质灾害易发区、交通干线、旅游景点、主要江河沿岸、水库等重点区域，建设一批区域自动气象观测站；大力实施信息网络工程建设；认真开展气象探测环境和设施保护；加大气象预测预报系统建设能力；加强气象信息发布系统建设；充分发挥气象防灾减灾科技支撑作用。

（2）加强公共气象服务体系建设，提高气象灾害应急处置能力。积极构建农村气象综合信息服务体系；扎实抓好人工影响天气工作；加强雷电灾害的防御工作；全面拓展专业气象服务领域；努力提高全社会对气象灾害的防范意识。

（3）强化气象灾害防御保障体系建设，确保气象防灾减灾工作有序开展。

加强气象防灾减灾工作组织领导；加大气象防灾减灾资金投入力度；建立健全气象灾害防御工作机制；全面落实气象灾害防灾减灾责任制。

4）城市地质灾害防治规划

A. 崩塌、滑坡防治措施

崩塌防治的主要工程措施如下。

遮挡：即遮挡斜坡上部的崩塌落石。这种措施常用于中、小型崩塌或人工边坡崩塌的防治中，通常通过修建明硐、棚硐等进行遮挡。

拦截：对于仅在雨季才有坠石、剥落和小型崩塌的地段，可在坡脚或半坡上设置拦截构筑物，如设置落石平台和落石槽以停积崩塌物质；修建挡石墙以拦坠石；利用废钢轨、钢钎及钢丝等编制钢轨或钢钎栅栏来拦截落石。

支挡：在岩石突出或不稳定的大孤石下面，修建支柱、支挡墙或用废钢轨支撑。

镶补勾缝：对于坡体中的裂隙、缝、空洞，可用片石、水泥砂浆填补空洞、勾缝，以防止裂隙、缝、洞的进一步发展。

护墙、护坡：在易风化剥落的边坡地段修建护墙，对缓坡进行水泥护坡等，一般边坡均可采用。

刷坡（削坡）：在危石、孤石突出的山嘴以及坡体风化破碎的地段，采用刷坡来放缓边坡。

排水：在有水活动的地段，布置排水构筑物，以进行拦截疏导。

滑坡防治的主要工程措施如下：排除地表水、地下水及防止河水、库水对滑坡体坡脚的冲刷；改变滑坡体外形，设置抗滑建筑物（如削坡减重和修筑支挡工程）；改善滑动带土石性质，一般采用焙烧法、爆破灌浆法等物理化学方法对滑坡进行整治。

B. 泥石流防治措施

以城镇、村寨、厂矿、重要交通干线和工程设施为防治重点，特别是县城、乡镇。在防治上坚持"预防为主、避让与治理相结合"的原则，工程建设尽量避免建在泥石流发生区，对泥石流危害区范围内的重要建筑、道路、居民区，必须尽全力保护，否则实行搬迁、改道。在泥石流频发区设定监测点，逐步在全市建成监测网络，建立灾害管理信息系统，对灾害进行有效的监测、预防及治理，逐步控制全市重点地质灾害活动的发展趋势，有效减轻水土流失，治理大部分危害较大的地质灾害，使生态环境质量向良性转变。

C. 不稳定斜坡防治措施

不稳定斜坡隐患点主要发生在第四系松散堆积层，土体强度低、自稳能力差，斜坡区植被遭到破坏、居民切坡建房及生产生活废水下渗，是斜坡变形的主要原因，若对不稳定斜坡不进行综合整治，将发展为不同规模的滑坡。对不稳定斜坡采取的治理措施主要有：抗滑挡墙、挡土墙及排水，辅以植被，个别不利地段或人数较少的村落因采取工程治理措施经济不合理，应采取搬迁避让措施。

D. 地裂缝防治措施

对于难以避开的工程设施，则应采取抗裂、防沉措施，预防地裂缝破坏。对于受人类活动影响的地裂缝，则通过改善人类活动方式防止地裂缝的发生和发展。对于已经形成的地裂缝，可采取回填、夯实、灌注等方法进行针对性治理。

5) 城市消防规划

A. 重点消防地区布局

城区的政府行政办公、商业金融、广播邮电、医疗卫生、文化教育、大中型企业、化工产品储备库、粮库、液化气站等设施为重点布局区域。

B. 消防安全布局

生产、储存和装卸易燃易爆危险品的工厂、仓库和专用车站、码头，必须设置在城市的边缘或相对独立的安全地带。易燃易爆气体和液体的充装站、供应站、调压站，应当设置在合理的位置，符合防火防爆要求。

将易燃棚户区纳入旧城改造规划，积极改善防火条件，近期重点应拆除阻塞道路的院墙，保证消防道路畅通。

C. 消防站布局

以接到报警 5min 内可以到达责任区边缘和每个消防站责任区面积 4~7km² 的标准进行布置。到 2030 年，永仁县规划布置三座一级普通消防站。车辆、装备的配备要坚持结构合理，数量适当，车辆和装备性能先进的原则，减少改装车辆和超期服役的旧车辆。各消防站消防车辆不少于 5 辆，完善个人防护装备，常规器材必须达到规定的配备标准，保证足够的训练场地，加强特勤消防站建设，已建成的消防站设立特勤班。在 7 个乡镇各建成 1 座小型普通站。

D. 消防给水

2030 年，在城市、居住区、工厂、仓库等的规划和建筑设计时，必须同时设计消防给水系统。城市、居住区应设市政消火栓。民用建筑、厂房（仓库）、储罐（区）、堆场应设室外消火栓。民用建筑、厂房（仓库）应设室内消火栓。

E. 消防通道与建筑消防

主次干道为消防车的主要通道。因此，在道路建设时应充分考虑消防要求。消防干道应满足抗灾救灾疏散的要求，其宽度应保持在干道两侧房屋倒塌后剩余的车行道能够满足消防车通行。

参 考 文 献

柴发合, 陈义珍, 文毅, 等. 2006. 区域大气污染物总量控制技术与示范研究. 环境科学研究, 19(4): 163-171.
崔功豪, 魏清泉, 刘科伟. 2006. 区域分析与区域规划(第二版). 北京: 高等教育出版社.
段丽杰, 史选, 赵肖. 2021. 我国污染物总量控制制度的实践与反思. 环境科学导刊, 40(1): 71-74, 81.
黄以柱, 王发曾, 袁中金. 1991. 区域开发与规划. 广州: 广东教育出版社.
贾琼琼, 马仁锋, 王侃, 等. 2016. 基于GIS的县域环境功能区划方法研究——以象山县为例. 世界科技研究与发展, 38(2): 392-396, 402.
默宣. 2020. 流域水环境污染物总量控制技术及运用分析. 环境与发展, 32(1): 115-116.
史同广, 王惠. 1994. 区域开发规划原理. 济南: 山东省地图出版社.
王婷婷, 钱晓东. 2010. 时间序列的非线性趋势预测及应用综述. 计算机工程与设计, 31(7): 1545-1549.
王志涛, 苏经宇, 刘朝峰. 2014. 山地城市灾害风险与规划控制. 城市规划, (2): 48-53.
左进, 周铁军. 2010. 西南山地防灾城市设计多因子关联与分级控制. 自然灾害学报, 19(4): 102-108.
曾卫, 陈肖月. 2015. 地质生态变化下山地城镇的衰落现象研究. 西部人居环境学刊, 30(1): 92-99.
曾卫, 赵樱洁. 2021. 山地城市综合防灾规划策略. 科技导报, 39(5): 17-24.
邹军, 张京祥, 胡丽娅. 2002. 城镇体系规划-新理念、新范式、新实践. 南京: 东南大学出版社.

第 10 章　山地城镇体系规划编制程序及成果要求

10.1　山地城镇体系规划的编制程序

10.1.1　基础资料收集

从时间来划分，基础资料可分为历史资料、现状资料和规划（计划）发展资料三类。从范围来划分，基础资料可分为体系外部资料和体系本身资料两类。主要包括：

（1）地理位置、地形、区位、地貌、水文、气象、地质等自然地理资料；
（2）行政管辖范围、行政区划、行政组织机构等资料；
（3）人口和劳动力资料；
（4）城镇、农业、交通水利设施等土地利用资料；
（5）矿产、农业、林业、水利、旅游资源资料；
（6）能源供应资料；
（7）第一、第二、第三产业资料；
（8）交通运输资料；
（9）经济、社会、文化、科技发展资料；
（10）基础设施发展资料；
（11）生态环境质量资料；
（12）城镇化发展资料；
（13）城镇职能类型资料；
（14）城镇规模等级资料；
（15）城镇分布资料；
（16）城镇体系内外联系网络资料（信息、商品、行政管理、交通等）；
（17）各类地形图资料。

山地城镇体系规划资料收集的目的是清楚地认识城镇体系发展的状况，以便在规划中采取针对性的对策。因此，应强调分层次、分区域、分时间的资料收集方法。分层次是指对体系中城镇按不同等级、规模分门别类进行数据采集、统计；分区域是指资料按不同区域收集整理；分时间是指强调资料能反映城镇体系发展轨迹。

10.1.2 编制阶段划分

1. 规划工作准备阶段

（1）规划编制队伍的组建；
（2）规划大纲的撰写；
（3）规划内容的分工；
（4）查阅和初步收集规划区背景资料，准备要调查和收集资料的提纲和表格；
（5）准备区域的工作底图，供实地调查和方案构思时使用。

2. 实地考察阶段

实地考察分为全面调查、抽样调查、典型调查、案例调查等，根据规划的范围和特点不同，采取不同的方式调查，如访谈法、问卷法和观察法等（顾朝林，2005）。实地考察是了解区域情况的重要环节，关系到后期工作的质量和深度。

1）访谈法

访谈法是指通过访谈员和受访人面对面的交谈来了解受访人的心理和行为的心理学基本研究方法。因研究问题的性质、目的或对象的不同，访谈法具有不同的形式。根据访谈进程的标准化程度，可将它分为结构性访谈、非结构性访谈和半结构性访谈。

A. 结构性访谈

结构性访谈也称标准式访谈，它要求有一定的步骤，由访谈员按事先设计好的访谈提纲依次向受访人提问，并要求受访人按规定的标准进行回答。这种访谈严格按照预先拟定的计划进行。结构性访谈最显著的特点是访谈提纲的标准化，它可以把调查过程的随意性控制到最低限度，能比较完整地收集到所需要的资料。这类访谈有统一设计的调查表或访谈问卷。访谈内容已在计划中作了周密的安排。访谈计划通常包括：访谈的具体程序、分类方式、问题、提问方式、记录表格等。

由于结构性访谈采用共同的标准程序，信息指向明确，谈话误差小，故能以样本推断总体，便于对不同对象的回答进行比较、分析。这种访谈常用于正式的、较大范围的调查，它相当于面对面的问卷调查。

B. 非结构性访谈

非结构性访谈也称自由式访谈。非结构性访谈不指定完整的调查问卷和详细的访谈提纲，也不规定标准的访谈程序，而是由访谈员按一个粗线条的访谈提纲或主题与受访人交谈。非结构性访谈相对自由，具有弹性，能根据访谈员的需要灵活转换话题、变化提问方式和顺序以及追问重要线索。所以这种访谈收集的资料更加深入和丰富。

C. 半结构性访谈

在半结构性访谈中，有调查表或访谈问卷，它有结构性访谈的严谨和标准化的题目，访谈员虽然对访谈结构有一定的控制，但留给受访人较大的表达空间。访谈员可以根据访谈的进程随时调整访谈提纲。半结构性访谈兼有结构性访谈和非结构性访谈的优点，既可以避免结构性访谈缺乏灵活性，难以对问题作深入探讨的局限，也可以避免非结构性访谈费时费力、难以定量分析的缺陷。

2）问卷法

问卷法是通过填写问卷来收集资料的一种方法。问卷是指为统计和调查所用、以设问的方式表述问题，设置选项和空格。问卷法就是研究者用这种控制式测量对所研究的问题进行度量，从而搜集到可靠资料的一种方法。问卷法的主要优点在于资料标准化，易于定量分析，节省人力物力，适用于大规模的社会调查。

3）观察法

观察法是一种研究者深入事件现场并在自然状态下通过自身感官直接搜集资料的方法。所谓事件现场，就是指社会现象发生发展的现实环境。研究者深入事件现场，就能对正在进行着的现象不定期的过程直接了解。因此，观察法适用于搜集正在发生的社会现象的资料。

3. 调查内容的分析研究阶段

主要分析城镇发展的各项条件，分析现状特点和存在的问题，并进行城镇发展条件综合评价。分析研究要做到宏观、中观、微观相结合。宏观层面，如发展战略、城镇化进程、经济发展等需要与更高层次的战略、方针和政策相衔接；中观层面是城镇体系规划的主要工作领域，既需要分门别类地进行部门分析，也需要进行归纳特点的综合分析；微观分析主要是根据一些有代表性城镇的典型调查进行深入的分析，进一步说明中观和宏观的分析内容。

4. 规划方案的构思阶段

在现状分析的基础上进行规划期的发展战略和发展预测研究。综合各部门远景设想与发展规划，对城镇发展战略、城镇化水平、城镇体系结构和网络进行构思。在规划预测、方案构思、观点形成过程中，要与当地政府主管部门交流协商，取得一致的意见。

5. 规划方案的沟通与完善阶段

向当地党政领导及城乡规划行政主管部门汇报规划方案，一般分为两次：

第一次汇报：从多种规划的主要图件方案中（2~3个方案），选择一个可以接受的方案，取得反馈意见。

第二次汇报：以上一次汇报选定的方案为基础，汇报方案的系列图件（草图）和规划报告的征求意见稿。

6. 规划成果的编制阶段

通过多方交流与当地党政领导及上级主管部门达成一致的认识后，开始编写城镇体系规划成果的评审稿。

7. 组织专家评审和上报审批阶段

在评审阶段，需要邀请相关专家进行规划成果的论证，并与地方领导及有关部门进一步协调对规划方案的认识。书面论证意见反馈给编制单位。

规划成果论证评审后，可根据专家意见，进一步修改文本、附件与图纸形成报批稿，在报送上级政府审批之前，还需由本级人大常委会审查通过。

8. 规划成果的宣传与实施阶段

规划成果经上级人民政府批准后，应促进编制单位进行规划成果的宣传和普及教育，认真实施规划文本中的各项条款。

10.2 规划成果

城镇体系规划成果包括规划文本、图件及附件三个部分（顾朝林，2005）。

10.2.1 规划文本

规划文本是对规划的目标、原则和内容提出规定性和指导性要求的文件。在规划文本中应当明确表述规划的强制性内容。

城镇体系规划文本编写内容主要如下：

（1）总则。含规划过程简述、规划的主要依据文件、规划分期及其年限；规划范围及面积。

（2）社会经济发展战略。含规划指导思想与实施原则、规划目标与发展方向、人口预测与城镇人口规划预测、区域城市化水平预测、区域经济社会发展战略和分阶段目标。

（3）区域城镇发展战略。

（4）城镇体系发展条件综合分析与评价。

（5）城镇化水平预测与发展阶段确定。

（6）城镇体系产业发展规划。

（7）城镇体系结构规划。含规模等级结构、职能结构和空间结构等的规划。

（8）城镇体系空间管制。

（9）城镇体系城乡居民点建设发展规划。

（10）城镇体系设施发展规划。
（11）城镇体系环境保护与防灾减灾规划。
（12）城镇体系发展对策与建议。
（13）附则。含规划文本的执行与解释。
（14）附图。现状图和规划图。

10.2.2 规划图件

规划图件是规划成果的重要组成部分，所表现的内容和要求与规划文本一致，它不但反映城镇体系规划的质量，同时也体现直观的视觉效果。图纸比例为：全国用 1∶250 万，省域用 1∶100 万～1∶50 万，县（市）域 1∶10 万～1∶5 万。重点地区城镇发展规划示意图用 1∶5 万～1∶1 万。城镇体系规划图纸包括分析图和若干成果图。

1. 分析图

分析图包括区位图、地势图、人口结构图、经济结构图、矿产资源分布图、产业结构与布局分析图、土地利用现状图和承载力图等。

2. 成果图

成果图主要包括城镇现状建设和发展条件综合评价图、城镇体系规划图、产业布局规划图、城乡居民点建设发展规划图、区域社会及市政工程基础设施配置图、重点地区城镇发展规划示意图等。

一般在实际规划中，城镇体系规划成果图有：城镇现状建设和发展条件综合评价图、区域城镇经济分区图、城镇体系现状图和规划图、城镇体系交通现状图和规划图、城镇体系电力系统现状图和规划图、城镇体系邮电通信现状图和规划图、城镇体系环境评价现状图和环境保护规划图、防灾减灾规划图、城镇体系社会服务设施现状图和规划图、重点地区城镇发展规划示意图等。

10.2.3 规划附件

附件是对规划文本的具体解释，包括综合规划报告（规划说明书）、专题研究报告、基础资料汇编和规划数据库。

1. 规划说明书编写

城镇体系规划说明书的编写要做到内容全面、分析过程清晰、文字表达要有逻辑和严密性。说明书的内容围绕以上规划文本编写。

2. 专题研究报告编写

专题研究报告是城镇体系规划说明书和文本的技术依据，以针对区域与城镇体系发展的重大问题为主要内容，如城镇化水平与城镇人口预测专题研究；口岸城镇发展规划；城镇发展战略研究；城镇空间分布的动力机制研究等。

3. 基础资料汇编

基础资料汇编是有关城镇体系规划内容的历史和现状资料的汇总，是进行城镇体系规划分析的重要依据。第一次城镇体系规划所写的基础资料汇编，可以反映历次规划思想与指导原则，对规划工作有重要参考意义，它是规划成果不可缺少的组成部分。

基础资料汇编的内容如下：

（1）区域的区位条件、自然条件和自然资源及其开发利用过程的有关资料，包括文字资料和数据资料。

（2）区域发展历史过程的有关资料，包括历史沿革、行政建制、重要城镇形成历史、交通线建设过程；经济发展和文化发展历史、主要名胜古迹的特点和建成年代；人口民族、迁移、增长的历史过程；城镇体系的历史发展过程及其特征。

（3）人口与城镇现状资料，包括区域人口增长、构成、分布、迁移；城镇人口增长率、城镇化水平、基础设施、社会服务设施等。

（4）经济发展现状和主要城镇经济资料，包括 GDP 和人均 GDP；产业结构与主要经济部门发展水平；主要工业区等发展情况；经济的外向程度，对外贸易和区域性贸易状况；重要商品的生产规模及其市场占有水平；主要城镇的经济结构和发展水平。

（5）工程性基础设施资料，包括公路等级、通车里程、各运输方式的特点和状况；电力系统现状；邮电通信现状；主要城镇电话普及率；引水供水工程等资料。

（6）社会服务设施资料，包括各种学校的性质、规模、分布、学生教师在校人数；文化馆、图书馆、档案馆、影剧院等文化设施与规模；医院、卫生所的数量、分布与规模；医务人员数量；广播、电视、新闻事业、体育馆场的情况。

（7）城镇体系发展与建设的专题研究资料和地方性法规条文，如历次五年计划。

（8）重要城镇的地质勘测资料和基础地图资料。

4. 规划数据库

城镇体系规划数据库建设应按照"国土空间规划"标准规范，以区域现有的地理信息数据为支撑，统一空间图件和制图标准，统一成果标准，推进城乡规划全域覆盖工作，实现全域规划管理"一张图"的根本目标，满足"国土空间规划"信息平台的应用要求，为相关单位在业务管理、决策分析等方面提供更多的数据支持。城镇、村庄管控边界、空间管制划定的"区、线"成果数据应为 GIS 数据库文件，各环节技术要求见表 10-1。

表 10-1 规划数据库建设技术要求

数据准备	技术要求
数据收集	（1）保证数据的权威性、准确性和时效性 （2）数据的时间与同级国土空间规划要求的基期年数据保持一致，若数据缺失，应采用最新年份数据并进行适当修正
空间信息	（1）地理坐标系：采用 2000 国家大地坐标系（CGCS2000） （2）投影坐标系：高斯-克吕格投影坐标系 （3）高程：陆域——1985 国家高程基准；海域-理论深度基准面高程基准
计算精度	（1）级（区域）层面：采用 50m×50m 栅格或更高精度 （2）市县层面：优先使用矢量数据，采用 30m×30m 栅格或更高精度 （3）海域：可根据数据获取情况适当降低计算精度

多层次分区指引成果必须为 GIS 数据库，各分区单元应与行政区划、道路网、权属界线相衔接，以便于规划实施管理。主要数据库框架如下。

（1）基础地理信息数据库：包括卫星影像图、中心城区 1∶2000 地形图、其他区域 1∶10000 地形图、行政界线、土地利用变更调查数据、土地利用现状数据等。

（2）规划编制成果数据库：包括城镇体系综合现状评价、空间管制区、人口与城镇布局、产业布局、重点村镇发展、综合交通、基础设施和社会服务设施、环境保护与防灾减灾、近期建设和发展等。

（3）其他相关资料数据库：包括土地利用总体规划图、土地利用现状图、土地整治规划图、旅游资源规划图、林地保护规划图、水资源规划图、地质灾害防治规划图等。

10.3 城镇体系规划与国土空间规划的衔接

建立国土空间规划体系并监督实施，实现"多规合一"，强化国土空间规划对各专项规划的指导约束作用，是党中央、国务院作出的重大战略部署。国土空间规划是国家空间发展的指南、可持续发展的空间蓝图，是各类开发保护建设活动的基本依据。

随着国土空间规划战略的实施，尤其是《中共中央 国务院关于建立国土空间规划体系并监督实施的若干意见》（中发〔2019〕18 号）和《自然资源部关于全面开展国土空间规划工作的通知》（自然资发〔2019〕87 号）两个文件的印发实施，各地不再新编和报批主体功能区规划、土地利用总体规划、城镇体系规划、城市（镇）总体规划和海洋功能区划等。并且，已批准的上述规划期至 2020 年后的省级国土规划、城镇体系规划、主体功能区规划、城市（镇）总体规划，以及原省级空间规划试点和市县"多规合一"试点等，按照国土空间规划编制要求，将既有规划成果融入新编制的同级国土空间规划中，形成融合了主体功能区规划、土地利用规划、城乡规划等空间规划新的

"五级三类"国土空间规划体系。

国土空间规划实现了"多规合一",但其核心仍然是国家或地区政府对所辖国土空间资源和布局进行的长远谋划和统筹安排,围绕如何处理好人与自然之间的相互关系而展开,以促进人地关系协调为逻辑起点,以实现国土空间的高质量生产、高品质生活和持续性演进为目标,最终达到对国土空间有效管控及科学治理,促进发展与保护的平衡。这也意味着城镇体系在国土空间规划中必将成为一个重要的内容,主要体现在以下几个方面。

10.3.1 城镇开发边界

城镇开发边界是国土空间规划"三区三线"确定中的一个重要内容,是在国土空间规划中划定的、在一定时期内可以进行城镇开发和集中建设的区域边界,包括城市、建制镇及依法合规设立的各类开发区等。城镇开发边界内可分为城镇集中建设区、城镇有条件建设区和城镇特定功能区。国土空间规划中的城镇空间,确定了以下规划内容:

(1)明确城镇发展体系。依据区域发展状况、人口、产业集聚方向,构建合理城镇发展体系和发展轴线;确定城乡居民点发展的总体框架,合理选定中心城镇,促进小城镇发展,统筹区域基础设施和公共服务设施,防止重复建设,促进协调发展。

(2)明确城镇建设目标。针对城镇空间发展存在的突出矛盾和问题,提出提升城镇环境质量、人民生活质量、城市竞争能力等方面的总体方向,建设智慧、海绵、宜居城市。

(3)优化城镇空间布局。结合开发边界划定与规模控制要求,以用地适宜性评价为依据,提出建设空间的优化方向,尽量少占优质耕地,避让地质灾害高危险地区、蓄滞洪区和重要生态环境用地。

(4)强化城镇空间管制。按照规模控制和开发强度要求,结合资源环境容量、发展定位和城市化发展趋势,提出与人口的聚集和产业发展相匹配的城镇发展规模与结构。

城镇开发边界内的空间,按照存量建设用地区域、可开发新增建设区域和预留规划新增弹性区域三类实施分级管控,逐一确定各类规模控制总数及其管控措施。存量建设用地区域要结合现状分析和建设用地开发适宜性评价结果,划入保留的建设用地区域,并对存量建设用地的升级改造、综合利用提出针对性的措施;新增开发建设区域为规划的新增用地布局区域,要结合周边区域功能定位,做好区片功能和结构设计,为下级控制性详细规划提供指引;预留弹性区域是规划期内允许调整成可开发的建设用地区域,具体调整要符合时序安排和规模管控。

10.3.2 城镇体系空间格局

《省级国土空间规划编制指南(试行)》《市级国土空间总体规划编制指南(试

行）》，以及各地在此基础上形成的县级和乡镇级国土空间规划编制指南，均对城镇体系、镇村体系空间格局进行了相应的要求，主要体现在以下几个方面：

省级国土空间规划对城镇体系空间格局的审查内容为城镇体系布局，包括协调城市群、都市圈等重点地区的空间结构。乡村空间布局则应满足促进乡村振兴的原则和要求。

在市县级国土空间规划的工作技术路线中，城镇体系与总体格局、三区三线、规划分区作为同等重要的内容并列出现。主要内容如下：

（1）城乡居民点格局作为国土空间格局优化和国土空间开发保护格局中的一项重要内容，主要涉及：落实上级国土空间规划要求和本地的资源环境条件，坚持"以水定城"等原则，明确全域总人口和城镇化水平，确定各下级行政单元的发展定位、职能分工、人口和建设用地规模，明确城镇体系布局。市（地）级应明确市域城镇体系，县级应明确县域镇村体系、村庄分类和村庄布点原则。确定重点规划管控地区的发展定位、人口用地规模、空间发展方向和规划控制范围。

（2）国土空间格局中的城镇功能结构优化，主要包括空间策略和高质量产业体系布局两个方面。空间策略要求：实现城镇空间格局与生态网络格局的耦合和协同。综合考虑地形地貌、河湖水系、自然生态、地质灾害防御、区域经济流向、重大设施廊道控制、空间布局演进特征、区域协同等因素，确定规划期内城镇主要发展方向。统筹考虑现状用地情况和人口集聚态势，遵循做优增量空间、盘活存量空间、开发地下空间、预留弹性空间的原则，合理确定中心城区范围和城市建设用地规模，引导城市从外延扩张转向内涵集约发展。优化城市功能布局，统筹新区与旧区、生活区与生产区、建设空间与生态空间的关系，促进产城融合和职住平衡，重塑城市空间结构。鼓励用地功能混合使用，营造城市多样性。高质量产业体系布局要求：以科技驱动代替要素驱动，形成以创新为引领的产业结构，提供以创新为主导的产业空间，配置围绕创新活动的公共服务空间。加快新旧动能转换，推进产业供给侧结构性改革，着力突出质量效益，在产业空间供给上向优势产业、新兴产业和特色产业倾斜。以本地特色自然山水和历史人文资源为基础，大力发展旅游、休闲、文创、教育、医疗、养老等服务业，培育生态和文化魅力空间，创造新经济载体。

（3）与城镇体系空间格局相关的乡镇级国土空间规划主要强调：统筹产业发展空间，引导产业空间高效集聚利用，推动城乡融合发展。统筹基础设施和基本公共服务设施布局、制定乡村综合防灾减灾规划。

10.3.3 其他相关内容

与城镇体系规划相关的其他国土空间规划内容重点体现为国土空间规划分区和用途管制，城乡基础设施和社会服务设施的优化布局，生态保护格局，重大基础设施网络布局，体现地方特色的自然保护地体系和历史文化保护体系。例如，国务院审批的市级国土空间总体规划审查要点，除对省级国土空间规划审查要点的深化细化外，还包括：①市域国土空间规划分区和用途管制规则；②重大交通枢纽、重要线性工程网络、城市安全与综合防灾体系、地下空间、邻避设施等设施布局，城镇政策性住房和教育、卫生、养老、文化体育等城乡公共服务设施布局原则和标准；③城镇开发边界内，城市结构性绿地、水体等开敞空间的控制范围和均衡分布要求，各类历史文化遗存的保护范围和要求，通风廊道的格局和控制要求，城镇开发强度分区及容积率、密度等控制指标，高度、风貌等空间形态控制要求；④中心城区城市功能布局和用地结构等。

10.3.4 规划成果

将区域生态安全格局、经济社会发展目标、城乡建设用地规模、基本农田保护和生态红线等落实在县（市）域城乡建设规划内，实现县（市）域规划"一张图"管理、县（市）域城乡规划全覆盖，是国土空间规划的主要功能和实施框架体系。城镇体系规划成果与国土空间规划的衔接，主要是确保规划确定的管控空间、基础设施和社会服务设施布局、城镇（市）空间布局、规模和职能等重要空间参数的一致，并在统一的空间信息平台上建立控制线体系，以实现优化城乡空间布局、有效配置土地资源、促进土地节约集约利用、提高政府行政管理效能的目标。

城镇体系规划在我国现阶段的空间规划系列（国土空间规划→城镇体系规划→城市总体规划→城市分区规划→城市详细规划）中处于衔接国土空间规划和城市总体规划的重要地位。城镇体系规划既是城市规划的组成部分，又是国土空间规划的重要内容。城镇体系规划要求在科学分析区域人口流动趋势及空间分布的基础上，以优化空间资源配置为目标，科学构建合理的城镇空间、职能、规模体系和产业布局体系，协调区域城镇体系建设和发展的生态、生产、生活空间。因此，城镇体系规划是制定城乡发展目标、安排重点建设项目、管控生态环境、保护自然景观和文化遗产、改善城乡人居环境的纲领性文件。在国家大力推进国土空间规划的战略背景下，城镇体系规划应围绕主体功能定位划定经济发展引导分区，依据空间特点差异分级划定分类治理分区，基于生态环境和资源利用特点划定管控分区，因地制宜构建城镇体系。为了体现城镇体系规划的科学性、实用性和可操作性，在编制过程中，其成果重点应实现与国土空间规划中的"三生空间"及其控制线管控边界的有效衔接。

1. 城镇体系规划中的空间治理规划（生态空间）

基于生态环境、用地适宜性评价、资源保护和利用等特点，确定县（市）域需要重点保护的区域，细化城镇（市）和乡村地区主体功能的重点开发区域、限制开发区域和禁止开发区域，提出相应的空间资源保护与利用的限制和引导措施。

2. 城镇体系规划中的产业发展规划（生产空间）

基于区域资源条件，明确区域产业结构、发展方向和产业发展重点，寻求差异化的产业发展路径，划定区域经济发展片区，构建定位合理、特色突出的区域产业发展体系，制定各片区的开发建设与控制引导的要求和措施，促进城乡产业多层次融合发展。

3. 城镇体系规划中的空间布局、职能结构和规模结构规划（生活空间）

依据区域内不同规模、职能和特点的城镇和乡村，科学合理地确定城镇-乡村等级体系。城镇体系一般由重点镇（国家级重点镇或特色小镇）、一般乡镇、中心村、自然村四个等级构成，形成以乡镇政府驻地为综合公共服务中心，中心村为基本服务单元的相对均衡的城镇空间布局模式。重点镇（国家级重点镇或特色小镇）是统筹城乡发展的重要节点和县域经济社会发展的重要组成部分。一般乡镇是服务于"三农"的综合服务中心。中心村是乡村基本服务单元和农村人口定居的重要载体，确保布点建设的中心村成为农村人口的永久居住点。自然村是乡村基层单元。

参 考 文 献

董蓬勃, 姜安源, 孔令彦. 2003. 我国20世纪90年代城镇体系研究评述. 地域研究与开发, 22(4): 20-23.
方创琳. 2014. 中国城市发展方针的演变调整与城市规模新格局. 地理研究, 33(4): 674-686.
顾朝林. 2005. 城镇体系规划: 理论·方法·实例. 北京: 中国建筑工业出版社.
许学强. 1982. 我国城镇规模体系的演变和预测. 中山大学学报(哲学社会科学版), (3): 40-49.
Fujita M, Krugman P, Mori T. 1999. On the evolution of hierarchical urban systems. European Economic Review, 43(2): 209-251.